Ergänzende Unterlagen zum Buch bieten wir Ihnen unter **www.schaeffer-poeschel.de/webcode** zum Download an.
Für den Zugriff auf die Daten verwenden Sie bitte Ihre E-Mail-Adresse und Ihren persönlichen Webcode. Bitte achten Sie bei der Eingabe des Webcodes auf eine korrekte Groß- und Klein-schreibung.

Ihr persönlicher Webcode: 2773-hmBub

SCHÄFFER
POESCHEL

Reiner Bröckermann

Führungskompetenz

Versiert kommunizieren und motivieren,
Ziele vereinbaren und planen, fordern
und fördern, kooperieren und beurteilen

2011
Schäffer-Poeschel Verlag Stuttgart

Prof. Dr. Reiner Bröckermann (http://www.Broeckermann.de) lehrt Personalführung und ist als Forscher, Autor und Herausgeber sowie Berater, Coach und Trainer tätig.

Für meinen Vater Friedrich Bröckermann

Bibliografische Information der Deutschen Nationalbibliothek
Die Deutsche Nationalbibliothek verzeichnet diese Publikation in der Deutschen National-
bibliografie; detaillierte bibliografische Daten sind im Internet
über http://dnb.d-nb.de abrufbar.

Gedruckt auf chlorfrei gebleichtem, säurefreiem und alterungsbeständigem Papier

ISBN 978-3-7910-2773-9

© Schäffer-Poeschel Verlag für Wirtschaft · Steuern · Recht GmbH

www.schaeffer-poeschel.de
info@schaeffer-poeschel.de

Einbandgestaltung: Melanie Frasch (Motiv: Shutterstock)
Satz: Claudia Wild, Konstanz
Druck und Bindung: CPI – Ebner & Spiegel, Ulm

Printed in Germany
Januar 2011

Schäffer-Poeschel Verlag Stuttgart
Ein Tochterunternehmen der Verlagsgruppe Handelsblatt

Vorwort

Mit diesem Buch wende ich mich an *aktive und zukünftige Führungskräfte*.

Von der Vielzahl einschlägiger Veröffentlichungen hebt es sich durch seinen speziellen *Praxisbezug* ab.

- Die wissenschaftlichen Werke schweigen sich weitgehend über die Umsetzung aus. Das ist bedauerlich, weil die Führungswissenschaft viele praktikable Ansätze bietet. Diese Ansätze nehme ich im Folgenden so auf, dass man sich nicht in theoretischen Details verliert.
- Die Abhandlungen namhafter Führungskräfte lassen die theoretischen Hintergründe vermissen, ohne die eine Übertragung in eigenes Handeln nicht möglich ist. So gehen die gutgemeinten Ratschläge oft ins Leere. Deshalb führe ich Theorie und Praxis zusammen.

Theorien, Modelle und wissenschaftliche Ansätze stelle ich mithin in dem Umfang dar, der ihrer Tragweite in der Praxis entspricht. Ich hoffe, dass die Leserinnen und Leser meine Einschätzung teilen, und würde mich über Rückmeldungen oder Ergänzungen, etwa über http://www.Broeckermann.de, freuen.

Sie sind aufgefordert, sich aktiv mit dem Stoff auseinanderzusetzen, denn in den folgenden Kapiteln vermittle ich nicht nur das notwendige *Führungswissen*, sondern ich gebe auch Anstöße, dieses Wissen durch die zahlreichen Übungsaufgaben zu *Führungsfertigkeiten* zu machen.

Schließlich und vor allem greife ich die Erkenntnis auf, dass es für die erfolgreiche Bewältigung von Führungsaufgaben nicht nur entscheidend ist, welches Wissen und welche Fertigkeiten man erworben hat, sondern ob man auf deren Grundlage aktuell kompetent handeln kann. Deshalb verdeutliche ich im Text, in vielen Anleitungen, Abbildungen und den besagten Übungsaufgaben die fachlichen, methodischen, sozialen und personalen Fähigkeiten, die Führungskräfte in die Lage versetzen, ihre Führungsqualifikationen selbstorganisiert umzusetzen, also die *Führungskompetenzen*.

Die Gliederung des Buchs ist an die Aufgaben der Personalführung angelehnt, die in Kapitel 1.1 erläutert werden.

Im Folgenden verwende ich nach Möglichkeit geschlechtsneutrale Begriffe, ansonsten Begriffe in der männlichen Form, Letzteres aber ausschließlich aus Gründen der besseren Lesbarkeit.

Dem anerkannten, verlässlichen Team des Schäffer-Poeschel Verlags, vor allem Herrn Frank Katzenmayer und Frau Adelheid Fleischer, danke ich für ihre große Geduld und ihre wertvolle Unterstützung.

Wuppertal, im Frühjahr 2011   Reiner Bröckermann

Inhaltsverzeichnis

1 Kompetent führen

1.1 Führungsaufgaben übernehmen

Sobald sich Menschen in einer Gruppe organisieren, um die anfallenden Aufgaben aufzuteilen und zu erledigen, um – mit anderen Worten – arbeitsteilig tätig zu werden, muss man sich sachlich und persönlich abstimmen. Folglich fallen Führungsaufgaben an. Das gilt für den privaten Bereich, aber auch für das Handwerk und ganz besonders für Unternehmen mit vielen Mitarbeitern.

Gutenberg hat herausgearbeitet, wie die *Unternehmensführung* konkret abläuft: Man

- legt Unternehmens-, Betriebs- und Abteilungsziele fest,
- plant Strategien zur Zielerreichung,
- organisiert, legt also Aufgabenbereiche fest,
- setzt die Pläne und Ziele um, das heißt man führt sie aus,
- um schließlich die Ausführung zu kontrollieren.
- An die Kontrolle schließt sich regelmäßig eine erneute Festlegung von Zielen an. Somit beginnt der Prozess von neuem.
- Natürlich bleibt es nicht bei diesem schematischen Ablauf. Zwischen allen Faktoren bestehen wechselseitige Abhängigkeiten und Rückkopplungen, sogenannte Interdependenzen: Es fließen Informationen und man greift korrigierend ein (Gutenberg 1980, S. 1 ff. 1983, S. 1 ff., 1984, S. 1 ff.).

Diesen Kombinationsprozess bezeichnet man als Managementprozess oder *Managementkreis*.

Übungsaufgabe

Wie geht man in Ihrem Arbeitsumfeld vor, wenn man ein neues Produkt oder eine neue Dienstleistung entwickelt und einführt? Wer übernimmt dabei welche Aufgaben?

Bei der Unternehmensführung geht es um Gegenstände, beispielsweise Produkte, um Prozesse, wie die Erschließung eines neuen Absatzmarktes, und Strukturen, etwa die Wettbewerbsbeziehungen (Wegge 2004, S. 98).

Die Unternehmensführung darf nicht mit der *Personalführung* verwechselt werden. Zwar handelt sich bei beiden um Formen des Managements. Die Personalführung bezieht sich jedoch auf die für das Unternehmen tätigen Menschen, das Personal. Weil das so ist, setzen sich alle Einzeldisziplinen der Wissenschaft, die den Menschen im Blick haben, mit diesem Phänomen auseinander: die Soziologie, die Psychologie, die Sozialpsychologie und viele andere mehr. Eine umfassende und allgemein akzeptierte Führungstheorie ist aber bislang ebenso wenig zustande gekommen wie eine alle Aspekte und Situationen umgreifende Definition. Deshalb formuliert Wunderer pragmatisch eine Art Abgrenzung. Er versteht Personalführung als »wert-, ziel- und ergebnisorientierte, aktivierende und wechselseitige soziale« – gemeint ist auf die Menschen bezogene – »Beeinflussung« (Wunderer 2009, S. 4).

Wenn es um die Personalführung in Unternehmen oder anderen Organisationen geht, ergänzt Wunderer seine Definition um die Worte »zur Erfüllung gemeinsamer Aufgaben in und mit einer strukturierten Arbeitssituation«. Und wie man gemeinsame Aufgaben in und mit einer strukturierten Arbeitssituation bewältigt, verdeutlicht der Managementkreis (Wunderer 2009, S. 4, im Ergebnis ähnlich Hölzerkopf 2005, S. 76 ff. und Pinnow 2008, S. 61 ff., Abb. 1.1).

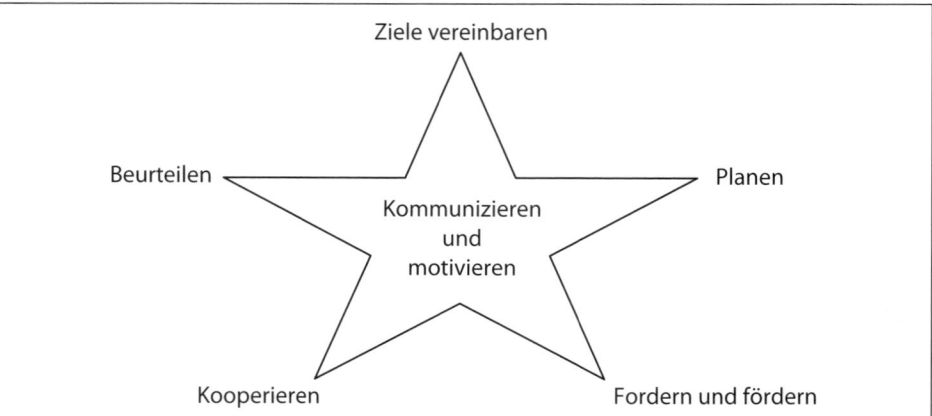

Zu den Aufgaben der Personalführung zählt es folglich, *Ziele zu vereinbaren*, und zwar nicht nur mit dem Blick auf Gegenstände, Prozesse und Strukturen, sondern auch und gerade im dem Blick auf die Mitarbeiter.

Wer Personal führt, der muss *planen*, mit wie vielen und welchen Mitarbeitern er wo und wann die gesetzten Ziele erreichen kann.

Personal zu führen heißt auch, von den Mitarbeitern etwas zu *fordern*. Man delegiert Aufgaben, Befugnisse und Verantwortung. Das macht freilich nur Sinn, wenn man die Mitarbeiter so *fördert*, dass sie den anstehenden Aufgaben gewachsen sind.

Wenn man Pläne und Ziele gemeinsam mit anderen Menschen umsetzt, ist es wichtig, dass die Betroffenen gut *kooperieren*.

Schließlich muss man *beurteilen*, ob und wie die Mitarbeiter ihre Aufgaben erfüllt haben.

An die Beurteilung schließt sich regelmäßig eine erneute Zielvereinbarung an. Somit beginnt der Prozess von neuem.

Natürlich bleibt es auch hier nicht bei diesem schematischen Ablauf. Zwischen allen Faktoren bestehen Interdependenzen, wechselseitige Abhängigkeiten und Rückkopplungen, die man genauer benennen kann. Die Personalführung beruht darauf, dass alle Betroffenen aufrichtig miteinander *kommunizieren*. Zudem ist Personalführung eine Beeinflussung, die nur fruchten kann, wenn die Beteiligten in der Lage sind, *motiviert* zu Werke zu gehen.

Abb. 1.1: Aufgaben der Personalführung (eigene Darstellung)

Damit ist beschrieben, was zu tun ist, wenn man Personal führt. Diese Aufgaben spiegeln sich in der Gliederung des Buchs wider.

Übungsaufgabe

Welche der besagten »Aufgaben der Personalführung« kommen in Ihrem Arbeitsumfeld zu kurz?

1.2   Führungseigenschaften hinterfragen

Die Menschen, die das Personal führen, bezeichnet man als Management oder besser als *Führungskräfte* und Vorgesetzte, konkret vor Ort aber auch als Vorarbeiter, Meister, Betriebsleiter und (Haupt-)Abteilungsleiter.

Wenn Personalführung eine ziel- und ergebnisorientierte soziale Beeinflussung ist, dann, so scheint es, kommt es vorrangig auf diese Führungskräfte an. So schreibt nahezu jedes Unternehmen, jede Organisation, ja sogar nahezu jeder Staat Erfolge oder Misserfolge vor allem den jeweiligen Führungskräften zu. Deshalb machen sich Unternehmen, Verwaltungen und gesellschaftliche Institutionen auf die Suche nach Personen, von denen man erwartet, dass sie erfolgreiche Führungskräfte sind oder werden. Und sie sind oder werden erfolgreich, weil, so die nahe liegende Überlegung, der Führungserfolg durch persönliche Merkmale, durch *Talente* oder *Eigenschaften* eben dieser Führungskräfte bestimmt ist. Deshalb kommt es bei personellen Entscheidungen darauf an, Führungspositionen mit Führungspersönlichkeiten zu besetzen.

Wer eine Führungsposition besetzt, habe zudem *formale Autorität*. Nun darf man den Begriff Autorität eigentlich nicht mit dem Adverb autoritär verwechseln. Unter Autorität versteht man das Ansehen, das Menschen zuweilen bei anderen genießen, ein Ansehen, das ihnen Einfluss gibt. Autoritär ist hingegen, wer unbedingten Gehorsam fordert. Hier verschwimmen aber die Grenzen. Man geht davon aus, dass Mitarbeiter den Weisungen ihrer ach so talentierten Führungskräfte überzeugt Folge leisten oder zumindest leisten müssten (Bröckermann 2009 b, S. 265 f., Kapitel »Kooperieren«, Lemper-Pychlau 2001, S. 16 f.)

Dabei folgt man, vielfach ohne sich dessen bewusst zu sein, den Pfaden der *Eigenschaftstheorien* der Führung, deren Spuren in diversen Varianten von der Antike bis zum heutigen Tage nachvollziehbar sind. Ihre Ausgangshypothese lautet, dass sich Führungskräfte von anderen Menschen grundsätzlich unterscheiden. In den im

> **Übungsaufgabe**
>
> Schauen Sie sich einige Stellenangebote für Führungskräfte an. Gewünschte Eigenschaften werden zwar selten erwähnt, aber was lesen Sie zwischen den Zeilen: Über welche Eigenschaften sollen die Bewerber offenbar verfügen?

Detail recht unterschiedlichen Eigenschaftstheorien wird übereinstimmend der Standpunkt vertreten, Führungskräfte zeichneten sich durch besonders herausragende Eigenschaften aus, die allerdings ungenau beschrieben werden. Jedenfalls sollen sich diese Eigenschaften in einem einzigen Charakterzug verdichten. Jede Person, der dieser Charakterzug zu eigen ist, soll unabwendbar Führungsaufgaben übernehmen. Bis heute sind nicht weniger als 17.953 adjektivische Eigenschaftsbegriffe allein im englischen Sprachraum bekannt und weit mehr als 1.000 solcher Führungseigenschaften in wissenschaftliche Analysen einbezogen worden.

Einige Wissenschaftler, wie etwa Stogdill, haben sich der Mühe unterzogen, zu untersuchen, inwiefern die einzelnen genannten Eigenschaften in der Tat zum Führungserfolg führen. Das Ergebnis war kläglich, denn nach diesen Untersuchungen sind Menschen mit einer bestimmten Persönlichkeitsstruktur im einen Fall zum Führen geeignet, im anderen nicht. Etwa seit der Jahrtausendwende hat das Interesse an der Persönlichkeit als Erklärungsansatz trotzdem wieder zugenommen. Neuere Forschungsmethoden brachten überraschende Erkenntnisse über die »Big Five«, die

Eigenschaften Gewissenhaftigkeit (eigentlich ist das ja eine Führungskompetenz), Empfänglichkeit für äußere Einflüsse (Extraversion), Verträglichkeit, emotionale Stabilität (Gegenpol des Neurotizismus) und Offenheit. Insgesamt zeigen die Befunde interessanterweise, dass diese Eigenschaften sowohl bei der Frage, ob jemand eine Führungsaufgabe übernehmen wird, als auch bei der Vorhersage des Erfolgs als Führungskraft eine mäßige, aber doch messbare Rolle spielen. Die Wahrscheinlichkeit, dass beispielsweise extravertierte Menschen, denen es leichter fällt, Kontakt aufzubauen, mit anderen zu kommunizieren und sie zu überzeugen, Führungsaufgaben übernehmen und bei deren Bewältigung auch erfolgreich sind, ist damit ein wenig größer als für Personen, die sich in sozialen Situationen eher zurückhalten oder diese gar vermeiden (Felfe 2009, S. 24 ff., Stogdill 1972, S. 86 ff., 1974, S. 1 ff.).

Was kann man daraus schließen? Es ist ja nicht überraschend, dass gewissenhafte, emotional stabile, für andere offene Menschen eher eine Stelle bekommen, auch eine Stelle als Führungskraft. Angesichts der Tatsache, dass unter anderem die Kommunikation, Planung und Kooperation zu den Führungsaufgaben zählen, ist es genauso wenig überraschend, wenn so veranlagte Führungskräfte – zumindest zu Beginn – etwas besser mit ihren Führungsaufgaben zurechtkommen als andere. Die Persönlichkeit eines Menschen ist also nicht völlig belanglos für seine beruflichen Aufgaben, auch nicht für die Personalführung. Lediglich der Denkansatz, dass erfolgreiche Personalführung einzig und allein auf die Eigenschaften bzw. Talente der jeweiligen Führungskraft zurückzuführen sei, dass man folglich in Sachen Führung nichts lernen kann, ist abwegig. Jeder Mensch hat Talente, und manche Talente begünstigen die Lösung spezieller Führungsaufgaben, vor allem, wenn man erstmalig vor einer solchen Aufgabe steht. Es gibt aber nicht das eine, wissenschaftlich unumstrittene, markante Führungstalent, und *man kann lernen, wie man erfolgreich* führt (Wiendieck 1994, S. 221).

Das legt den Verdacht nahe, dass es eben nicht nur auf die Führungskräfte ankommt. Ein genauerer Blick auf die Definition von Personalführung als wechselseitige, soziale Beeinflussung belegt diesen Verdacht. Es sind nicht nur die Führungskräfte, die Einfluss auf ihre Mitarbeiter ausüben. Es kommt auch auf die Mitarbeiter an, die ihre Führungskräfte gleichfalls beeinflussen, die sich – nicht immer erwartungsgemäß – verhalten und Verhalten provozieren.

1.3   Führungsqualifikationen erlernen

Damit stellt sich die Frage, was man lernen, in anderen Worten welche Qualifikation man erwerben soll. Die *Qualifikation* eines Menschen ist die Gesamtheit der Fähigkeiten, genauer gesagt der Kenntnisse, Fertigkeiten und Verhaltensweisen, über die er, als Voraussetzung für die Ausübung einer beruflichen Tätigkeit, verfügt oder verfügen muss (Abb. 1.2, Becker 2005 a, S. 4 ff., Mentzel 2005, S. 175 ff.).

- Die Summe aller Kenntnisse eines Menschen bezeichnet man als sein Wissen, also das gesamte theoretische und praktische Know-how. Tätigkeitsspezifische Kenntnisse werden durch das Anforderungsprofil einer bestimmten Stelle gefordert (Kapitel »Planen«). Tätigkeitsungebundene Kenntnisse ermöglichen es hingegen, diverse Anforderungen verschiedener Stellen zu erfüllen. Kenntnisse eignet man sich mit kognitivem, auf der Erkenntnis beruhendem Lernen an.
- Die Summe aller Fertigkeiten eines Menschen bezeichnet man als sein Können, das erworbene Wissen bei einer geistigen oder motorischen Tätigkeit praktisch anzu-

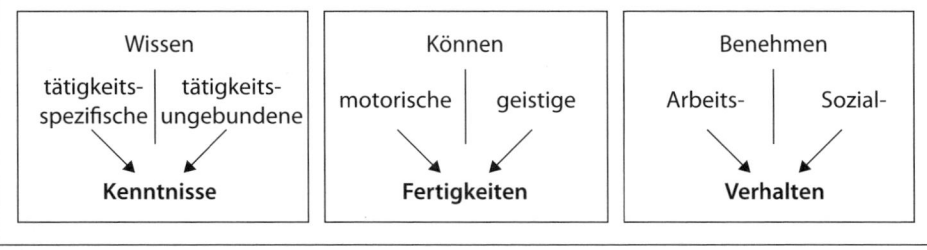

Abb. 1.2: Qualifikation (Bröckermann 2009 b, S. 40)

wenden. Motorische Fertigkeiten befähigen dazu, mit Werkzeugen, Maschinen und Materialien richtig umzugehen. Geistige Fertigkeiten zielen darauf ab, praktisch und theoretisch erworbenes Wissen bei der eigenen geistigen Arbeit sinnvoll anzuwenden. Fertigkeiten erwirbt man durch psychomotorisches Lernen, also Übung und Erfahrung.

- Das Verhalten eines Menschen in unterschiedlichen Situationen, seine mannigfachen Verhaltensweisen, bezeichnet man als sein Benehmen. Einige Einflussgrößen des Umfeldes, beispielsweise Vorschriften, Regelungen und die Arbeitsbedingungen, formen das Arbeitsverhalten. Das Sozialverhalten wird durch die formellen und informellen Beziehungen zur Familie, zum Freundeskreis, zu Kollegen, Führungskräften und Mitarbeitern bestimmt. Das Verhalten wird einerseits durch individuelle Veranlagungen und andererseits durch Einflüsse des Umfeldes, also affektives Lernen, geprägt.

Führungsqualifikationen sind die Kenntnisse, Fertigkeiten und Verhaltensweisen, über die ein Mensch, als Voraussetzung für die Bewältigung von Führungsaufgaben, verfügen muss.

- Eine Führungskraft muss demnach wissen, was und wie man kommuniziert, wie man dafür sorgen kann, dass alle in der Lage sind, motiviert zu Werke zu gehen, wie man Ziele vereinbart, was und wie man rund um das Personal plant, was und wie man fordert und fördert, wie man sicherstellen kann, dass die Betroffenen gut miteinander kooperieren, und schließlich, was und wie man beurteilt.
- Aufgrund von Übung und Erfahrung muss sie dieses Wissen bei der Bewältigung von Führungsaufgaben sinnvoll anwenden können.
- Schließlich muss eine Führungskraft ein Arbeits- und Sozialverhalten an den Tag legen, das für die Bewältigung der Führungsaufgaben förderlich ist.

In der Ausbildung zum Meister, in einigen Studiengängen und in den folgenden Kapiteln dieses Buchs – das ist jedenfalls die Absicht des Autors – wird das notwendige Führungswissen vermittelt, es werden Anstöße geben, dieses Wissen durch Übung zu Führungsfertigkeiten zu machen und schließlich werden förderliche Führungsverhaltensweisen aufgezeigt.

Übungsaufgabe

Was haben Sie in Ihrer Ausbildung über Personalführung gelernt?

1.4　Führungskompetenzen einüben

In der Praxis kommt es durchaus vor, dass ein Mensch zwar über die notwendigen Qualifikationen verfügt, es aber an der Kompetenz mangelt. Wer beispielsweise gerade den Führerschein gemacht hat, konnte, zuletzt bei der Prüfung, unter Beweis stellen, dass er das erforderliche Wissen hat, dass er im Beisein des Fahrlehrers dieses Wissen anwenden kann und ein angemessenes Fahrverhalten zeigt. Auf sich allein gestellt, ist dieser Mensch aber vielleicht nicht oder zumindest nicht immer in der Lage, ein Auto kompetent in einer schwierigen Situation zu beherrschen. Das beweisen jedenfalls die Unfallzahlen von Fahranfängern.

In diesem Sinne reichen Führungsqualifikationen alleine auch nicht aus, Führungsaufgaben erfolgreich zu bewältigen. Dazu müssen sich Führungskompetenzen gesellen.

Als *Kompetenzen* bezeichnet man die Fähigkeiten, die Menschen in die Lage verset-

> **Übungsaufgabe**
>
> Ihr Hausarzt ist sicherlich für seine Tätigkeit qualifiziert. Über welche Kompetenzen verfügt er und welche Kompetenzen vermissen Sie?

zen, sich in offenen und unüberschaubaren, komplexen und dynamischen Situationen selbstorganisiert zurechtzufinden. Kompetenzen lassen sich damit als Fähigkeiten beschreiben, sich selbst zu organisieren (Erpenbeck/Rosenstiel 2003, S. XV ff., Heyse/Erpenbeck 2004, S. XIII ff.).

In den letzten Jahren setzte sich das in Abb. 1.3 ersichtliche allgemeine *Kompetenzmodell* durch.

Führungskompetenzen sind demzufolge die fachlichen, methodischen, sozialen und personalen Fähigkeiten, die Menschen in die Lage versetzen, sich bei der Bewältigung von Führungsaufgaben (also in offenen und unüberschaubaren, komplexen und

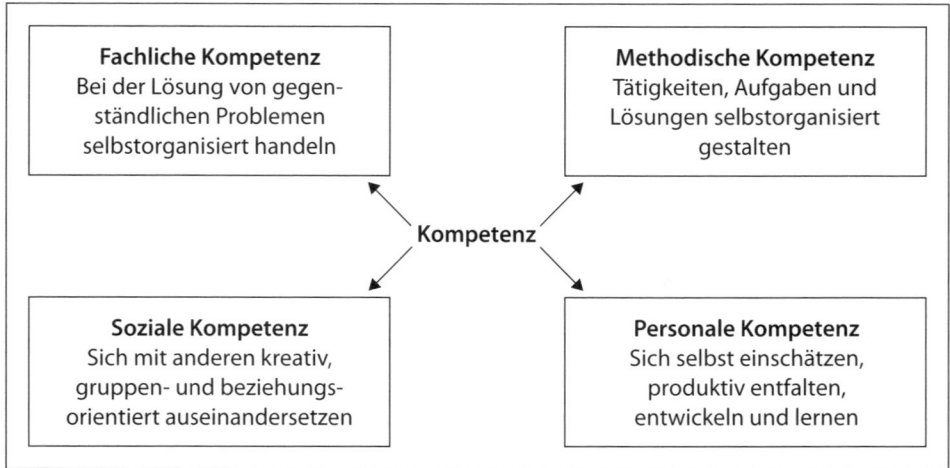

Abb. 1.3: Kompetenz (Bröckermann 2009 b, S. 43, nach Erpenbeck/Rosenstiel 2003, S. XVI und Schmidt-Rathjens 2007, S. 594)

dynamischen Situationen) selbstorganisiert, das heißt ohne äußeren Anstoß und ohne Hilfe von Dritten, zurechtzufinden.

Aus den fachlichen und methodischen Kompetenzen einer Führungskraft resultiert *funktionale Autorität*, also ein Ansehen aufgrund überzeugender Problemlösungen, das ihr Einfluss auf die Menschen in ihrem Umfeld gibt. Aus sozialen und personalen Kompetenzen erwächst *personale Autorität*, das Ansehen als integere Führungskraft, das Loyalität erzeugt (Bröckermann 2009 b, S. 266).

Heyse und Erpenbeck beschreiben in ihrem beeindruckend detaillierten *Kompetenzatlas* 64 Basiskompetenzen, die sie mithilfe eines freilich nicht unumstrittenen Messverfahrens ermittelt haben. Diese Basiskompetenzen verdeutlichen zunächst lediglich die Spannbreite des Kompetenzbegriffs. Andererseits kann man einzelne oder alle jeweils spezifischen Aufgaben zuordnen und beschreiben, inwiefern und wie sie bei der Aufgabenbewältigung eingesetzt werden sollten (Gessler 2010, S. 55 f., Heyse/Erpenbeck 2004, S. XIII ff.).

Als Grundlage verwenden Heyse und Erpenbeck zwar ein modifiziertes Kompetenzmodell. Schaut man sich genauer an, wie sie ihre Basiskompetenzen beschreiben, lassen sie sich aber nicht nur dem allgemeinen Kompetenzmodell aus Abb. 1.3, sondern auch den Aufgaben der Personalführung zuordnen, wie das in Abb. 1.4 geschieht (Heyse/Erpenbeck 2004, S. XIII ff., 3 ff.).

Ähnliche Ergebnisse finden sich in den Büchern von Albs, Felfe, Franken, Hölzerkopf, Lorenz, Niermeyer und Postall, Oppermann-Weber, Pinnow sowie Zellweger, die allerdings kaum erläutern, wie sie zu den Führungskompetenzen kommen und sie zudem keinen konkreten Führungsaufgaben zuordnen (Albs 2005, S. 35 f., Felfe 2009, S. 9, Franken 2007 b, S. 11 ff., Hölzerkopf 2005, S. 66 ff., Lorenz 2009, S. 23, Niermeyer/Postall 2008, S. 11 ff., 103 ff., Oppermann-Weber 2001, S. 33 ff., Pinnow 2008, S. 92, Zellweger 2004, S. 16 ff.).

Kommunizieren
- Sprachgewandtheit: sich anpassen und fließend sprechen
- Kommunikationsfähigkeit: zuhören, verarbeiten und verständlich sein
- Dialogfähigkeit: Beziehungen akzeptieren
- Beziehungsmanagement: soziale Bindungen aufbauen, pflegen und erweitern
- Schlagfertigkeit: im richtigen Moment spontan das Richtige sagen
- Disziplin: soziale Normen und Regeln anerkennen
- Mobilität: beweglich sein
- Initiative: Ziele, Pläne und Maßnahmen umsetzen
- Anpassungsfähigkeit: Verhalten ändern, um den Verhältnissen zu entsprechen

Motivieren
- Integrationsfähigkeit: unterschiedliche Interessen bündeln
- Verständnisbereitschaft: unvoreingenommen analysieren und begreifen
- Impulsgeben: sachlich sein und andere inspirieren
- Beratungsfähigkeit: wirkungsvoll und erfolgreich Anleitung geben
- Zuverlässigkeit: Verhalten zeigen, das als berechenbar wahrgenommen wird
- Tatkraft: sich selbst motivieren
- Humor: Unzulänglichkeit als etwas Positives empfinden
- Optimismus: Chancen erkennen und annehmen
- Soziales Engagement: initiativ soziale Kontakte suchen

Abb. 1.4: Führungskompetenzen (eigene Darstellung)

Ziele vereinbaren
- Zielorientiertes Führen: Ziele vereinbaren und realisieren, Mitarbeiter mitreißen
- Analytische Fähigkeiten: komplexe Vorgänge zerlegen und aufgliedern
- Lernbereitschaft: sich diszipliniert an neue Anforderungen anpassen
- Schöpferische Fähigkeit: neue Konzepte entwickeln
- Wissensorientierung: neue Wissensgebiete erschließen
- Fachübergreifende Kenntnisse: sich etwas über das notwendige Wissen hinaus aneignen
- Ganzheitliches Denken: einzelne Probleme mit dem übergeordneten Ganzen abgleichen
- Pflichtgefühl: Wertesysteme für das eigene Verhalten akzeptieren
- Einsatzbereitschaft: sich aktiv für Aufgaben engagieren

Planen
- Planungsverhalten: in größeren Zusammenhängen denken
- Systematisch-methodisches Vorgehen: planvoll analysieren und systematisch zu einem Ergebnis kommen
- Konzeptionsstärke: Neues entwerfen und realisieren
- Gestaltungswille: den Antrieb haben, etwas zu entwickeln
- Experimentierfreude: gegenüber Neuem aufgeschlossen sein
- Marktkenntnisse: Kundennähe und Marktpräsenz suchen
- Offenheit für Veränderungen: sich für Neuerungen interessieren
- Innovationsfreude: Neues positiv bewerten und umsetzen
- Ausführungsbereitschaft: Ideen umsetzen

Fordern und fördern
- Delegieren: Verantwortung auf andere übertragen
- Organisationsfähigkeit: erkannte Zusammenhänge gestalten
- Gewissenhaftigkeit: Ziele umsetzen und Aufgaben ordentlich lösen
- Selbstmanagement: die eigenen Stärken und Schwächen erkennen
- Folgebewusstsein: Verantwortung für Folgen eigener Entscheidungen übernehmen
- Fachwissen: sich aneignen, was zur Bewältigung der Anforderungen notwendig ist
- Mitarbeiterförderung: Motivationsbarrieren beseitigen
- Lehrfähigkeit: Gesetzmäßigkeiten des Lernens kennen und anwenden
- Hilfsbereitschaft: anderen Erleichterungen verschaffen

Kooperieren
- Teamfähigkeit: Gedanken anderer akzeptieren und kooperativ weiterentwickeln
- Konfliktlösungsfähigkeit: integrativ weitere Zusammenarbeit ermöglichen
- Kooperationsfähigkeit: produktive Beziehungsgeflechte pflegen
- Problemlösungsfähigkeit: sich komplizierten Problemen stellen
- Entscheidungsfähigkeit: aus Fehlern lernen
- Projektmanagement: Autonomie und Verantwortlichkeit vorleben
- Akquisitionsstärke: längerfristige Beziehungen aufbauen
- Loyalität: persönliche Bindung an andere knüpfen
- Fleiß: konzentriert und beharrlich arbeiten
- Ergebnisorientiertes Handeln: Gewolltes und Gewünschtes erreichen

Abb. 1.4: Führungskompetenzen (eigene Darstellung) *Fortsetzung*

Beurteilen
- Beurteilungsvermögen: Menschen und Beziehungen differenziert wahrnehmen
- Glaubwürdigkeit: Standpunkte nicht durch persönliche Verarbeitungsprozesse verzerren
- Normativ-ethische Einstellung: selbstverantwortlich Werte verwirklichen
- Eigenverantwortung: den eigenen Handlungsspielraum ausnutzen
- Konsequenz: Ziele entschlossen verfolgen
- Belastbarkeit: unter schwierigen Bedingungen Fehlreaktionen vermeiden
- Sachlichkeit: sich auf den Sachzusammenhang konzentrieren
- Fachliche Anerkennung: Wissen praktisch umsetzen
- Beharrlichkeit: Ziele aktiv, konsequent und dauerhaft verfolgen

Abb. 1.4: Führungskompetenzen (eigene Darstellung) *Fortsetzung*

Die Basiskompetenzen aus Abb. 1.4 benennen die fachlichen, methodischen, sozialen und personalen Fähigkeiten, die Führungskräfte in die Lage versetzen, ihre Führungsqualifikationen bei der Bewältigung ihrer Führungsaufgaben selbstorganisiert umzusetzen. Inwieweit und wie das der Fall sein sollte, wird in den folgenden Kapiteln erläutert.

2 Kommunizieren

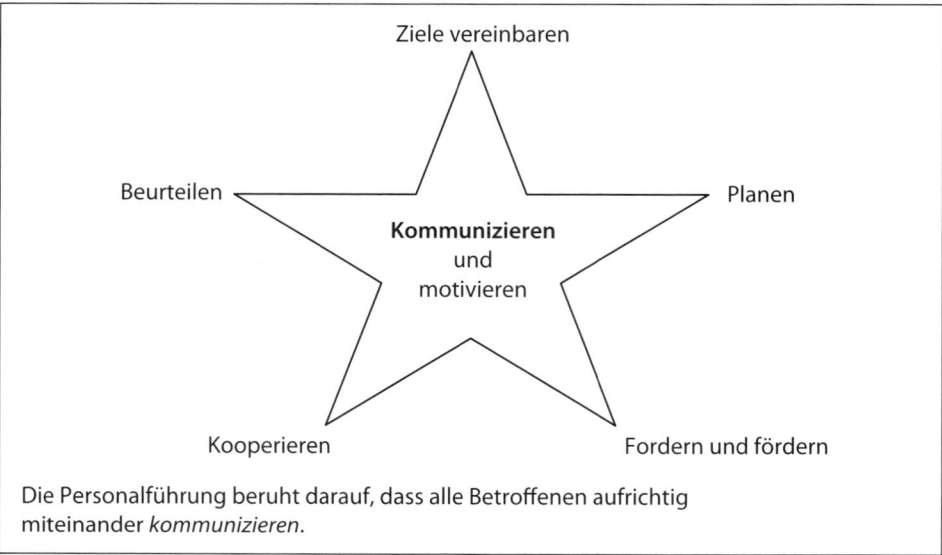

Ziele vereinbaren

Beurteilen

Kommunizieren
und
motivieren

Planen

Kooperieren

Fordern und fördern

Die Personalführung beruht darauf, dass alle Betroffenen aufrichtig miteinander *kommunizieren*.

Abb. 2.1: Führungsaufgabe »Kommunizieren« (eigene Darstellung)

2.1 Informationen übermitteln

Im Unterschied zur privaten Kommunikation können es sich die Belegschaftsmitglieder eines Unternehmens nicht ständig aussuchen, mit wem sie sich verständigen. Sie müssen selbst Personen, die ihnen gleichgültig oder unangenehm sind, als Kommunikationspartner akzeptieren, wenn es sich beispielsweise um ihre Führungskräfte oder Mitarbeiter handelt.

Kommunikation ist folglich eine Hauptaufgabe für jede Führungskraft, aber auch für ihre Mitarbeiter. Rechtzeitige und umfassende Informationen verringern nicht nur die Gefahr von Fehlentscheidungen, sie stärken darüber hinaus das Zusammengehörigkeitsgefühl, führen zu einer Identifikation mit der Aufgabe und fördern die Arbeitsmoral. Man kann sich nur dann voll für das Unternehmen und die eigenen Aufgabe einsetzen, wenn man ausreichend über das Warum und Wofür informiert ist und auch die Möglichkeit hat, gehört zu werden. Wo das erkannt wird, spricht man vom *Management by Information* (Femppel/Zander 2008, S. 48, Regnet 2003, S. 244 ff.).

Das gilt in besonderem Maße für die sogenannte *Face-to-Face-Kommunikation*, also Gespräche und Besprechungen. Freilich bieten die Kommunikationsmedien vielfältige Alternativen an, die Gesprächen und Besprechungen zum Teil nicht nur nahe kommen, sondern sie sogar mehr oder weniger gut ersetzen und im Rahmen der Telearbeit in der Tat ersetzen müssen.

Als *Kommunikation* bezeichnet man den Prozess, durch den Informationen von einem Sender zu einem Empfänger über ein Medium, einen Kanal, übermittelt werden (Faßler 1997, S. 50).

- Dabei versteht man unter einer *Information* eine Nachricht, die von einem Sender an einen oder mehrere Empfänger übermittelt wird. Die Information ist folglich eine von einer Seite ausgehende und auf eine Seite beschränkte Übermittlung von Nachrichten.
- Von *wechselseitiger Kommunikation* spricht man, wenn alle Teilnehmer zugleich Sender und Empfänger sind, und
- von *sozialer Kommunikation*, wenn Sender und Empfänger Personen oder Gruppen sind.
- *Informelle Kommunikation* ist an keine Regelung gebunden. Sie soll einer eventuellen sozialen Isolation entgegenwirken. Die informelle Kommunikation dient aber auch als Lückenbüßer für Mankos der formellen Kommunikation in Form der sogenannten Gerüchteküche. Deshalb ist die Abgrenzung zur formellen Kommunikation zumeist kaum möglich (Lehky 2007, S. 192 f.).
- *Formelle Kommunikation* dient dem Informations- und Gedankenaustausch hinsichtlich der Aufgabenerfüllung. Sie ist an Regelungen gebunden, die jedoch oftmals nicht schriftlich festgelegt sind.

Übungsaufgabe

Vermerken Sie am Ende eines typischen Arbeitstages, mit wem Sie wie und über welche Themen formell sowie mit wem Sie wie und über welche Themen informell kommuniziert haben. Welche Gerüchte machten die Runde?

Bevor man informiert, muss man sich fragen, *wen* die Informationen etwas angehen (Femppel/Zander 2008, S. 51).
- Für manche Informationen steht man als Führungskraft in der *Bringschuld*, und zwar immer dann, wenn man weiß oder wissen müsste, dass die Informationen für andere wichtig oder interessant sind.
- Eine *Holschuld* ergibt sich dagegen, wenn man gar nicht wissen kann, dass andere die Informationen benötigen.

Man darf *weder zu viel, noch zu wenig* informieren, denn beides führt zu Unmut (Femppel/Zander 2008, S. 48, Lehky 2007, S. 194 f., Oppermann-Weber 2008, S. 29).
- Im Internetzeitalter steht man kaum vor dem Problem, sich Informationen zu beschaffen, sondern aus einer *Informationsflut* die richtigen Informationen auszuwählen. Von Interesse sind generell nur die Tatsachen und Ereignisse, die für die Mitarbeiter einen Neuigkeitswert haben, aber nicht alle. Interessant ist einerseits alles, was in unmittelbarem Zusammenhang mit der Aufgabenerfüllung steht und für eine ordnungsgemäße Ausführung unumgänglich ist. Andererseits interessieren auch Vorgänge, die sich auf das gesamte Unternehmen beziehen, beispielsweise die geplante Übernahme eines Konkurrenzunternehmens.
- Wenn die Unternehmensleitung auf *Geheimhaltung* besteht, wird gar nicht oder nur sparsam informiert. Das kann viele Gründe haben. Man will etwa vermeiden, dass die Presse alarmiert wird bzw. Aktionäre verunsichert reagieren, oder man will möglichst viel in kleinen Zirkeln entscheiden. Als Führungskraft sollte man für möglichst

große Offenheit plädieren. Wenn die Unternehmensleitung trotzdem auf Geheimhaltung besteht oder bestehen muss, steht es außer Frage, dass man sich daran hält. Bohrende Fragen der Mitarbeiter und eine Missstimmung kann man natürlich nicht ignorieren. Man sollte die Gegenfrage stellen, worüber sich die Mitarbeiter konkret Sorgen machen. Auf diese Weise kann man zumindest grundlose Befürchtungen zerstreuen. Schließlich kann man ihnen versichern, dass man sie umgehend informieren wird, sobald das möglich ist, und sich im Vorfeld für sie einsetzen.

Wer Informationen gibt, vermittelt Nachrichten, um damit Ergebnisse zu erzielen. Ergebnisse kann man nur erzielen, wenn die Informationen gut aufbereitet sind. Eine Führungskompetenz ist folglich die *Sprachgewandtheit*. Führungskräfte sollten sich anpassen, also auf ihre Gesprächspartner einstellen, und fließend sprechen. Das ist gewährleistet, wenn sie sich an den Empfehlungen aus Abb. 2.2 orientieren (Klöfer 2002, S. 184 f., Lehky 2007, S. 195 ff., Oppermann-Weber 2008, S. 27 f.).

Es ist hilfreich, wenn man als Führungskraft gewisse Informationsroutinen festlegt (Abb. 2.3, Femppel/Zander 2008, S. 51, Lehky 2007, S. 180 ff.).

Rechtzeitig und regelmäßig Informationen müssen so terminiert sein, dass sie für die Arbeit berücksichtigt werden können.
Wahr Die Mitarbeiter müssen sich darauf verlassen können, dass die gegebenen Informationen stimmig sind. Manipulationen durch das Weglassen, Verschweigen, Verfälschen oder Hinzufügen versprechen vielleicht kurzfristig Vorteile, führen aber längerfristig zum Vertrauensverlust (Kapitel »Ziele vereinbaren« und »Kooperieren«).
Vollständig Die Mitarbeiter müssen alle notwendigen Informationen erhalten, sonst können sie die Zusammenhänge nicht verstehen, keine fundierte Arbeit leisten und keine Prioritäten setzen, und sonst wächst das Misstrauen gegenüber Führungskräften und Kollegen.
Gegliedert Man muss Informationen so aufbereiten, dass sie sich Schritt für Schritt erschließen. Erläuterungen sind nur dort – und unmittelbar dort – angebracht, wo sie zum Verständnis notwendig sind.
Verständlich Fremdwörter und Fachbegriffe werden von den einschlägigen Experten verstanden. Außerhalb des Expertenkreises sollte man sie vermeiden oder, wenn man sie doch verwenden muss, kurz erläutern. Bei umfangreichen, schwer verständlichen Themen muss man zunächst die Kerninformation schildern.
Prägnant Man sollte kurze Sätze bilden und muss am Thema bleiben. Alle Ausführungen, die nicht zum Thema gehören, lenken ab oder verwirren.
Anregend Wenn man informiert, sollte man zu Beginn den Nutzen der Informationen verdeutlichen und dann einen Spannungsbogen in der Weise aufbauen, dass die Menschen, die man erreichen will, erwartungsvoll bleiben. Man muss sich daran ausrichten, was diese Menschen interessiert oder zumindest interessieren sollte.

Abb. 2.2: Informationen aufbereiten (eigene Darstellung)

Informationskanäle Man muss verdeutlichen, wie man selbst informiert werden will und wie man die Mitarbeiter informiert, beispielsweise in Gesprächen, in Besprechungen oder per E-Mail.
Informationsdichte Man sollte eindeutig signalisieren, wo man auch über Details auf dem Laufenden gehalten werden will, weil man die Angelegenheit für sehr wichtig oder brisant hält, und wo Zusammenfassungen oder Ergebnisprotokolle genügen.
Erreichbarkeit Man muss den Mitarbeitern und anderen Ansprechpartnern mitteilen, wann man erreichbar ist, wann man störungsfreie Zeiten braucht und wie man einen Termin vereinbaren möchte. Ist man stets für kurze Gespräche zu haben, praktiziert also das Prinzip der offenen Tür, oder nur zu einer bestimmten Tageszeit, bzw. ist eine Terminvereinbarung notwendig und wie trifft man sie?
Abwesenheit Die Mitarbeiter sollten wissen, wann man nicht im Hause ist. Man muss festlegen, worüber man während der Abwesenheit per Handy oder E-Mail informiert werden möchte und wer Unaufschiebbares als Stellvertreter entscheidet.
Unterschriften Man muss klare und eindeutige Regelungen darüber treffen, was Mitarbeiter unterzeichnen, wo man gegenzeichnet und was man alleine unterschreibt. Die Regelungen sollten sich am Inhalt, Volumen oder Adressaten orientieren und schriftlich fixiert werden.
Resonanz Man muss mitteilen, wie häufig und wann man Informationen zur Kenntnis nimmt, und man muss sich vergewissern, dass die Informationen, die man selbst übermittelt hat, richtig angekommen sind.

Abb. 2.3: Informationsroutinen festlegen (eigene Darstellung)

2.2 Schriftlich kommunizieren

Informationen können je nach Inhalt und Empfängerkreis entweder über institutionalisierte Informationswege oder direkt weitergegeben werden (Femppel/Zander 2008, S. 49).

- Mit den *institutionalisierten Informationswegen* spricht man einen großen Adressatenkreis an. Gemeint ist vor allem die schriftliche Kommunikation etwa das Intranet, die Werkzeitschrift, der Geschäftsbericht, Rundschreiben und Anschläge am schwarzen Brett, aber auch die mündliche Kommunikation in Betriebsversammlungen. Diese Informationswege eignen sich für Informationen über alle Unternehmensaktivitäten und -planungen, neue Kollegen, Versetzungen, Beförderungen, interne Stellenausschreibungen usw.
  Viele Unternehmen pflegen ihre institutionalisierten Informationswege mit eigens dafür eingestellten Experten vorbildlich. Aber die Führungskräfte sollten hier *Initiative* zeigen, denn von ihnen verlangt man, dass sie Ziele, Pläne und Maßnahmen kompetent umsetzen. Allerdings ist Vorsicht angesichts der weiter oben angesprochenen Geheimhaltung angebracht. Man sollte sich deshalb zunächst mit den zuständigen Stellen abstimmen, welche Informationen wie weitergegeben werden

dürfen, und sich im Übrigen an den besagten Empfehlungen für Informationen orientieren (Albs 2005, S. 81 ff.).

- Zu den Aufgaben der Führungskräfte vor Ort gehört die *direkte* Übermittlung von aufgabenbezogenen *Informationen*, vor allem in Gesprächen und Besprechungen, durch Vorträge und Präsentationen, aber auch schriftlich in Briefen oder E-Mails.

Unter schriftlicher Kommunikation versteht man den Informationsprozess, der auf geschriebenen oder gedruckten Wörtern bzw. Zeichen beruht, die in Papierform oder über elektronische Kommunikationsmedien ausgetauscht werden.

Da schriftliche Informationen ein für alle Mal beweisbar in der Welt sind – Experten weisen beispielsweise zu Recht darauf hin, dass das Internet nie vergisst –, gelten die Empfehlungen aus Abb. 2.2 und Abb. 2.3 für schriftliche Informationen besonders nachdrücklich.

Übungsaufgabe

Inwiefern haben Sie bei Ihrer letzten Information, die Sie schriftlich weitergegeben haben, die Empfehlungen aus Abb. 2.2 umgesetzt? Welche Korrekturen würden Sie angesichts dieser Empfehlungen vornehmen?

Schließlich tauschen sich die Mitarbeiter untereinander aus. In den letzten Jahren kommt besondere Freude beim Austausch von E-Mails und SMS auf, der den Elan bei der Arbeit lähmen kann. Das muss unter Umständen sogar durch Weisungen eingeschränkt werden (Kapitel »Fordern und fördern«).

2.3 Mündlich kommunizieren

Für Führungskräfte ist *Mobilität*, ein »Management by Walking Around«, unabdingbar. Sie dürfen sich nicht hinter dem eigenen Schreibtisch verschanzen. So wundert es nicht, dass die mündliche Kommunikation für sie auch im Zeitalter der elektronischen Revolution einen hohen Stellenwert hat. Die Jobbörse »stellenanzeigen.de« ermittelte in einer Umfrage, dass E-Mails für 49,5 Prozent der mehr als 500 befragten Fach- und Führungskräfte kein Vieraugengespräch ersetzen. Für 41 Prozent sind berufliche E-Mail- und Telefonkontakte zwar die Regel, dennoch finden bei ihnen gelegentliche Treffen statt. Ausschließlich per E-Mail und Telefon kommunizieren lediglich 9,5 Prozent der Befragten (Lehky 2007, S. 35 f., stellenanzeigen.de 2008, S. 32).

An einer *Besprechung*, die man auch als Meeting oder Sitzung bezeichnet, nehmen in der Regel deutlich mehr als zwei Personen teil. Hier kann man die eigenen Vorstellungen einbringen, Missverständnisse ausräumen und Fragen klären. Dazu eignen Besprechungen sich besonders, wenn sie nicht nur auf Anregung der Führungskräfte, sondern auch auf Anregung der Mitarbeiter ohne großen formellen Aufwand zustande kommen können. Besonders bewährt hat sich ein *Jour fixe*, eine turnusmäßige Mitarbeiterbesprechung an einem bestimmten Wochentag zu einer festen Stunde innerhalb der Arbeitszeit. Hier lernt man voneinander, man sieht, wie die Kollegen die Dinge sehen, man erlebt sich als Team und kann ein Wir-Gefühl entwickeln. Allerdings darf der Jour fixe nicht zu einer Endlosveranstaltung ausufern. Je nach

Gruppengröße sollten 45 bis maximal 90 Minuten ausreichen. Für Themen, die mehr Raum brauchen, kann man eine spezielle Besprechung ansetzen (Lehky 2007, S. 186 ff.).

Übungsaufgabe

Welcher Termin eignet sich in Ihrem Arbeitsumfeld für eine turnusmäßige Mitarbeiterbesprechung?

Wenn keine Führungskraft teilnimmt, gehören Mitarbeiterbesprechungen zur informellen Kommunikation. Sie sind dann an keine Regeln gebunden, obwohl auch in diesem Zusammenhang ein Blick auf die weiter unten angeführten Empfehlungen hilfreich ist.

Ein *Gespräch* hat zwei oder kaum mehr Beteiligte. Es handelt sich um Unterhaltungen, die in der Regel unter vier Augen zwischen gleichberechtigten Gesprächspartnern erfolgen. Sie dienen vornehmlich der Erörterung von speziellen Themen, zum Beispiel als

- Vorstellungsgespräche zur Einschätzung der Eignung von Bewerbern,
- Lob, das sich entweder ganz allgemein auf die Person bezieht oder kurz und bündig positive Aspekte thematisiert,
- Rückkehr- und Fehlzeitengespräche die den Betroffenen verdeutlichen, dass sie gebraucht werden, und sie für die Fehlzeitenproblematik sensibilisieren,
- Zielvereinbarungsgespräche, in denen die Führungskraft mit den Betreffenden Ziele formuliert,
- Weisungen, mit denen Aufgaben, Verantwortung und Befugnisse delegiert werden,
- Konfliktgespräche zur Beilegung von Auseinandersetzungen,
- Beurteilungs- und Jahresgespräche, mit denen die Arbeitsleistung und das Arbeitsverhalten anerkannt oder bemängelt werden,
- Letztere münden oft in Beratungs- und Fördergespräche,
- Kritikgespräche, die eine positive oder negative Beurteilung einzelner Aspekte der Arbeit thematisieren und deshalb wie Beurteilungsgespräche verlaufen, sowie
- Austritts- bzw. Abgangsinterviews und Entlassungsgespräche.

Hossiep, Bittner und Berndt listen 60 Gesprächsformen auf und weisen darauf hin, dass sich wahrscheinlich noch mehr in Ratgebern und internen Veröffentlichungen finden. Sie erläutern aber gleichfalls in der Hauptsache »nur« die genannten Formen genauer, da alle anderen lediglich Variationen sind (Hossiep/Bittner/Berndt 2008, S. 3, 64 ff.).

Wenn keine Führungskraft teilnimmt, gehören Mitarbeitergespräche zur informellen Kommunikation. Sie sind dann, wie Mitarbeiterbesprechungen ohne Beteiligung von Führungskräften, an keine Regeln gebunden. Hier gelten allerdings ebenfalls die weiter unten angeführten Empfehlungen.

Es gibt zwar keine mustergültige Gesprächs- und Besprechungsführung, da jede derartige Kommunikation anders ablaufen kann. Besprechungen und Gespräche haben aber generell mehr Erfolg, wenn man *diszipliniert* vorgeht. Man zeigt hier Führungskompetenz, wenn man soziale Normen und Werte anerkennt, und das ist möglich, wenn man sich an einige Empfehlungen hält (Abb. 2.4, Linde/Heyde 2003, S. 27 ff.).

Vorbereitung	Durchführung	Aufbereitung
▪ Ablaufplan, ▪ Termin und ▪ Zeitrahmen festlegen ▪ Geeigneten Raum wählen ▪ Sitzordnung ▪ Einladen ▪ Atmosphäre herstellen ▪ Anliegen vergegenwärtigen ▪ Argumente zurechtlegen	▪ Begrüßung ▪ Information ▪ Positiver Einstieg ▪ Tagesordnung ▪ Zeitplanung ▪ Regelungen im Umfeld treffen ▪ Schwerpunkte setzen ▪ Regeln: aktivieren, aktiv und passiv zuhören, Fragen stellen, Aufmerksamkeit zeigen, Probleme lösen, offen, ruhig und verständlich sprechen ▪ Diskussionsrunden, Arbeitsgruppen, Präsentationen oder Vorträge vorsehen ▪ Versöhnlicher Ausklang ▪ Ergebnisse zusammenfassen ▪ Entscheidungen treffen ▪ Ggf. neuen Termin vereinbaren ▪ Verabschiedung	▪ Inhalte schriftlich festhalten ▪ Eigene Zusagen umsetzen ▪ Kontrolle der Zusagen des Gesprächspartners

Abb. 2.4: Gespräche und Besprechungen führen (eigene Darstellung)

Bei der *Vorbereitung* gilt es zunächst, einen Ablauf und einen Termin festzulegen. Man sollte sich innerhalb der Arbeitszeit, außerhalb der Pausen treffen und das rechtzeitig ankündigen. Der Zeitrahmen wird nach Maßgabe der Anliegen geplant. Zudem muss ein geräumiger, ruhiger Raum ausgewählt werden, der mit den notwendigen Medien ausgestattet ist. Zu Gesprächen trifft man sich im Regelfall im Büro der Führungskraft, vorausgesetzt es ist ein Einzelzimmer, das weitgehend ohne Unterbrechungen genutzt werden kann. Noch besser ist ein störungsfreier neutraler Raum oder das Büro des Mitarbeiters. Die Sitzordnung sollte keine hierarchische Struktur widerspiegeln. Man sollte frühzeitig einladen, für eine angenehme Atmosphäre und ungestörte Bedingungen sorgen, sich das Anliegen vergegenwärtigen und Argumente zurechtlegen (Nicolai 2006, S. 223, Niermeyer/Postall 2008, S. 79 ff.).

Die *Durchführung* beginnt mit einer Begrüßung, einer Information über die gesetzten Ziele und einem positiven Einstieg, der den Teilnehmerkreis in den Bann der anstehenden Thematik zieht. Im Fortgang werden die Tagesordnung, die Zeitplanung und etwaige Regelungen im Umfeld vorgestellt. Danach werden die Schwerpunkte in einer sinnvollen Abfolge abgearbeitet. Dabei ist die Führungskompetenz *Kommunikationsfähigkeit* gefordert, das heißt die Bereitschaft zum Zuhören und zum gemeinsamen Lösen von Problemen, aber auch *Schlagfertigkeit*, die Kompetenz, im richtigen Moment spontan das Richtige zu sagen. Man sollte nicht nur passiv zuhören, sondern Aufmerksamkeitsreaktionen zeigen und Rückmeldungen geben. So kann man zum Kernproblem vordringen. Hilfreich sind eine verständliche, eindeutige Sprache sowie eine offene, ruhige Erörterung. Zuweilen muss man Menschen aktivieren. Dazu eignen sich *Fragen*. Sie sollten einfach und verständlich, kurz, präzise und eindeutig formuliert werden. Fragen zu vertraulichen oder unbekannten Sachverhalten soll ein erklärendes Beispiel vorangehen. Allgemeine Fragen sind zu vermeiden, da man sie nicht mit konkreten Erfahrungen verbinden kann. Bei offenen Fragen ist eine freie

Antwortformulierung, also auch die Möglichkeit eines persönlichen Urteils und der Äußerung individueller Wünsche vorgesehen. Geschlossene Fragen beinhalten alle relevanten Antwortkategorien, dadurch allerdings auch die Gefahr der Suggestion. Diese Gefahr ist insbesondere dann gegeben, wenn Fragen zu Sachverhalten gestellt werden, über die der Befragte noch nicht nachgedacht hat. Bei Diskussionsrunden ist ein Hinweis auf die Diskussionsregeln angebracht. Bei komplexen Themen kann man Arbeitsgruppen bilden. Bei Vorträgen und Präsentationen muss man die Vortragenden kurz vorstellen, die Vortragszeit begrenzen, Vertiefungsfragen für eine Diskussionsrunde vorsehen, Verständnisfragen zulassen und den Vortrag in Thesenform kurz zusammenfassen. Gespräche und Besprechungen sollten möglichst versöhnlich ausklingen. Man beendet sie, indem die Ergebnisse zusammengefasst und Entscheidungen gefällt werden. Dazu gehört die Beantwortung der Frage: »Wer macht was (gegebenenfalls wie, wo, womit und) bis wann?« Eventuell wird ein neuer Termin für die nächste Besprechung vereinbart. Schließlich verabschiedet man sich (Hossiep/Bittner/Berndt 2008, S. 23 ff., Pinnow 2008, S. 187 ff., 264 ff., Stracke 2007, S. 188 ff.).

Die *Aufbereitung* konzentriert sich auf das Anfertigen und Weiterleiten eines Ergebnisprotokolls, das die Inhalte schriftlich festhält. Eigene Zusagen sind umgehend umzusetzen. Schließlich sollte man die Kontrolle der Zusagen des Gesprächspartners einplanen (Kießling-Sonntag 2000, S. 52 f.).

Übungsaufgabe

Erinnern Sie sich an das letzte Gespräch, dass Ihre Führungskraft mit Ihnen geführt hat. Simulieren Sie dieses Gespräch mit einem guten Freund, wobei Sie die Rolle Ihrer Führungskraft übernehmen. Halten Sie sich dabei an die Empfehlungen aus Abb. 2.4.

Auf einige Gespräche muss man besonderes Augenmerk lenken, etwa das *Lob*, das *Rückkehr-* bzw. *Fehlzeitengespräch*, das *Zielvereinbarungsgespräch*, die *Weisung*, das *Konflikt-*, *Beurteilungs-* und *Jahresgespräch* sowie das *Beratungs-* und *Fördergespräch*, auf die in den Kapiteln »Motivieren«, »Ziele vereinbaren«, »Fordern und fördern«, »Kooperieren« und »Beurteilen« eingegangen wird.

Das *Vorstellungsgespräch* ist eine Art von Beurteilungsgespräch. Allerdings wird hier nicht das Ergebnis einer Beurteilung besprochen. Vielmehr dient es selbst, wie andere Verfahren der Personalauswahl, der Beurteilung. Erfolgreich kann ein Vorstellungsgespräch nur dann ablaufen, wenn es von geschulten und geübten Interviewern sorgfältig vorbereitet, durchgeführt und aufbereitet wird, und zu diesen Interviewern zählen fraglos meist die Führungskräfte. Allerdings sollten sie sich darauf verlassen können, dass Verantwortliche aus dem Personalwesen ihr einschlägiges Fachwissen entweder in ein gemeinsames Vorstellungsgespräch mit der Führungskraft oder in ein vorhergehendes bzw. nachfolgendes Vieraugengespräch mit den Kandidaten für die freie Stelle einbringen. Eines gilt es dabei unbedingt zu beachten: Bewerber können sich nur öffnen, wenn man ihnen die Freiheit lässt, den Gesprächsverlauf auch selbst zu gestalten. Deshalb sollten die Interviewer nicht immer selbst sprechen. Sie sind angehalten, den Gesprächspartner zu inspirieren und den Willen zum Zuhören zu zeigen. Fachleute empfehlen, man solle sich am Idealtyp des multimodalen Interviews mit folgenden Phasen orientieren:

- Gesprächsbeginn,
- Selbstvorstellung des Bewerbers,

- freies Gespräch, das an die Bewerbungsunterlagen und die Selbstvorstellung anknüpft,
- Fragen zur Berufsorientierung,
- biografiebezogene Fragen,
- realistische Tätigkeitsinformation,
- situative Fragen zu typischen Situationen im Berufsalltag und schließlich
- Gesprächsabschluss

(Abb. 2.5, Bröckermann 2009 b, S. 87 ff., Schuler 2000, S. 89 ff.).

- Was machen Sie, wenn Ihre Führungskraft Ihnen eine unverständliche Nachricht hinterlassen hat und für eine Woche nicht erreichbar ist?
- Gehen Sie davon aus, dass ich Ihr Kunde bin. Schildern Sie mir die wesentlichen Leistungsvorteile von…
- Wie kann es einer Führungskraft gelingen, in einem Team unterschiedliche Interessen und Charaktere unter einen Hut zu bringen?
- Ihr Mitarbeiter kommt zu Ihnen, um einen von ihm verursachten Fehler zu besprechen. Schildern Sie, wie Sie das Gespräch führen.
- Sie stellen in letzter Zeit fest, dass Ihr Mitarbeiter keinen Antrieb hat. Was machen Sie?

Abb. 2.5: Beispiele für situative Fragen im Vorstellungsgespräch (Bröckermann 2009 b, S. 94)

Übungsaufgabe

Formulieren Sie situative Fragen, die sich auf Ihre eigenen Arbeitsaufgaben beziehen.

Wenn ein Arbeitnehmer kündigt, wird das Personalwesen die Abwicklung in die Hand nehmen: die Prüfung des Kündigungstermins und der Kündigungsfrist, die Eingangsbestätigung sowie, falls die Kündigung der Personalabteilung zugegangen ist, die Information der Führungskraft. Ein *Austritts- bzw. Abgangsinterview* wird jedoch eben diese Führungskraft abwickeln, es sei denn, sie selbst ist der Anlass für die Kündigung. Dieses Interview dient

- der Ermittlung der tatsächlichen Kündigungsgründe,
- dem Erarbeiten eines unternehmensspezifischen Kataloges von Kündigungsgründen,
- dadurch dem Erkennen von betrieblichen Schwachstellen, die zu Kündigungen führen und behoben werden sollten,
- dem Versuch des Abbaus von etwaigen Aversionen gegenüber dem Unternehmen und
- der Verabschiedung (Abb. 2.6, Becker 2005 a, S. 426 f.).

Auch wenn der Arbeitgeber kündigt – in diesem Zusammenhang bezeichnet man die Kündigung als Entlassung – wird das Personalwesen die Abwicklung in die Hand nehmen: die Prüfung, ob der Betroffene, etwa als Betriebsratsmitglied, einen besonderen Kündigungsschutz genießt, ob der ursächliche Vorfall eine Entlassung rechtfertigt und welche Kündigungsfristen zu berücksichtigen sind, die Anhörung des Betriebsrats sowie schließlich die Anfertigung der letzten Entgeltabrechnung, der Lohnsteuerbescheinigung, der Sozialversicherungsnachweise, einer Urlaubsbescheinigung und des Entlassungsschreibens. Grundsätzlich empfiehlt sich die persönliche Übergabe des Entlassungsschreibens in einem *Entlassungsgespräch*, soweit der Betroffene

Für meine Entscheidung auszutreten beziehungsweise den Bereich zu wechseln, waren folgende Aspekte von Bedeutung	Haupt-grund	Ergän-zend	
1. Die Führungskraft			
2. Die Aufgaben in der Position			
3. Karriere-/ Entwicklungschancen			
4. Finanzielle Rahmenbedingungen			
5. Die äußeren Arbeitsbedingungen			Zu lange Arbeitszeiten
			Fehlende Flexibilität der Arbeitszeitregelung
			Arbeitsatmosphäre (Kollegen, Klima)
			Allgemeine Bürokratie
			Arbeitsumfeld (Lärm, Belüftung, Klima, Licht)
			Großraumbüro
			Unzureichende Arbeitsmittel (Computer, Technik)
			Sonstiges:
			Bemerkungen:
6. Sonstige Gründe:			

Abb. 2.6: Fragen im Austrittsinterview (nach Stavenhagen 2008, S. 52)

überhaupt erreichbar ist. Diese unangenehmen Gespräche führt ein Verantwortlicher aus dem Personalwesen oder die direkte Führungskraft, manchmal führen es beide gemeinsam. Unangenehm ist den Führungskräften das Entlassungsgespräch, wie Andrzejewski bei einer Befragung von 600 Führungskräften ermittelt hat, weil man zu wenig Erfahrungen damit hat, eigene Betroffenheit verspürt oder in Argumentationsnotstand geraten kann, weil man besorgt ist, Existenzen zu zerstören und die eigene Glaubwürdigkeit zu verlieren, und schließlich Angst vor Imageschäden und Emotionen hat. Deshalb sollte man einige Eigentümlichkeiten beachten (Abb. 2.7, Andrzejewski 2002, S. 77 ff., List 2003, S. 28 ff., Wenzler 2001, S. 42 f.).

Vorbereitung	Durchführung	Aufbereitung
▪ Fakten verdeutlichen ▪ Trennungsdetails festlegen ▪ Zeitpunkt wählen ▪ Einladen ▪ Büro der Führungskraft	▪ Nicht länger als 15 Minuten ▪ Begrüßung ▪ Regeln: Entlassung zu Beginn, kein Argumentieren, Entlassungsgründe nennen, Blick auf die Zukunft richten ▪ Reaktionen: Euphorie, Erleichterung, Schweigen, Werben um Mitgefühl, Flucht, Wut, Drohungen ▪ Verabschiedung	▪ Dokumentieren ▪ Eigene Zusagen umsetzen

Abb. 2.7: Entlassungsgespräche führen (nach Bröckermann 2009 b, S. 369)

In der *Vorbereitung* gilt es, sich alle Fakten zu vergegenwärtigen, die die beabsichtigte Entlassung rechtfertigen. Damit soll einer Emotionalisierung des Gesprächs vorgebeugt werden. Daneben sind die Details der Trennung festzulegen. Für die Wahl des Zeitpunkts sind vor allem die Kündigungsfristen und -termine ausschlaggebend. In aller Regel ist der Betroffene nicht überrascht, weil ihn der Betriebsrat um eine Stellungnahme gebeten hat, um angemessen auf die Anhörung reagieren zu können. Ist das nicht der Fall, sollte eine Einladung zumindest mit einigen Stunden Vorlauf ausgesprochen werden. Als Grund mag man das Problemfeld anführen, das zur Entlassung geführt hat. Das Gespräch sollte möglichst ungestört im Büro der Führungskraft stattfinden.

Für die *Durchführung* gilt die Regel, dass das gesamte Entlassungsgespräch regelmäßig nicht länger als 15 Minuten dauern sollte. Der Gesprächsverlauf muss so angelegt sein, dass die Entlassung in den ersten fünf Minuten deutlich und unmissverständlich ausgesprochen wird. Es muss klar werden, dass man die Entscheidung für eine Entlassung wohlüberlegt getroffen hat und dass diese Entscheidung unwiderruflich feststeht. Ein Austausch von Argumenten ist fehl am Platz. Die Entlassungsgründe sollten sachlich erläutert werden. Ansonsten hätte der Entlassene die Möglichkeit, sich in eine Opfer- und sein Gegenüber in eine Täterrolle zu reden. Am Ende des Gesprächs sind die Führungskräfte oder Personalverantwortlichen je nach Situation aufgefordert, Wege für eine berufliche Zukunft außerhalb des Unternehmens aufzuzeigen. Außerdem muss die Abwicklung des Arbeitsverhältnisses angesprochen werden. Bisweilen ist es angebracht, das Angebot eines weiteren Gesprächs zu unterbreiten, das allerdings ausschließlich jene Aspekte der beruflichen Zukunft außerhalb des Unternehmens thematisieren kann (Andrzejewski 2002, S. 80 ff.).

▪ Einige Personen zeigen euphorische Reaktionen auf die Entlassungsnachricht. Sie erwecken den Eindruck, bestens mit der Situation umgehen zu können, und akzeptieren bereitwillig alle Aspekte der Trennung. Tatsächlich versuchen sie aber häufig, durch dieses Verhalten ihre Orientierungslosigkeit zu verdecken. Die Gesprächspartner dürfen sich nicht beirren lassen. Sie sollten die Betroffenen dazu bringen, den Blick auf die Zukunft zu richten.

▪ Arbeitnehmer, die die Gefahr der Entlassung zum Beispiel aufgrund vorheriger Personalbeurteilungen, Abmahnungen oder interner Informationen über die wirtschaftliche Situation des Unternehmens bereits kannten, reagieren oft wenig überrascht, manchmal sogar erleichtert. Trotzdem sollte die schockierende Wirkung der Entlassung nicht unterschätzt werden. Die bislang verdrängten persönlichen

Probleme, die die Entlassung aufwirft, gewinnen nämlich spätestens zu diesem Zeitpunkt die Oberhand. Die Gesprächspartner müssen dies erkennen und sich bemühen, diese Probleme zu besprechen.

- Andere nehmen die Entlassung schweigend und in einer Art Schockzustand hin. Sie können die Situation nicht akzeptieren. In diesen Fällen sollte man sich bemühen, mit ihnen in Kontakt zu treten. Das kann auch dadurch geschehen, dass man eine Weile ebenfalls schweigt, weil dadurch ein Spannungsbogen aufgebaut wird, der nur durch eine, wenn auch möglicherweise negative Reaktion des Entlassenen abgebaut werden kann.

- Manchmal ist der Schock so intensiv, dass die Betroffenen in Tränen ausbrechen oder um Mitgefühl werben, indem sie auf die negativen Konsequenzen für sich und ihre Familie hinweisen. Je nach Anlass für die Entlassung ist Mitgefühl auch durchaus angebracht. Völlig unangemessen wäre es jedoch, wenn der Gesprächspartner sich dadurch zu einer Relativierung oder gar Rücknahme der Entlassung hinreißen ließe.

- Manche Betroffenen denken auch an Flucht. Sie haben den dringenden Wunsch, das Büro sofort zu verlassen. Hier ist es wichtig, den Mitarbeiter dazu zu bewegen, sich weiterhin der Situation zu stellen und das Gespräch fortzusetzen.

- Schließlich sind als Antwort auf die Entlassungsnachricht auch heftige Reaktionen möglich. Die Betreffenden lassen ihrer Wut freien Lauf und kündigen gerichtliche Schritte an, mit denen ohnehin zu rechnen ist. Ja, sie bedrohen unter Umständen sogar ihren Gesprächspartner. In dem Fall darf man sich nicht aus der Ruhe bringen lassen, denn nahezu immer bleibt es bei den Drohungen. Körperliche Attacken kommen kaum vor. Hört man ruhig zu, verraucht die Wut recht bald. Danach kann man über die Zukunft sprechen.

Für die *Aufbereitung* ist vor allem die schriftliche Dokumentation der Übermittlung der Entlassung von Belang. Außerdem sind etwaige eigene Zusagen umgehend umzusetzen.

Übungsaufgabe

Stellen Sie sich folgenden, natürlich für Ihr Arbeitsumfeld undenkbaren Vorfall vor: Ihr Mitarbeiter Dieter Dollmann ist bei einem Diebstahl erwischt worden. Alles ist lückenlos dokumentiert. Alle arbeitsrechtlichen Details wurden beachtet. Simulieren Sie das Entlassungsgespräch mit einem guten Freund, der die undankbare Rolle des Dieter Dollmann übernimmt.

2.4 Körpersprache interpretieren

Wenn man kommuniziert, geht es um mehr als den Austausch von Informationen, der bislang thematisiert wurde. Wir benutzen alle fünf Sinne (Franken 2007 b, S. 37 ff.; Lieber 2007; S. 94 ff.).

- Von besonderer Bedeutung sind dabei das gesprochene und geschriebene *Wort*. Alle Erscheinungen beim Sprechen, die nichts mit dem Inhalt zu tun haben, wie Artikulation, Klang, Lautstärke, Sprachmelodie und -rhythmus, Sprechpausen und -tempo, Tonfall und -höhe sowie sonstige Lautäußerungen beinhalten Informationen.

Aufgrund dieser Phänomene interpretieren wir unseren Gesprächspartner bei einem Telefonat. Wir können förmlich sehen, ob er lacht oder uns hinters Licht führen will, obwohl wir in Wirklichkeit nichts sehen.

- Eine Fülle von wissenschaftlichen Untersuchungen belegt, dass wir uns aber auch maßgeblich über die *Körpersprache*, also Gestik, Mimik, Körperhaltung, Bewegungen austauschen und wahrnehmen.
  Kinder haben, bevor Sie sprechen können, kaum andere Mittel der Kommunikation als die Körpersprache, und die Eltern kommen damit ganz gut zurecht.
- Im weiteren Sinne drücken wir uns sogar über unser *Aussehen* und unsere *Kleidung* aus.
  Jugendliche bringen damit zuweilen zum Ausdruck, dass sie anders als die Generation ihrer Eltern sein wollen.
- Selbst mit *Berührungen* drücken wir uns aus.
  Wenn Menschen traurig sind, versuchen wir beispielsweise, sie durch Berührungen zu trösten. Wir nehmen sie in den Arm oder legen ihnen die Hand auf die Schulter.
- Schließlich sind *Gerüche* aussagekräftig.
  Eine gesamte Branche lebt davon, uns Gerüche zu verkaufen, denn wir wollen ja nicht nach Anstrengung und Erschöpfung, sondern frisch und attraktiv riechen.
- Sogar der *Geschmackssinn* spielt eine Rolle.
  Welchen Sinn hätten sonst geschmacklich hoch entwickelte Lippenstifte und die vielen Restaurantkritiken?

Die fünf Sinne sind auch eine zentrale Komponente im umstrittenen Konzept der *neurolinguistischen Programmierung* (NLP) von Bandler und Grinder. Hier geht es um die Zusammenhängen von körperlichen, also neurophysiologischen Zuständen, Sprache, das heißt der Linguistik, und inneren Denkprozessen, die Bandler und Grinder als Programmierung bezeichnen. Sie sind der Auffassung, dass man Präferenzen hat, und unterscheiden

- den Augen-Typ, der vornehmlich auf das Sehen fixiert ist,
- den Ohren-Typ, der in erster Linie auf das Hören fixiert ist, und
- den kinästhetischen Typ, der hauptsächlich den Gefühlen den Vorrang gibt,

Ferner unterstellen Bandler und Grinder, dass Menschen ihre bevorzugte Wahrnehmung sprachlich zum Ausdruck bringen:
- »Das sehe ich nicht so.«
- »Das hört sich gut an.«
- »Dabei bekomme ich Magenschmerzen.«
  (Bandler/Grinder 1982, S. 1 ff., Jung 2008, S. 530 f.)

Gerade die *Körpersprache* kann wichtige Hinweise auf die Gedanken und Befindlichkeit des Gegenübers geben. Sie ist nämlich viel älter und damit viel ursprünglicher und ehrlicher als das gesprochene Wort (Abb. 2.8, Günther 2003, S. 17).

Übungsaufgabe

Schauen Sie sich eine Talkshow im Fernsehen an und stellen Sie den Ton ab. Konzentrieren Sie sich auf einen Gesprächsteilnehmer und interpretieren Sie seine Körpersprache.

Wenn der Gesprächspartner	wird das regelmäßig bedeuten
den Kopf zurückwirft	Trotz, Ablehnung, Ungläubigkeit
den Kopf einzieht	Angst, Nervosität, Verkrampfung
die Stirn runzelt	Entrüstung
die Augenbrauen hebt	Ungläubigkeit, Arroganz
durch einen hindurch schaut	Geistesabwesenheit
mit geradem Blick schaut	Interesse
keinen Blickkontakt hält	Unsicherheit, Arroganz
häufig die Lider bewegt	Nervosität
kurz an die Nase greift	Verlegenheit
sich die Nase reibt	Nachdenklichkeit
den Mund öffnet	Erstaunen
immer langsamer spricht	Unsicherheit, Unwilligkeit
die Lippen zusammenpresst	Zorn, Starrsinn, Nachdenklichkeit
die Oberlippe hochzieht	Verachtung
die Unterlippe hochzieht	Zweifel
den Oberkörper nach vorn beugt	Interesse, Wille, zu unterbrechen
den Oberkörper weit zurücklehnt	Desinteresse, Ablehnung
die Arme verschränkt	Ablehnung, Schutz, Angst
weite Armbewegungen macht	Sicherheit
enge Armbewegungen macht	Unsicherheit
die Hand vor den Mund nimmt	Unsicherheit
die Hand zur Faust verkrampft	Angriff, Wut, Anklage
mit den Fingern trommelt	Nervosität
die Hände in die Hüfte stemmt	Imponiergehabe, Entrüstung
die Hände am Stuhl festklammert	starke Unsicherheit
die Hand in die Tasche steckt	Entspannung, Arroganz
die Hand an die Brust legt	Beteuerungsgeste
die Hände vor der Brust kreuzt	Ergebenheit, Demut
die Hand auf den Rücken legt	Befangenheit, Arroganz
die Hände im Nacken verschränkt	Wohlbehagen, Entspannung
den Zeigefinger hebt	Belehrung, Tadel
einmal mit dem Finger schnippt	plötzlicher Einfall, Lösung
mehrmals mit dem Finger schnippt	Lösungssuche
mit dem Finger pocht	Überzeugung, Nachdruck
sich die Hände reibt	Selbstgefälligkeit
das Jackett öffnet	Entspannung, Sicherheit
die Beine übereinanderschlägt	Sympathiefeld aufbauen
mit den Füßen wippt	Arroganz, Sicherheit
die Füße um die Stuhlbeine legt	Unsicherheit, Suche nach Halt

Abb. 2.8: Körpersprache interpretieren (nach Molcho 1998, S. 176 ff., Mühlisch 2000, S. 42 ff., Pease/Pease 2005, S. 56 ff., Spies 2004, S. 87 ff.)

Wenn man aber schon beim sprachlichen Verständnis immer wieder unterschiedlicher Auffassung sein kann, so gilt das erst recht bei der Körpersprache. Eine eindeutige Auslegung ist nicht möglich. Damit wird zugleich deutlich, dass es keine Nicht-Kommunikation gibt. Auch Personen, die schweigen, bringen zumindest körpersprachlich, aber auch durch das Schweigen an sich etwas zum Ausdruck, beispielsweise ihre Verzweiflung, ihr Desinteresse oder ihre Unter- bzw. Überlegenheit (Kammhuber 2003, S. 54 f., Watzlawick/Beavin/Jackson 2007, S. 51).

Überdies sollte man analysieren, wie nahe man dem Gegenüber kommt. Wie manche Gerüche und Geschmäcker sind uns die Berührungen auch nicht immer willkommen. Menschen verfügen offenbar über *Distanzzonen,*

- die öffentliche Zone von über 4,0 m,
  das ist die sichere Distanz, wenn wir noch keinen Kontakt aufnehmen wollen,
- die soziale oder gesellschaftliche Distanzzone von etwa 1,2 bis 4,0 m,
  auf diese Entfernung können wir mit mehreren Menschen kommunizieren,
- die persönliche Distanzzone von zirka 0,5 bis 1,2 m,
  wir müssen uns schon näher kommen, wenn wir zu einem anderen Menschen in Kontakt treten wollen,
- die intime Distanzzone bis ungefähr 0,5 m,
  so nahe lassen wir uns nur von vertrauten Personen kommen (Franken 2007 b, S. 147 f.).

Übungsaufgabe

Beobachten Sie auf der nächsten Party, wer wie viel Abstand zu Ihnen hält, und versuchen Sie zu verstehen, warum das so ist.

Nun zählen Fernsehen und Partys nicht zu den Hauptaufgaben einer Führungskraft. Man ist als Führungskraft aufgefordert, sich alle Mühe zu geben, die *Mitarbeiter* zu *verstehen*, und das kann man nur dann gewährleisten, wenn man alle fünf Sinne einsetzt.

Bandler und Grinder schlagen mit ihrer neurolinguistischen Programmierung einen eher manipulativen Weg vor. Sie empfehlen, mit der eigenen Körpersprache Signale zu setzen, um eine gemeinsame Ebene mit anderen aufzubauen. Durch die Techniken

- Rapport, die Typ-Erkennung des Gegenübers,
- Pacing, die diskrete Imitation des Typs des Gegenübers,
- Leading, den Wechsel auf den Typ, der der eigenen Sache angemessen ist, und
- Ankern, das Auslösen bestimmter Erinnerungen, Denk- und Verhaltensmuster,

soll man sein Gegenüber verleiten, etwas zu tun, ohne dass ihm die Art und Weise dieses Einflusses bewusst wird. Führungskräften sei davon abgeraten, denn jede Manipulation zerrüttet auf längere Sicht das Vertrauensverhältnis zu den Mitarbeitern. Zudem muss man die Techniken aufwendig erlernen (Bandler/Grinder 1982, S. 1 ff., Jung 2008, S. 530 f., Kapitel »Ziele vereinbaren«).

2.5 Beziehungen knüpfen

Der Einsatz aller fünf Sinne ist schon verwirrend genug. Damit erfasst man aber immer noch nicht alle Aspekte dessen, was notwendig ist, um die Mitarbeiter zu verstehen. Wie alle Menschen kommunizieren sie nämlich nicht nur über Vorgänge in ihrem Arbeitsumfeld, sondern oft zugleich und parallel dazu über eine Vielzahl weiterer Aspekte. Soziale Kommunikation hat eine Sachebene und – wie Watzlawick, Beavin und Jackson es ausdrücken – eine Beziehungsebene (Watzlawick/Beavin/Jackson 2007, S. 53 ff.).

In diesem Zusammenhang sind die Führungskompetenzen *Dialogfähigkeit*, gemeint ist die Akzeptanz von Beziehungen, und *Beziehungsmanagement*, die Fähigkeit, soziale Bindungen aufzubauen, zu pflegen und zu erweitern, gefragt. Wenn man in diesem Sinne kompetent kommunizieren will, kann man auf einige tragfähige Konzepte vertrauen.

Schulz von Thun hat einen vielschichtigen Ansatz zum Verständnis dessen entwickelt. Er stellt fest, jede Nachricht oder Aussage – gemeint ist jede Information – habe stets vier Seiten (Abb. 2.9, Schulz von Thun 2009, S. 64, Schulz von Thun/Ruppel/Stratmann 2006, S. 33 ff.).

- Die *Sach- oder kognitive Ebene* hat bislang bei der Darstellung von Gesprächen und Besprechungen im Vordergrund gestanden. Hier geht es um den Austausch der Sachinhalte, also jener Informationen, die zum Verständnis notwendig sind.
- Mit der *Selbstkundgabe* übermittelt man – durch die Art der Kommunikation – Informationen über die eigene Person. Es kommt sowohl zu einer unfreiwilligen Selbstenthüllung als auch zu einer gewollten Selbstdarstellung, einer bewussten und gezielten Demonstration der eigenen Person.
- Mit dem *Beziehungshinweis* werden die Gefühle behandelt, die man hat oder füreinander hegt. Anders als bei der Selbstkundgabe werden hier aber keine Ich-, sondern Du- und Wir-Informationen, und zwar in der Hauptsache durch die Formulierung, den Tonfall, die Mimik und Gestik übermittelt. Man drückt aus, was man vom Gegenüber hält und wie man die Beziehung zwischen sich und dem Gegenüber sieht.
- Die *Appellseite* der Information dient dazu, wirkungsvoll Einfluss zu nehmen. Man will sein Gegenüber dazu veranlassen, Dinge zu tun oder zu unterlassen, zu denken oder zu fühlen.

Die Kommunikationspartner geben auf allen vier Seiten Informationen weiter und sie registrieren Informationen auf allen vier Seiten. Schulz von Thun ordnet dem Sender

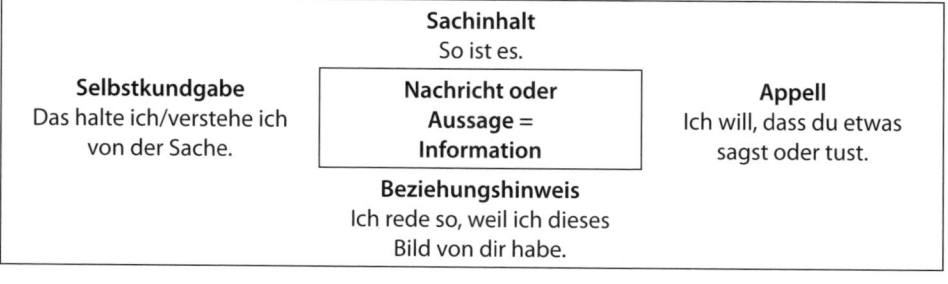

Abb. 2.9: Die vier Seiten der Information (nach Schulz von Thun 2009, S. 64)

Abb. 2.10: Beispiel für gesendete und empfangene Information (nach Jung 2008, S. 472)

folglich vier Schnäbel zu und dem Empfänger vier Ohren (Schulz von Thun/Ruppel/Stratmann 2001, S. 33 ff.).

In aller Regel ist das den Menschen, die miteinander kommunizieren, nicht bewusst. Dafür gibt es ein eingängiges Beispiel. Ein Mann sagt beim Mittagessen: »Da ist etwas Grünes in der Suppe.« Obwohl er nach den Regel der deutschen Sprache keine Frage gestellt hat, möchte er wissen, um was es sich handelt. Seine Frau versteht den Satz – und sie versteht ihn doch nicht so, wie er gemeint war, denn sie erwidert: »Wenn es dir hier nicht schmeckt, kannst Du ja woanders essen gehen!« (Abb. 2.10)

Als Führungskraft muss man folglich mit vier Ohren hören, nämlich auf den Sachinhalt, die Selbstkundgabe, den Appell und den Beziehungshinweis. Dadurch kann man wertvolle Informationen erlangen, die über das eigentliche Anliegen hinausgehen: Was hält der Mitarbeiter von sich, was will er konkret von mir und wie steht er zu mir?

Zugleich muss man sich bewusst sein, dass man mit vier »Schnäbeln« spricht, also für den verständigen Zuhörer unter Umständen mehr über sich preisgibt, als man beabsichtigt.

Diese Erkenntnisse wappnen zwar nicht gegen Missverständnisse, aber wenn man ein Missverständnis erkennt, das ist im hektischen Arbeitsalltag nicht immer der Fall, und wenn man die eigenen Emotionen im Griff hat, denn ein Missverständnis kann verärgern, dann hat man eine Chance, es aufzuklären.

Übungsaufgabe

Sie treffen eine Freundin wieder, die nun eine neue, attraktive Frisur hat, und sagen: »Du warst wohl beim Friseur.« Ihre Freundin erwidert: »Du siehst aber auch nicht gerade toll aus.« Wie ist das offensichtliche Missverständnis zustande gekommen?

Trotzdem kann die Kommunikation aus dem Ruder laufen. Cohn zufolge sind es drei Elemente, die eine Situation prägen, in der Menschen zusammenkommen (Abb. 2.11, Cohn 1975, S. 113 ff., Comelli 2003, S. 436 ff.):

- »Ich«, das einzelne Gruppenmitglied, im Unternehmen also die Mitarbeiter,
- »Wir«, die Gruppe, beispielsweise eine Abteilung, und
- »Es«, das Thema der Gruppe, etwa die aktuelle Arbeitsaufgabe.

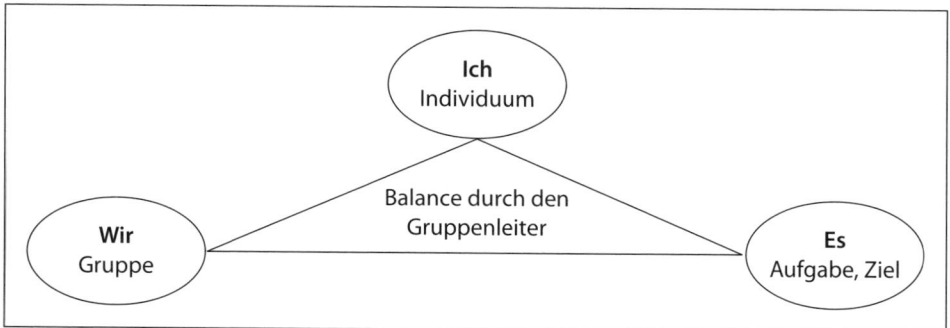

Abb. 2.11: Themenzentrierte Interaktion (Jung 2008, S. 541)

In ihrem Konzept, das Cohn themenzentrierte Interaktion nennt, fordert sie eine *Balance* dieser drei Elemente. Gewinnt eines oder gewinnen mehrere die Oberhand, muss der Gruppenleiter, gemeint ist die Führungskraft, die notwendige Balance dadurch gewährleisten, dass er die anderen Elemente stärkt.

- Wenn sich in Gesprächen und Besprechungen ein Mitarbeiter zu sehr in den Vordergrund drängt, muss man die notwendige Balance dadurch gewährleisten, dass man das Wir-Gefühl der Abteilung stärkt und nachdrücklich auf die anstehenden Arbeitsaufgaben hinweist.
- Wenn die Arbeitsaufgaben aufgrund des Termindrucks übermächtig werden, sollte man sich der einzelnen Mitarbeiter annehmen und wiederum das Wir-Gefühl der Abteilung stärken.
- Wenn die Abteilung im Wir-Gefühl schwelgt, verdienen die Arbeitsaufgabe und die einzelnen Mitarbeiter wieder mehr Beachtung.

Übungsaufgabe

Kommen wir zurück zu einer Talkshow im Fernsehen. Beobachten Sie, ob und wann einzelne Gesprächsteilnehmer sich in der Vordergrund drängen und ob und wann das Thema Vorrang hat. Ein Wir-Gefühl kommt hier ja weniger zum Zug. Beobachten Sie ferner, ob der Talkmaster die Balance wiederherstellen kann, denn gute Talkmaster machen das.

Wenn Beziehungen im Spiel sind, ist *Anpassungsfähigkeit* gefragt. Man muss, gerade als Führungskraft, dazu in der Lage sein, sein Verhalten zu ändern, um den Verhältnissen zu entsprechen. Ob man es glauben mag oder nicht, es kommt immer wieder vor, dass man mit seinem Gegenüber umgeht wie mit der kleinen Schwester, dem strafenden Vater oder dem bösen Nachbarn, und das womöglich in einer Arbeitssituation, die nichts damit zu tun hat.

Hier kann Berne mit seiner Transaktionsanalyse eine Hilfestellung geben. Es handelt sich um eine Methode der Psychologie, die anregt, sich mit dem eigenen Verhalten und dem des Kommunikationspartners auseinanderzusetzen. Berne macht auf die Normen, Erfahrungen und Gefühle aufmerksam, die dem Austausch von verbalen und nonverbalen Informationen, die er als Transaktionen bezeichnet, zugrunde liegen. Er benennt auf der Basis einer Vielzahl von Verhaltensbeobachtungen drei sogenannte Ich-Zustände des Menschen, die wir alle in unserer Kindheit entwickelt haben sollen, die aber trotzdem unser gegenwärtiges Denken, Fühlen und Handeln beeinflussen (Berne 1967, S. 1 ff., Stührenberg 2003, S. 17 ff.).

- Das *Eltern-Ich* beinhaltet alle Eindrücke, die uns in den ersten Lebensjahren durch unsere Eltern vermittelt wurden. In dieser frühen Entwicklungsphase konnten wir jene Eindrücke nicht hinterfragen. Deshalb haben wir viele der positiven wie negativen Eindrücke verinnerlicht. Berne meint, dass sie in vielen Situationen wieder zutage treten, obwohl die Regeln, nach denen unsere Eltern gelebt haben, heute nicht mehr der Norm entsprechen müssen.
- Als Kinder sind wir eine Zeit lang nur begrenzt in der Lage, uns sprachlich zu äußern. In dieser Zeit reagieren wir vorwiegend mit Gefühlen. Berne ist der Meinung, dass Erwachsene zu jeder Zeit in diesen Zustand zurückfallen können. Man wird dann von den Gefühlen beherrscht, die man in einer verwandten Situation während der Kindheit empfunden hat. Von derartigen Gefühlen, vom sogenannten *Kindheits-Ich*, wird man etwa regiert, wenn die Wut größer als die Vernunft ist.
- Die Entwicklung des *Erwachsenen-Ich* beginnt etwa ab dem 5. Lebensjahr und entfaltet sich bis zum Lebensende. Als Erwachsenen-Ich beschreibt Berne einen Ich-Zustand, mit dessen Hilfe der Mensch sein Verhalten an der Realität ausrichtet.

Um realitätsgerecht kommunizieren zu können, muss man die Ich-Zustände anhand der oben genannten Beschreibungen analysieren und *aufeinander abstimmen*. Grundsätzlich sind folgende Konstellationen möglich:

- »Wie viel Uhr ist es?«, fragt Herr Schmitz. Wenn Herr Müller ihm auf diese logische Frage eine eindeutige und logische Antwort gibt, also die Uhrzeit nennt, so liegen parallele Transaktionen vor (Abb. 2.12).
  Parallele Transaktionen sind zwischen sämtlichen Ich-Zuständen möglich. Die Beteiligten akzeptieren die jeweiligen Beziehungsangebote und reagieren gemäß der gegenseitigen Erwartung, etwa auch, wenn Herr Schmitz Herrn Müller mitteilt: »Mir gelingt nichts.« und Herr Müller erwidert: »Ich helfe.« (Abb. 2.13)
- Wenn Herr Müller auf die Frage: »Wie viel Uhr ist es?« antwortet: »Kaufen Sie sich eine Uhr!«, haben wir es mit gekreuzten Transaktionen zu tun (Abb. 2.14).

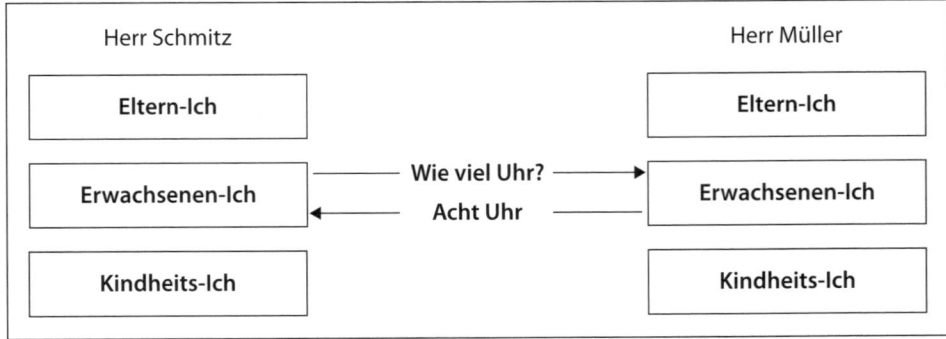

Abb. 2.12: Parallele Transaktionen aus dem Erwachsenen-Ich (eigene Darstellung)

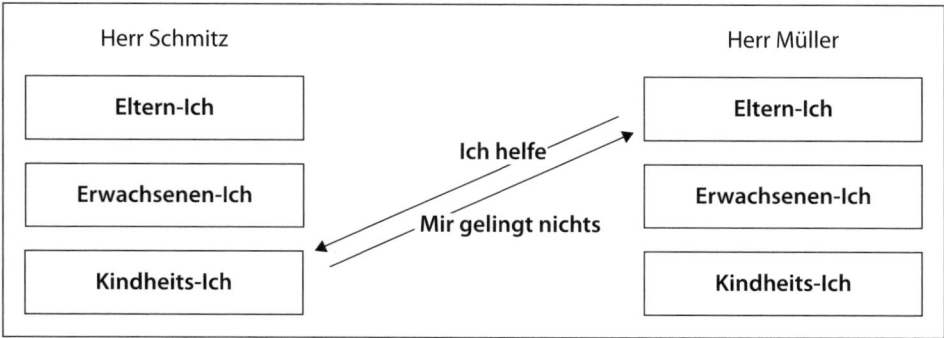

Abb. 2.13: Parallele Transaktionen aus dem Eltern-Ich und Kindheits-Ich (eigene Darstellung)

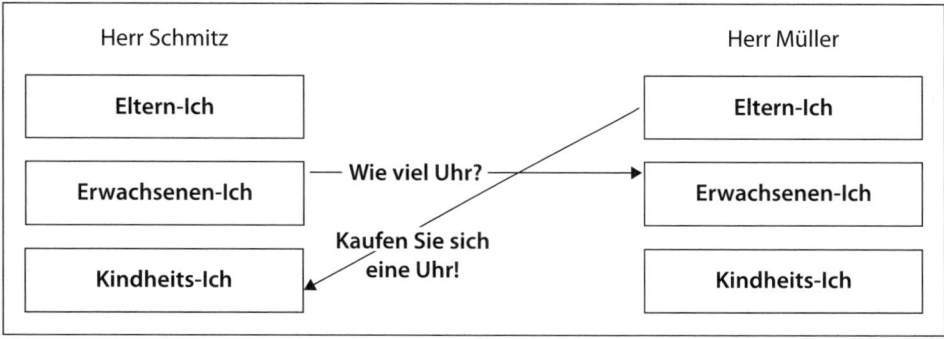

Abb. 2.14: Gekreuzte Transaktionen (eigene Darstellung)

Bei gekreuzten Transaktionen entstehen unstimmige Botschaften. Dadurch kommt es gewöhnlich zu einer Störung der Beziehung oder zu einer Unterbrechung der Kommunikation.

■ Herr Schmitz stellt Herrn Müller die nun hinlänglich bekannte Frage nach der Uhrzeit: »Wie viel Uhr ist es?« Herr Müller antwortet: »Ich bin gleich fertig.« Die Antwort passt nicht zur Frage. Sie würde aber einem Vorwurf entsprechen. Herr Müller weiß, dass vieles, was gesagt wird, häufig ganz anders gemeint ist, und reagiert deshalb auf etwas, das er zwar nicht hört, jedoch vermuten kann. Hier liegen demnach verdeckte Transaktionen vor (Abb. 2.15).

Übungsaufgabe

Welche Transaktionen liegen hier vor?
Fabian sagt zu Melanie: »Ich habe schlimme Kopfschmerzen, bitte hilf mir.« Melanie antwortet: »Ich puste dir auf die Stirn, das hilft bestimmt.«
Fabian fragt Melanie: »Für welche Uhrzeit haben wir uns mit Verena und Stefan verabredet?« Melanie antwortet: »Du bis ja so unselbstständig.«

Wir leben mit der Fiktion, wir befänden uns permanent im Erwachsen-Ich und würden andere ausschließlich in das Erwachsenen-Ich ansprechen, obwohl andere sich viel zu oft in den anderen Ich-Zuständen einrichten würden. Das ist leider nicht so.

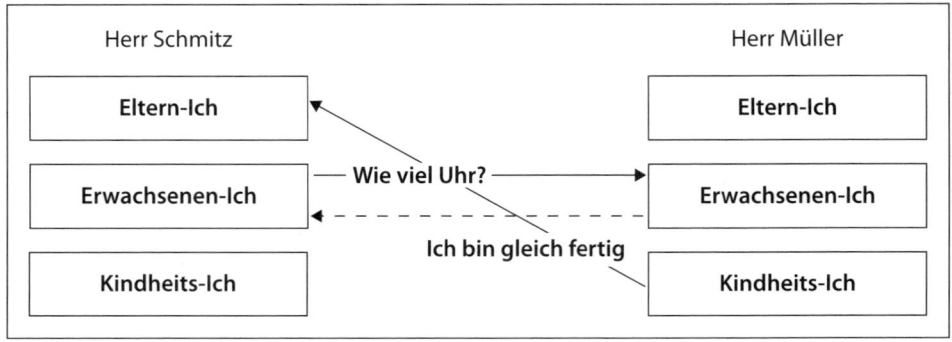

Abb. 2.15: Verdeckte Transaktionen (eigene Darstellung)

Als Führungskraft steht man folglich vor der schwierigen Aufgabe, nicht nur den eigenen Ich-Zustand zu erkennen, sondern auch, welchen Ich-Zustand man bei Mitarbeitern anspricht. Wer das versäumt, gerät leicht in die Gefahr, Mitarbeiter wie unmündige Kinder zu behandeln.

Nicht nur dieses Risiko begrenzt die Transaktionsanalyse, sondern auch jenes, über gekreuzte Transaktionen in Rage zu geraten. Mitarbeiter, die bemerken, dass sie in einen unangemessenen Ich-Zustand gezwungen werden sollen, reagieren nämlich genau so, wenn sie den Mut dazu aufbringen. Und gekreuzte Transaktionen werfen uns leicht aus der Bahn, weil etwas geschieht, was wir nicht gewollt und erwartet haben. Konflikte sind nicht selten die Folge. Wer die Transaktionsanalyse kennt, kann die Wut und Verunsicherung zum Anlass nehmen, die Ich-Zustände zu analysieren und angemessen zu reagieren (Kapitel »Kooperieren«).

Nun ist es weder notwendig noch erstrebenswert, im täglichen Miteinander andauernd alle Details der Transaktionsanalyse zu beherrschen und zu beherzigen. Einerseits wäre das zu viel verlangt. Andererseits wäre man für alle anderen Aspekte und vor allem für die Arbeitsaufgabe blockiert. Trotzdem sollte man ein Grundverständnis für die Transaktionsanalyse immer wieder aktivieren, wenn man den Verdacht hat, dass das eigene Verhalten oder das anderer nicht den Verhältnissen entspricht.

Aber selbst wenn man die Kommunikationsbeziehungen mit den gezeigten Konzepten angeht, muss man in Rechnung stellen, dass man immer auf die eigene Wahrnehmung angewiesen ist. Die kann indes, wie im Kapitel »Beurteilen« unter dem Stichwort *Wahrnehmungsverzerrungen* gezeigt, gründlich in die Irre führen. Wenn man das bemerkt, etwa anhand einiger Fragen wie in Abb. 8.12, muss man sich gerade als Führungskraft korrigieren.

3 Motivieren

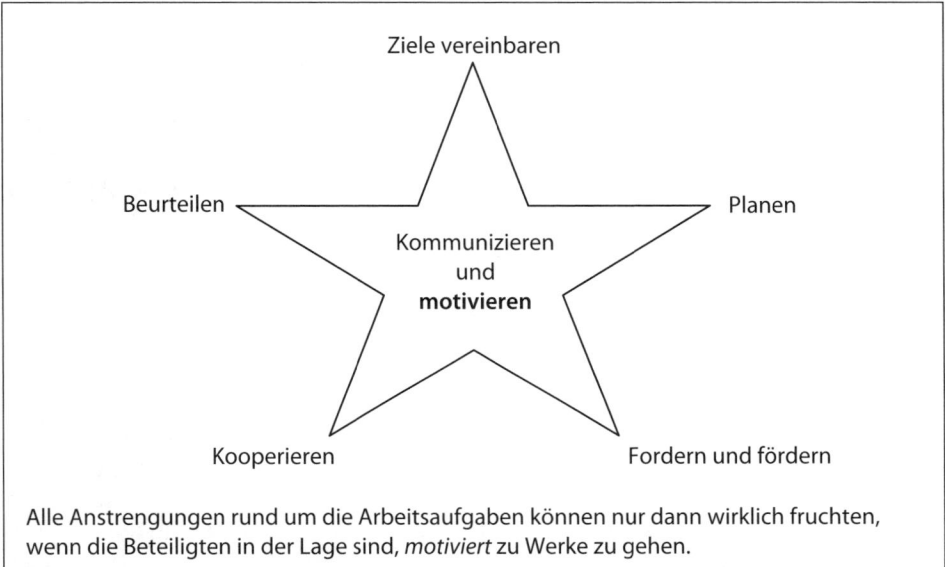

Ziele vereinbaren

Beurteilen

Planen

Kommunizieren
und
motivieren

Kooperieren

Fordern und fördern

Alle Anstrengungen rund um die Arbeitsaufgaben können nur dann wirklich fruchten, wenn die Beteiligten in der Lage sind, *motiviert* zu Werke zu gehen.

Abb. 3.1: Führungsaufgabe »Motivieren« (eigene Darstellung)

Übungsaufgabe

An manche Aufgaben gehen Sie mit viel Schwung und Freude heran, weil sie Ihnen reizvoll erscheinen. Welche Aufgaben sind das? Was macht den Reiz dieser Aufgaben für Sie aus?

3.1 Verhalten auslösen, steuern und beenden

Wir wissen alle, was Motivation ist, und doch fällt es schwer, dieses Wissen in Worte zu kleiden. Vor allem darf man die Motivation nicht mit dem Motiv verwechseln. Ein Motiv ist ein Beweggrund. Unter *Motivation* versteht man hingegen all jene Prozesse, die das Verhalten eines Menschen auslösen, in Gang halten, steuern, beenden und dabei seine Reaktionen hervorrufen (Rosenstiel 2001, S. 6f., Wunderer/Grunwald 1980, S. 169).

Angesichts dieser Definition untersucht die Motivationsforschung, was Menschen ausmacht, was und wie sie etwas tun, in welcher Situation das geschieht, mit welchen Mitteln und mit welchem Ziel. *Management by Motivation* und Arbeitsmotivation sind Begriffe, mit denen man alle Ansätze belegt, die die Motivation als einen der zentralen Faktoren im Arbeitsleben thematisieren.

Die einschlägigen Forschungsergebnisse sind enorm vielgestaltig. Ein wenig Klarheit kann man sich verschaffen, wenn man den Hinweisen folgt, die Wunderer, Grunwald, Hentze und Brose geben. Ein vereinfachtes Modell des Motivationsprozesses beinhaltet demnach folgende grundlegende Komponenten (Wunderer/Grunwald 1980, S. 170, Hentze/Brose 1990, S. 40 ff.):

- Bedürfnisse oder, besser gesagt, *Motive*, tief in uns schlummernde Verhaltens- oder Handlungsbereitschaften,
- *Anreize*, alle nur erdenklichen Gegebenheiten,
- *Ziele*, denn die Anreize beziehen sich auf etwas, sie sind zielgerichtet,
- Verhalten oder *Handlungen*, der Anreiz weckt nämlich ein oder mehrere Motive und stößt eine Handlung an, die geeignet ist, das Ziel zu verwirklichen,
- Feedbacks, also Rückkopplungen und *Anpassungen*. Nicht jeder dieser Prozesse führt dazu, dass das Ziel tatsächlich erreicht wird. Aus Erfolgen und Misserfolgen, den sogenannten Frustrationen, ziehen wir Erfahrungen, die wir in eine Anpassung ummünzen. Die Anpassung formt Motive. Sie sagt uns aber auch, welche Ziele für uns erstrebenswert und erreichbar sind.

Sie schlendern an einem schwülen Sommertag durch die Stadt und sehen vor einem Geschäft die Werbung für ein kühles Erfrischungsgetränk. Das ist der *Anreiz*, der einerseits das *Motiv* weckt, Ihren Durst zu löschen, der Ihnen bis dahin nicht so bewusst war. Andererseits ist dieser Anreiz auf das *Ziel* gerichtet, das Erfrischungsgetränk in dem besagten Geschäft zu kaufen. Ihr Durst-Motiv veranlasst Sie nun dazu, eine *Handlung* zu vollziehen, mit der Sie das Ziel erreichen können. Sie gehen in das Geschäft und kaufen das Getränk, es sei denn, Sie haben kein Geld bei sich. In dem Fall ist eine *Anpassung* angezeigt. Entweder Sie passen Ihr Motiv an, indem Sie feststellen, dass Ihr Durst durchaus noch den Heimweg zulässt, oder Sie ändern das Ziel, indem Sie nun nach einer kostenfreien Erfrischung Ausschau halten, etwa einem Wasserspender.

Demnach kann man Motivation als Prozess charakterisieren, der eine Abfolge von Anreizen, Motiven, Handlungen, Zielen und Anpassung beinhaltet (Abb. 3.2).

Ergo sind Menschen immer motiviert. Wenn man von demotivierten Menschen – oder demotivierten Mitarbeitern – spricht, meint man damit Personen, die nicht motiviert sind, das zu tun, was andere – die Führungskräfte – von ihnen verlangen.

Zwei Elemente des Motivationsprozesses sollen nicht im Folgenden, sondern an anderer Stelle behandelt werden, die Ziele und die Handlungen. Es zählt zu den grundlegenden Aufgaben der Personalführung, *Ziele zu vereinbaren*, denn die Mitarbeiter sollen im Sinne des jeweiligen Unternehmens zielstrebig *handeln*. Aus diesem Grund finden sich einschlägige Ausführungen im Kapitel »Ziele vereinbaren«.

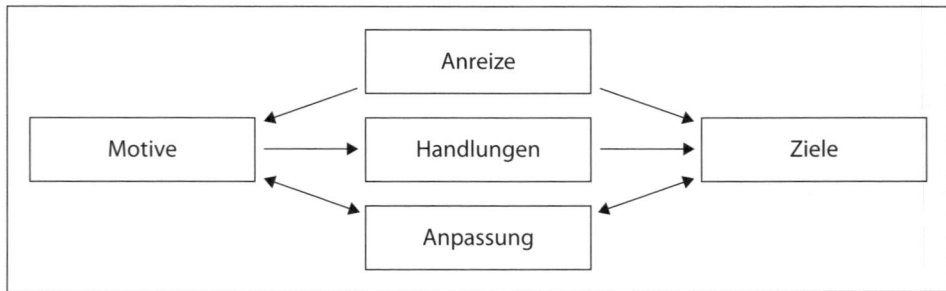

Abb. 3.2: Motivationsprozess (eigene Darstellung)

Manche Kinder bekommen von den Eltern oder Verwandten Geld, wenn sie gute Noten in der Schule erreichen. Möglicherweise haben Sie das auch erlebt oder praktiziert. Was will man mit dem Geld erreichen, und was mag die Kinder angesichts des Geldes bewegen?

In der Theorie unterscheidet man *intrinsische und extrinsische Motivation*. Intrinsisch ist die Motivation, die aus eigenem Antrieb durch Interesse an der Sache entsteht, extrinsisch die, die durch äußere Begleitumstände verursacht wird. Diese Abgrenzung macht aber schon für das obige Beispiel Mühe. Sind es die äußeren Begleitumstände, die zum Kauf führen, das heißt der schwüle Sommertag und die Werbung, oder ist es der Durst, der sich an einem kühlen Tag vielleicht gar nicht so entwickelt hätte? Insofern ist der Begriff extrinsische Motivation eher verwirrend. Von Motivation kann man wohl immer dann sprechen, wenn der eigene Antrieb im Spiel ist (Wiedmann 2006, S. 15 ff.).

3.2 Anreize setzen

Kompetente Führungskräfte im Sinne des eingangs erwähnten *Impulsgebens* können andere inspirieren und dabei sachlich sein. Sie sind folglich aufgefordert, motivierende Anreize zu setzen.

Führungskräfte bewegt in diesem Zusammenhang die Frage, welche *Anreize* etwas bewegen und welche sie überhaupt setzen können. Offensichtlich sind Menschen recht verschieden. Was den einen Mitarbeiter anspricht, lässt den anderen kalt. Außerdem geben nicht nur die Unternehmensverantwortlichen, sondern auch die Tarifpartner vor, was zulässig ist.

Aussagen zu Anreizen im Arbeitsprozess finden sich in der *Anreiz-Beitrags-Theorie* von March und Simon, aber auch in der *Theorie der gelernten Bedürfnisse* nach McClelland, Atkinson, Clark und Lowell. Sie machen allerdings nicht recht deutlich, welche Anreize in welchen Situationen wie wirken (March/Simon 1958, S. 1 ff., 1976, S. 1 ff., McClelland 1975, S. 1 ff., 1978, S. 1 ff., 1987, S. 1 ff., McClelland/Atkinson/Clark/Lowell 1953, S. 1 ff.).

Antworten auf diese Fragen suchten Herzberg, Mausner und Snyderman schon 1959. Sie baten Mitarbeiter in Interviews mit einer strukturierten – also im Vorhinein festgelegten – Abfolge von Fragen, sich an Situationen in ihrem Arbeitsleben zu erinnern, die sie positiv erlebt hatten, in denen sie mithin zufrieden waren. Zudem sollten sie sich Situationen vergegenwärtigen, die sie negativ erlebt hatten, in denen sie also unzufrieden waren. Schließlich forderten sie die Befragten auf anzugeben, welche Anreize ausschlaggebend für ihre Motivation waren (Herzberg/Mausner/Snyderman 1959, S. 1 ff.).

Wenn Sie sich an Situationen in Ihrem Arbeitsleben erinnern, in denen Sie zufrieden waren, welche Anreize waren da ausschlaggebend für Ihre Motivation? Und wie war es in Situationen, in denen Sie unzufrieden waren?

Es stellte sich heraus, dass die Interviewpartner *Arbeitszufriedenheit* nicht als das Gegenteil von *Arbeitsunzufriedenheit* ansahen, sondern Arbeitszufriedenheit und -unzufriedenheit als vollkommen verschiedenartige Erscheinungen wahrnahmen. So kamen die Forscher zu dem Ergebnis, dass Arbeitszufriedenheit und -unzufriedenheit zwei unterschiedliche, unabhängige Dimensionen sind. Die eine Dimension werde durch die Extremwerte Unzufriedenheit und Nicht-Unzufriedenheit, die andere durch Zufriedenheit und Nicht-Zufriedenheit begrenzt. Theoretisch könnten Mitarbeiter also zum selben Zeitpunkt mit ihrer Arbeit sowohl sehr zufrieden sein, zum Beispiel aufgrund mustergültiger Anerkennung, als auch sehr unzufrieden, etwa wegen schlechter Arbeitsbedingungen (Herzberg 2003, S. 54 ff.).

Außerdem ergab die Auswertung, dass die Befragten gänzlich andere Ursachen für Arbeitszufriedenheit als für Arbeitsunzufriedenheit nannten. Die Forscher fassten die unterschiedlichen Ursachen zu zwei Faktoren zusammen. Deshalb sind ihre Thesen als Zwei-Faktoren-Theorie bekannt geworden (Abb. 3.3, Hentze/Graf/Kammel/Lindert 2005, S. 114 ff., Herzberg 1966, S. 1 ff.).

Kontextfaktoren, die man auch als Dissatisfiers, Maintenance- oder Hygienefaktoren bezeichnet, hängen nicht unmittelbar mit der Arbeit selbst zusammen, sondern stellen positive oder negative Anreize des Arbeitsvollzugs dar. Von diesen Faktoren geht zwar keine Motivationswirkung aus, denn in ihrer positiven Ausprägung werden sie als Selbstverständlichkeit angesehen. Liegen sie jedoch in ihrer negativen Ausprägung vor, ergibt sich Arbeitsunzufriedenheit, so wie sich bei mangelhafter Hygiene Krankheiten einstellen.

Motivatoren, auch Satisfiers oder Kontentfaktoren genannt, sind Anreize, die sich unmittelbar aus dem Arbeitsvollzug ergeben. Durch sie kann eine positive Wirkung, nämlich Arbeitszufriedenheit, erreicht werden. Ihre negative Ausprägung führt jedoch nicht zur Arbeitsunzufriedenheit, sondern lediglich zur Nicht-Zufriedenheit.

Soll keine starke Arbeitsunzufriedenheit aufkommen, müssen die Kontextfaktoren für die Mitarbeiter im üblichen Maße gegeben sein, während Motivatoren als Anreize dienen, die die Arbeitszufriedenheit erhöhen.

In der Wissenschaft wird die Zwei-Faktoren-Theorie massiv kritisiert. Der Teil der Kritik, der ausschließlich an der ersten Erhebung ansetzt, muss als überholt gelten.

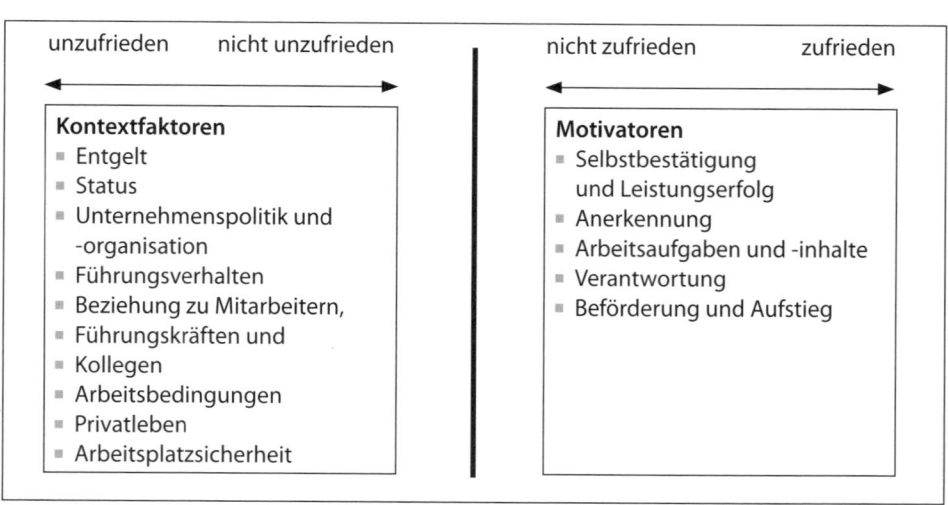

Abb. 3.3: Zwei-Faktoren-Theorie (eigene Darstellung)

Freilich konnten mehr als 120 Folgeuntersuchungen die Theorie teils bestätigen, teils aber auch nicht. Wunderer und Grunewald schlagen deshalb wie Neuberger vor, man sollte die Zwei-Faktoren-Theorie in der Weise relativieren, dass Kontextfaktoren hauptsächlich und in der Regel die Arbeitsunzufriedenheit bestimmen, Motivatoren hauptsächlich und in der Regel die Arbeitszufriedenheit. Dabei verstehen sie unter Arbeitszufriedenheit das positive Gefühl, das sich bei einer Entsprechung zwischen den Erwartungen eines Mitarbeiters und ihrer Erfüllung am Arbeitsplatz einstellt (Neuberger 1974, S. 133, Wunderer/Grunewald 1980, S. 191).

Selbst diese relativierte Sicht hat jedoch Schwachstellen, denn es hat sich gezeigt, dass Kontextfaktoren und Motivatoren zuweilen miteinander verknüpft sind: Beförderung und Aufstieg sind Motivatoren, aber in aller Regel mit einem höheren Entgelt, einem Kontextfaktor, verbunden.

Das und eigene Erfahrungen nimmt man in der Praxis zum Anlass zu der Kritik, es sei falsch, dass sich das Entgelt, auf das man so viel Wert legt, »nur« als einer von vielen Kontextfaktoren wiederfindet, mit dem man Mitarbeiter »lediglich« nicht unzufrieden stellen kann. Diverse Umfragen belegen jedoch, dass das Entgelt in der Tat nicht die wichtigste Rolle spielt. So hat die Managementberatung Mercer ermittelt, inwieweit Mitarbeiter Anreize schätzen. Die Ergebnisse sind in Abb. 3.4 wiedergegeben.

Die Zwei-Faktoren-Theorie ist also durchaus plausibel. Falsch sind hingegen das »Nur« und das »Lediglich« in der besagten Kritik. Das Entgelt ist einer von vielen Kontextfaktoren. Folglich sollte man die anderen nicht vergessen. Außerdem sind die Kontextfaktoren nicht weniger bedeutsam als die Motivatoren. Sie sind quasi das Fundament, auf dem die Motivatoren aufsetzen.

Die Zwei-Faktoren-Theorie *schärft* Führungskräften *den Blick für die möglichen Anreize.*

Das sind zunächst jene, die die Mitarbeiter als *Selbstverständlichkeiten* verstehen, nämlich ein gerechtes Entgelt, auf das weiter unten noch eingegangen wird, der Status, den die Mitarbeiter mit ihrer Arbeit erlangen, das Führungsverhalten, das zur

Was Mitarbeiter motiviert	Weltweit	Deutschland
Respekt	125	129
Art der Arbeit	112	113
Ausgewogenheit von Arbeits- und Privatleben	112	106
Gute Kundenbetreuung	108	108
Grundgehalt	108	105
Kollegen	107	131
Betriebliche Nebenleistungen	94	110
Langfristiges Karrierepotential	92	77
Weiterbildung und Entwicklung	91	80
Flexible Arbeitsmöglichkeiten	87	92
Aufstiegschancen	85	83
Variable Vergütung / Bonuszahlungen	80	86
Werte über 100 weisen auf eine höhere, Werte unter 100 auf eine geringere Bedeutung hin.		

Abb. 3.4: Einschätzung von Anreizen im Berufsleben (Mercer 2008, S. 13)

Zufriedenheit der Mitarbeiter beitragen kann, die Beziehungen, die man während der Arbeit pflegt, und die Arbeitsbedingungen, die so gestaltet werden sollten, das man sich wohlfühlen kann. Aber die Mittel der Führungskräfte sind beschränkt. Aus dem Privatleben der Mitarbeiter sollten sie sich wohl heraushalten. Ferner haben sie als Einzelne nur einen sehr eingeschränkten Einfluss auf die Unternehmenspolitik und -organisation sowie die Arbeitsplatzsicherheit.

Und selbst wenn sie das ihre dazu tun, dass die »Selbstverständlichkeiten« vorhanden sind, können sie noch nicht davon ausgehen, dass ihre Mitarbeiter motiviert sind. Dazu bedarf es mehr, nämlich ansprechender Arbeitsaufgaben und -inhalte sowie der Chance auf Selbstbestätigung, Leistungserfolg, Anerkennung, Verantwortung, Beförderung und Aufstieg. *Realistische Chancen* können Führungskräfte aber wiederum auch nur dann gewährleisten, wenn alle Verantwortlichen mitspielen.

Ist das nicht gegeben, kommt zwei ohnehin zentralen Führungskompetenzen eine besondere Bedeutung zu. Die Mitarbeiter sollten auf die *Tatkraft* und die *Zuverlässigkeit* ihrer Führungskräfte bauen können. Deren Verhalten muss in dem Sinne berechenbar sein, dass sie alles daran setzen, ein motivierendes Umfeld zu gewährleisten.

Dazu eignet sich vor allem das *Lob*, mit dem man eine oft geäußerte Kritik am Führungsverhalten entkräften kann. Man beklagt nämlich, Führungskräfte sprächen bereitwillig über unbefriedigende Leistungen und übten schnell Kritik, hielten sich aber mit Anerkennung sehr zurück (Abb. 3.5, Berufsgenossenschaft für Gesundheitsdienst und Wohlfahrtspflege 2008, S. 24).

Ein Lob kann sich ganz allgemein auf die Person beziehen. Man muss aber bedenken, dass man damit beiderseits eine hohe Erwartungshaltung provoziert. Davon abgesehen thematisiert ein Lob kurz und bündig ausschließlich positive Aspekte: »Ich freue mich, dass Sie mit Ihren Überstunden den Kundenauftrag gerettet haben.« Längliche Lobeshymnen sind den Betroffenen eher peinlich. Man erwartet vielmehr, dass besonderer Einsatz als solcher wahrgenommen und kurz thematisiert wird. Das Lob ist im Kern ein Beurteilungsgespräch, denn es hat einen Vergleich von erwartetem Verhalten oder Leistungen einerseits und tatsächlichem Verhalten beziehungsweise Leistungsergebnissen andererseits zum Inhalt. Die im Kapitel »Beurteilen« angesprochenen Empfehlungen gelten aber nur sehr eingeschränkt. Ein Lob kann unvermittelt und sollte zeitnah erfolgen. Eine gute Gesprächsatmosphäre ist wichtig, aber ein Lob kann man auch vor anderen aussprechen. Zuweilen ist das sogar wirkungsvoller als ein Lob unter vier Augen. Man sollte sich auf seinen Gesprächspartner einstellen, offen, aktiv, konzentriert, gezielt und verantwortlich kommunizieren und Ablenkungen fernhalten. Vereinbarungen für die Zukunft und deren Kontrolle sind hingegen zu vernachlässigen, aber keinesfalls die Dokumentation und die Umsetzung etwaiger eigener Zusagen (Kießling-Sonntag 2000, S. 166 ff.).

Vorbereitung	Durchführung	Aufbereitung
▪ Atmosphäre herstellen ▪ Gründe vergegenwärtigen	▪ Zeitnah kurz und bündig ausschließlich positive Aspekte thematisieren ▪ Regeln: offen, aktiv, konzentriert, gezielt und verantwortlich kommunizieren, Ablenkungen fernhalten	▪ Ergebnisse festhalten ▪ Eigene Zusagen umsetzen

Abb. 3.5: Loben (eigene Darstellung)

Halten Sie sich die Empfehlungen aus Abb. 3.5 vor Augen und loben Sie Ihre beste Freundin oder Ihren Lebenspartner.

3.3 Motive wecken

Menschen haben kein unveränderliches Repertoire von Motiven. Unter anderem durch äußere Anreize ändern sie ihre Motive Zeit ihres Lebens. Trotzdem können Anreize nur dann etwas bewirken, wenn sie auf eine – zwar auf lange Sicht durchaus formbare – Handlungsbereitschaft, ein *Motiv* treffen. Ein Anreiz, der ins Leere geht, bewirkt nicht das, was beabsichtigt ist. Beispielsweise weckt eine Einladung in ein Steak-Restaurant bei einer Vegetarierin keine Freude. *Anreiz und Motiv* müssen, bildlich gesprochen, zusammenpassen *wie Schlüssel und Schloss*.

Man kann Menschen so manipulieren, dass sie glauben, Spaß an Dingen oder Tätigkeiten zu haben, die sie eigentlich nicht mögen. Was Laien oft vermuten, funktioniert aber nicht: Man kann Menschen nicht in dem Sinne motivieren, dass man sie dazu bringt, Spaß an Dingen oder Tätigkeiten zu haben, die sie eigentlich nicht mögen. Zwar werden Anreize von außen gesetzt. Menschen können sich im Kern aber nur selbst motivieren. Man muss jedem einzelnen Menschen seine eigenen Ansätze und Versuche zugestehen, sich selbst und seine Welt, ergo auch seine Motive, zu definieren. Andere könnten diese *Selbstmotivation* in einem indirekten und eher beschränkten Maße beeinflussen (Kapitel »Ziele vereinbaren«, Sievers 1987, S. 269 ff., 1994, S. 1 ff.).

Als Führungskraft muss man sich folglich erst einmal ein Bild davon machen, was die Mitarbeiter bewegt. Kompetente Führungskräfte zeichnen sich deshalb ebenso durch *soziales Engagement* aus, sie suchen soziale Kontakte, wie durch *Verständnisbereitschaft*, also durch das, was Goleman als Empathie oder Einfühlungsvermögen bezeichnet. Führungskräfte müssen sich vergegenwärtigen, wie ihr eigenes Verhalten das Verhalten der Mitarbeiter beeinflusst und umgekehrt. Sie sollten sich in andere Menschen hineinversetzen können (Ernst 2001, S. 20 f., Goleman 1999, S. 29, 33 f.).

Versetzen Sie sich in den nächsten Menschen, der Ihnen begegnet. Was bewegt ihn? Wenn Sie die Chance dazu bekommen, versuchen Sie im Gespräch mit ihn zu ergründen, ob Sie mit Ihren Vermutung richtiggelegen haben.

Dabei soll angeblich diese Einteilung helfen, die man vielfach zur Veranschaulichung der Motive nutzt (Jung 2008, S. 369 f.).

- Zu den *physischen Motiven* zählen biologische Bedürfnisse, wie Hunger und Durst. *Psychische Motive* können Unabhängigkeit, Selbstverwirklichung und -entfaltung sein. *Soziale Motive* sind auf die Anerkennung durch andere Menschen ausgerichtet. Hier können Freundschaft und Zugehörigkeit zu bestimmten Gruppen genannt werden.
- *Primäre Motive* wie z. B. Hunger und Durst sind Motive, die jeder Mensch von Geburt an instinktiv in sich trägt. Die *sekundären Motive* sind Mittel zur Befriedi-

gung anderer Motive. Zum Beispiel das Geldmotiv ist ein sekundäres Motiv, da sich mit Geld viele primäre Motive befriedigen lassen.

■ Die genannten Motive können zudem bewusst oder unbewusst, stark oder schwach und bedeutend oder unwichtig sein, das Gesamte oder Teilbereiche des Erlebens ausfüllen und periodisch oder aperiodisch auftreten.

Diese Einteilung schafft nur eine begriffliche Orientierung, aber keine für die Führungspraxis, um die Alderfer, Berne, Harris und Mc Gregor, McClelland mit seinen Mitarbeitern Atkinson, Clark und Lowell sowie Atkinson in seinem eigenen Ansatz bemüht waren (Alderfer 1969, S. 142 ff., 1972, S. 1 ff., Atkinson 1964, S. 1 ff., 1975, S. 1 ff., Berne 1975, S. 1 ff., Harris 1975, S. 1 ff., Mc Gregor 1960, S. 1 ff., McClelland/ Atkinson/Clark/Lowell 1953, S. 1 ff.).

Allerdings haben ihre Lehrmeinungen weder den Verbreitungsgrad noch die Überzeugungskraft derer von Maslow erreicht. Seine erstmals 1954 formulierte Motivationstheorie hat sich als eine der einflussreichsten herausgestellt und allein schon deshalb Beachtung verdient. Für die Personalführung ist nur ein kleiner Ausschnitt von Interesse, die Analyse der Bedürfnisse. Nach Maslows Sprachgebrauch gelten als Motive nur die akut unbefriedigten Bedürfnisse, die die Handlungen eines Menschen nennenswert bestimmen (Franken 2007 b, S. 89, Hentze/Graf/Kammel/Lindert 2005, S. 112 ff.).

Menschen haben demnach *Defizitbedürfnisse*, die erfüllt werden müssen, um Mangelzustände und Störungen zu vermeiden oder zu beenden (Maslow 1954, S. 80 ff.).

■ *Physiologische Grundbedürfnisse*, etwa nach Sauerstoff, Nahrung und Getränken, sind auf die Selbsterhaltung ausgerichtet. Sie ergeben sich aus der physischen Natur des Menschen.

■ *Sicherheitsbedürfnisse* konzentrieren sich auf den Schutz vor Gefahren. Sie richten sich auf Geborgenheit, Ordnung und Gefahrlosigkeit.

■ *Soziale Bedürfnisse* kennzeichnen, gerade im Arbeitsleben, den Wunsch nach Zuwendung, Geselligkeit, Gemeinschaft, Zugehörigkeit, Freundschaft, und Zuneigung.

■ Selbstachtungs-, Ich- oder *Wertschätzungsbedürfnisse* beinhalten das Streben nach Selbstgefühl, Unabhängigkeit und Anerkennung.

Maslow bezeichnet diese Bedürfnisse als Defizitbedürfnisse, weil sie für einen gewissen Zeitraum weitgehend befriedigt werden könnten und dann nicht mehr wirksam seien. Ferner könne der Wunsch nach der Befriedigung höherer Defizitbedürfnisse erst aufkommen, wenn das jeweils niedrigere Defizitbedürfnis im Ansatz befriedigt sei. Deshalb würden die Defizitbedürfnisse in der oben genannten Reihenfolge nacheinander verhaltenswirksam, also zu Motiven (Maslow 1954, S. 80 ff.).

Die *Wachstumsbedürfnisse* seien hingegen auf die Entfaltung der im Menschen liegenden Möglichkeiten ausgelegt. Als Wachstumsbedürfnisse bezeichnet Maslow die Bedürfnisse nach *Selbstverwirklichung*, also nach der Realisierung der eigenen Pläne und Vorstellungen, der Entfaltung der eigenen Anlagen und Kreativität. Maslow ist der Meinung, dass diese Wachstumsbedürfnisse erst dann das Verhalten bestimmten, das heißt erst dann zu Motiven würden, wenn alle Defizitbedürfnisse als ausreichend befriedigt empfunden werden. Die Befriedigung von Wachstumsbedürfnissen führe auch nicht dazu, dass sie verhaltensunwirksam werden. Im Gegenteil, die Befriedigung von Wachstumsbedürfnissen bringe gerade eine verstärkte Wirksamkeit mit sich (Maslow 1954, S. 91 f.).

Verzeihen Sie die Wiederholung eines Klischees: Stellen Sie sich vor, dass Sie auf eine einsame Insel verschlagen werden. Was würden Sie am ersten Tag in welcher Reihenfolge unternehmen? Was würden Sie am meisten vermissen?

Bedauerlicherweise hat sich eine unglückliche Darstellung dieser Theorie durchgesetzt. Man gibt die Abfolge der Bedürfnisse als Pyramide mit den Wachstumsbedürfnissen an der Spitze und den physiologischen Grundbedürfnissen an der Basis wieder. Sprenger spricht in diesem Zusammenhang sogar vom »zur Karikatur verkürzten ... Maslow« (Sprenger 1995, S. 43). Mit der Pyramide erweckt man den falschen Eindruck, man könne ein Bedürfnis komplett und für alle Zeit befriedigen, und die jeweils höher angesiedelten Bedürfnisse seien höherwertig, aber weniger umfangreich als die darunter stehenden. Maslow ist im Gegensatz dazu davon überzeugt, dass das Verhalten regelmäßig durch mehrere Bedürfnisse bestimmt werde, die sich überlappen. Allerdings sei dabei aktuell immer ein Bedürfnis vorherrschend. Das kommt in der leider seltener zitierten Abb. 3.6 weitaus besser zum Ausdruck.

Die große Verbreitung von Maslows Theorie beruht auch auf ihrer Verständlichkeit, die unter anderem eine Folge der eingängigen, aber missverständlichen Darstellung als Pyramide ist. Ein eindeutiger empirischer Beleg ist jedoch nicht geglückt. Maslow kann die Bedürfnisse obendrein kaum gegeneinander abgrenzen und nur sehr vage beschreiben, was Selbstverwirklichung ist. Außerdem nennt er keinerlei Bedingungen, wann ein Bedürfnis vorliegt. Und die Auflistung ist nicht vollständig. Vor allem ist es auffällig, dass negative Aspekte kaum auszumachen sind, obwohl sich beispielsweise die Wertschätzungsbedürfnisse zweifellos in Neid ausdrücken kön-

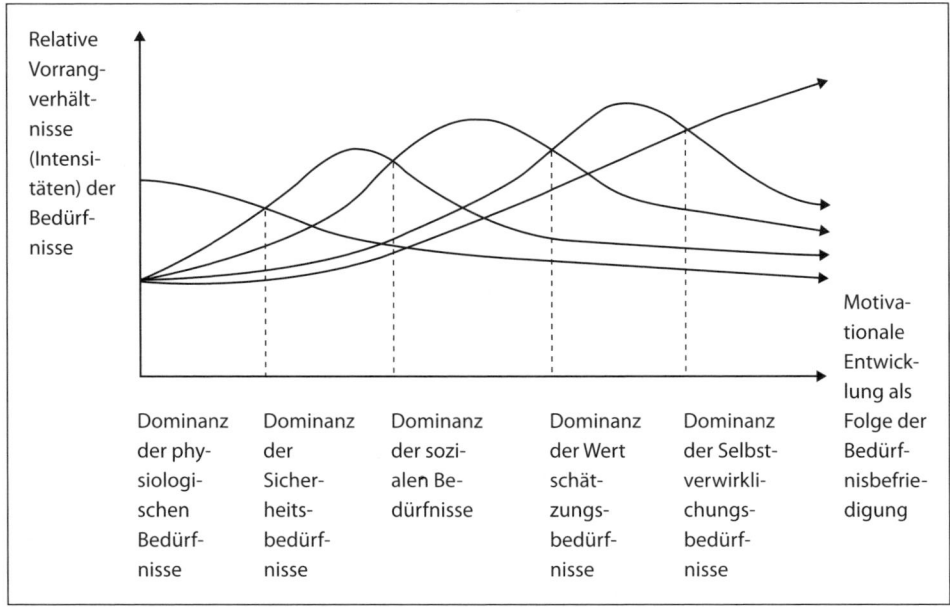

Abb. 3.6: Maslows Theorie (nach Krech/Crutchfield/Ballachey 1962, S. 77, Nick 1974, S. 31, Wunderer 2009, S. 113)

Motive (Bedürfnisse)	Erwartungen an das Unternehmen	Erwartungen an die Führungskraft
Physiologische Motive	▪ Gerechtes Entgelt ▪ Personalservice: Verpflegung, Betriebsarzt, Betriebssport	▪ Gerechtes Entgelt
Sicherheitsmotive	▪ Arbeitsplatz ohne Verletzungsrisiko ▪ Lange Kündigungsfristen ▪ Betriebliche Altersversorgung ▪ Klare Regelungen ▪ Wirtschaftliche Sicherheit	▪ Berechenbares Verhalten ▪ Klare Regelungen
Soziale Motive	▪ Gruppenarbeit ▪ Betriebsfeiern und -ausflüge ▪ Informationen	▪ Prinzip der offenen Tür ▪ Kommunikation auf allen Ebenen ▪ Informationen
Wertschätzungs-motive	▪ Statussymbole ▪ Vollmachten ▪ Aufstiegsmöglichkeiten ▪ Entgelte mit Erfolgsbeteiligung	▪ Lob und Kritik ▪ Keine verdeckten Kontrollen ▪ Delegation
Selbst-verwirklichungs-motive	▪ Individuelle Arbeitszeitgestaltung ▪ Neigungsgerechter Personaleinsatz ▪ Personalentwicklung	▪ Eigene Gestaltungsmög-lichkeiten bei der Arbeit ▪ Abwechslungsreiche, selbstständige und herausfordernde Arbeit

Abb. 3.7: Motive in der betrieblichen Praxis (nach Knoblauch 2004, S. 107)

nen. Zu guter Letzt ist die Aussage, dass zunächst physiologische Grundbedürfnisse erfüllt sein müssen, trivial und die Abfolge der Bedürfnisse keineswegs allgemeingültig. Man denke nur an das Beispiel des hungernden Künstlers.

Trotz dieser Kritik gibt Maslow mit seiner Theorie Führungskräften eine ebenso verständliche wie überzeugende Orientierungshilfe für die Beantwortung der Frage, was die Mitarbeiter, für die man zuständig ist, bewegen könnte. Das gilt insbesondere dann, wenn man diese Mitarbeiter durch längere Zusammenarbeit gut kennengelernt hat, und wenn man versucht, die eher abstrakten Bedürfnisse für die betriebliche Praxis so zu konkretisieren, wie es Abb. 3.7 verdeutlicht.

3.4   Anpassungsprozesse beeinflussen

Wenn Mitarbeiter aufgrund der gesetzten Anreize nicht zufrieden oder gar unzufrieden sind, passen sie sich an. Das geht so weit, dass man sie auf Dauer nicht halten kann, wenn sich ihnen Alternativen bieten. Eine Umfrage der Berufsgenossenschaft für Gesundheitsdienst und Wohlfahrtspflege unter knapp 3.000 Arbeitnehmern kam zu dem Ergebnis, es würden fast »zwei Drittel der Deutschen … wegen Problemen mit dem Vorgesetzten den Arbeitsplatz wechseln. Auch Mobbing (52 Prozent)«, ein Phänomen, das im Kapitel »Kooperieren« zur Sprache kommt, »und zu wenig Lob (41 Pro-

	Vergleichsperson: Schmitz			
Urteilende Person: Müller	Leistung niedrig, Entgelt hoch	Leistung hoch, Entgelt niedrig	Leistung niedrig, Entgelt niedrig	Leistung hoch, Entgelt hoch
Leistung niedrig, Entgelt hoch	Müller und Schmitz sind gleichwertig	Müller ist sehr im Vorteil	Müller ist im Vorteil	Müller ist im Vorteil
Leistung hoch, Entgelt niedrig	Müller ist sehr im Nachteil	Müller und Schmitz sind gleichwertig	Müller ist im Nachteil	Müller ist im Nachteil
Leistung niedrig, Entgelt niedrig	Müller ist im Nachteil	Müller ist im Vorteil	Müller und Schmitz sind gleichwertig	Müller und Schmitz sind gleichwertig
Leistung hoch, Entgelt hoch	Müller ist im Nachteil	Müller ist im Vorteil	Müller und Schmitz sind gleichwertig	Müller und Schmitz sind gleichwertig

Abb. 3.8: Gleichheitstheorie, hier am Beispiel Aufwand = Leistung und Ertrag = Entgelt für Müller und Schmitz (Hentze/Graf/Kammel/Lindert 1997, S. 129 ff.)

zent) wären für viele ein Grund zur Kündigung. Ein zu geringes Gehalt folgt als Kündigungsgrund erst an vierter Stelle (39 Prozent), gefolgt von ›nervigen Kollegen‹ (37 Prozent)« (Berufsgenossenschaft für Gesundheitsdienst und Wohlfahrtspflege 2008, S. 24).

Eine derartige *Anpassung* sollte man als Führungskraft möglichst früh vereiteln. Dafür muss man aber wissen, wie der Anpassungsprozess abläuft und wie man aufgrund dessen eingreifen kann.

Das beschreibt Adams in seiner Gleichheitstheorie, die auch unter der Bezeichnung Equity- oder Balancetheorie bekannt geworden ist. Er geht davon aus, dass jeder Mensch stets ein aus seiner Sicht gerechtes Verhältnis zwischen seinem Einsatz oder Aufwand, das ist beispielsweise die Arbeitsleistung, und dem dafür erhaltenen Ergebnis oder Ertrag, also etwa dem Entgelt, anstrebt. Zu diesem Zweck vergleiche er das eigene Verhältnis von Aufwand und Ertrag mit dem anderer. Dabei werde die Ungleichheit geprüft. Diese Prüfung ende wiederum mit einer subjektiven Beurteilung der *Gerechtigkeit*. Die urteilende Person, beispielsweise Herr Müller, könne sich gegenüber der Vergleichsperson, Herrn Schmitz, bevorteilt, gleichwertig oder *benachteiligt* fühlen (Abb. 3.8, Adams 1963, S. 422 ff., Hentze/Graf/Kammel/Lindert 2005, S. 129 ff.).

Im letzteren Fall, Herr Müller ist also subjektiv (sehr) im Nachteil, versuche er, das Ungerechtigkeitsgefühl zu beseitigen. Dazu gebe es grundsätzlich *sechs Strategien der Handlung oder Anpassung*,

1. die Verzerrung des Wertes der Aufwände und Erträge, wenn man sich etwa sagt, die ständigen Überstunden würden dem Privatleben kaum schaden,
2. die Beeinflussung der Vergleichsperson, z. B. Diskussionen mit Kollegen um deren Einsatz im Vergleich zum Entgelt,
3. die Wahl einer anderen Vergleichsperson, beispielsweise mit dem Argument, der Kollege sei ja verrückt,

4. die aktive Veränderung des eigenen Ertrags, z. B. der Verzicht auf Leistungszulagen, die subjektiv im Vergleich zum geforderten Einsatz zu gering erscheinen,
5. die aktive Veränderung des eigenen Aufwands, etwa eine Verringerung des Arbeitseinsatzes,
6. das Verlassen des Feldes, also die Kündigung.

Damit ist im Kern der Weg in die sogenannte *innere Kündigung* bis hin zur faktischen Kündigung beschrieben. Herr Müller bewertet seine Arbeitssituation aufgrund seiner subjektiven Erwartungen, Erfahrungen und Standards negativ, denn er nimmt ein ungerechtes Verhältnis zwischen Arbeitsaufwand und Arbeitsertrag wahr. Nun unterzieht er die Arbeitssituation umgehend einer zweiten, gleichfalls subjektiven Bewertung, indem er prüft, ob und welche Beeinflussungsmöglichkeiten er zur Veränderung hat.

- Als Ergebnis dieses zweiten Prüfprozesses kann sich ergeben, dass er *resignativ* keine Chancen sieht.
- Wenn er die Situation hingegen *konstruktiv* für veränderbar hält, trägt er seine Erwartungen und Bedürfnisse seiner Führungskraft vor. Spätestens nach zwei oder drei vergeblichen Versuchen muss er erkennen, dass er die aus seiner Sicht unbefriedigende Arbeitssituation doch nicht beeinflussen kann. Seine konstruktive Unzufriedenheit schlägt in *resignative Unzufriedenheit* um. Er ergreift die Flucht.
Mit einer *physischen Flucht* kann er sich objektiv der Arbeitssituation entziehen. Er wird sich beispielsweise zeitweilig krank melden, in Besprechungen, Gremien und auf Dienstreisen zurückziehen. Dieser zeitweilige Rückzug hat Grenzen. Die endgültige physische Flucht ist die Kündigung.
Will oder kann er den endgültigen Schritt nicht tun, bietet sich die *psychische Flucht* durch resignative Anpassung an. Er senkt sein Anspruchsniveau und unterzieht die für ihn unausweichliche Arbeitssituation einer erneuten Bewertung. Im Ergebnis kommt er so zu der Einsicht, dass die Arbeitssituation positive Aspekte hat, er sich aber nicht über Gebühr einsetzen sollte. Damit hat er die innere Kündigung ausgesprochen (Comelli/Rosenstiel 2009, S. 118 ff., Bruggemann/Groskurth/Ulich 1975, S. 1 ff.).

> **Übungsaufgabe**
>
> Wo stellen Sie im privaten und beruflichen Umfeld bei sich selbst und bei anderen Tendenzen der inneren Kündigung fest?

Bei der Verhinderung von Anpassungsstrategien, die in innere Kündigungen münden, ist *Beratungsfähigkeit* gefragt. Die zuständige Führungskraft muss wirkungsvoll und erfolgreich Anleitung geben.
Man muss zunächst auf die grundlegende Bewertung der Arbeitssituation eingehen.

- Der Mitarbeiter mag mit seiner negativen Bewertung völlig im Recht sein. Dann ist es notwendig, die Arbeitssituation zu ändern.
- Wenn der Mitarbeiter seine subjektive Bewertung jedoch auf falsche Erwartungen oder unrealistische Ansprüche gründet, ist die Kommunikationsfähigkeit der Führungskraft gefordert. Durch umfassende und korrekte Informationen kann sie dafür sorgen, dass der Mitarbeiter ein realistisches Bild gewinnt.

Ferner ist es Aufgabe einer kompetenten Führungskraft, auf die Bewertung der Beeinflussungsmöglichkeiten einzugehen.

- Hier mag der Mitarbeiter mit seiner negativen Bewertung ebenfalls wieder völlig im Recht sein. Die Führungskraft ist in diesem Fall aufgefordert, ein Klima der Veränderung aufzubauen.
- Wenn sich der Mitarbeiter irrt, wenn er nur glaubt, er könne nichts verändern, muss die Führungskraft ihm das verdeutlichen. Man sollte auf erfolgte Veränderungen hinweisen, und den Mitarbeiter auffordern, Veränderungswünsche weiterhin zu artikulieren (Bröckermann 2009 a, S. 500).

3.5 Entgeltgerechtigkeit gewährleisten

Wie weiter oben erläutert, ist das *Entgelt*, neben anderen wichtigen Faktoren, ein bedeutsamer Anreiz dafür, Arbeitsunzufriedenheit zu verhindern. Das gilt umso mehr, je stärker das Geldmotiv ist, je mehr man also auf Geld angewiesen ist, um den Lebensunterhalt der Familie zu bestreiten, oder je höher man den eigenen Lebensstandard setzt. Unzufriedene Mitarbeiter, die nicht gerecht für ihren Einsatz entlohnt werden, stehen in der Gefahr, innerlich zu kündigen. Mancher wird sogar die Abteilung oder das Unternehmen wechseln, wenn sich solche Alternativen bieten. Folglich muss das Entgelt, allein schon um Arbeitsunzufriedenheit zu vermeiden, gerecht sein (Knoblauch 2004, S. 111 f., Sauermann 2002, S. 122).

Allerdings ist die Zuständigkeit für Entgeltfragen zuweilen nicht klar geregelt. Die Betroffenen machen dann die leidvolle Erfahrung, dass sie für ihren Wunsch nach einer Entgelterhöhung keinen rechten Ansprechpartner finden. Grundsätzlich sollte der erste Ansprechpartner immer die für den Mitarbeiter zuständige Führungskraft sein. Sie sollte zu im Voraus festgelegten Terminen mit den Personal- und Budgetverantwortlichen in einem festen Turnus eine Entgeltplanung bzw. -festlegung für alle Mitarbeiter in ihrem Verantwortungsbereich ansetzen. Im Einzelfall muss dann immer noch eine außerordentliche Sitzung möglich sein. Analog sollte man im Vorfeld einer Personalbeschaffung vorgehen. Damit sind aber nur die *organisatorischen Fragen* geregelt (Bröckermann 2009 b, S. 186).

Übungsaufgabe

Können Sie rechtfertigen, dass ein Bundesligafußballprofi in der Regel ein höheres Entgelt bekommt als ein Maurer?

Es bleibt immer noch die Problematik, wie viel eine Arbeit gerechterweise wert ist und in welchem Verhältnis die Entgelte für verschiedene Tätigkeiten zueinander stehen. In der Praxis geht man mit dieser Problematik eher pragmatisch um. Da es keinen objektiven Maßstab für ein gerechtes Entgelt gibt, akzeptiert man die gesetzlichen Vorgaben, beispielsweise Mindestlöhne, und vor allem die Ergebnisse der Verhandlungen um Tarifverträge (zwischen Arbeitgeberverband und Gewerkschaft) und Betriebsvereinbarungen (zwischen Arbeitgeber und Betriebsrat). Davon abgesehen sind nicht nur beim Abschluss eines Arbeitsvertrages im Spannungsfeld der Interessen laufend Entscheidungen über die Entgelthöhe zu treffen. Dabei ist man

Zielvorgabe		Instrument
Anforderungsgerechtigkeit	◄──►	Arbeitsbewertung
Leistungsgerechtigkeit	◄──►	Leistungsbewertung
Marktgerechtigkeit	◄──►	Entgeltvergleiche
Prinzip der Gleichbehandlung	◄──►	Entgeltsystem
soziale Gerechtigkeit	◄──►	Arbeitsentgelt ohne Arbeitsleistung

Abb. 3.9: Zielvorgaben und Instrumente für ein gerechtes Entgelt (nach Bröckermann 2009 b, S. 191)

bemüht, ein anforderungs-, leistungs- und marktgerechtes Entgelt zu finden und allen Betroffenen die gleichen Chancen zu sichern. Zudem will man auch soziale Gerechtigkeit sicherstellen. Zu diesem Zweck kommen fünf Instrumente zum Einsatz (Abb. 3.9, Keller/Kurth 1991, S. 5, Olfert 2008, S. 303 ff.).

Zumeist ist das Personalwesen mit der Erhebung und Struktur der Daten befasst, zuweilen zusätzlich noch eine Abteilung für die Arbeitszeitermittlung. Die Aufgabe der Führungskräfte ist es in diesem Zusammenhang, *optimistisch* Chancen zu erkennen und zu nutzen, um die gegebenenfalls widersprüchlichen Interessen der Budgetverantwortlichen und der Mitarbeiter mit *Integrationsfähigkeit* kompetent anzugleichen.

> **Übungsaufgabe**
>
> Stellen Sie sich vor, dass der Taxifahrer, der Sie letztens chauffiert hat, ein Doktor der Physik ist, der zurzeit keine angemessene Stelle findet. Wie hoch wird sein Entgelt im Vergleich zu seinen Kollegen im Taxiunternehmen sein?

Unterschiedliche Aufgaben sind regelmäßig auch durch einen unterschiedlichen Schwierigkeitsgrad, das heißt unterschiedliche *Anforderungen*, gekennzeichnet. Diese Anforderungen müssen sich im Entgelt niederschlagen. Um das zu gewährleisten, zerlegen die Fachleute, die den Führungskräften hoffentlich zur Seite stehen, die Arbeitsanforderungen einer Tätigkeit in einer analytischen Arbeitsbewertung in Anforderungsarten. Sie greifen dabei auf die als »Genfer Schema« bekannt gewordene Einteilung zurück, die im Kapitel »Planen« wiedergegeben ist (Abb. 5.9). Jede dieser Anforderungsarten wird einzeln einer wertenden Betrachtung unterzogen. Die dadurch ermittelten Werte für jede Anforderungsart werden gewichtet, um zu verdeutlichen, welche Bedeutung die einzelnen Kriterien für das Gesamturteil haben. Die gewichteten Anforderungsarten werden dann aufsummiert. Aus ihrer Summe resultiert der Arbeitswert der gesamten Tätigkeit, der ein Symbol der Arbeitsschwierigkeit dieser Tätigkeit ist. Auf der Grundlage der ermittelten Arbeitswerte aller Tätigkeiten muss dann über die Anzahl der Entgeltgruppen entschieden werden. Sie wird durch das niedrigste und höchste Entgelt sowie den Abstand zwischen den Entgeltgruppen bestimmt (Oechsler 2006, S. 403 ff., Scholz 2000, S. 736 ff.).

Falls Führungskräfte hier keine Unterstützung durch Fachleute erfahren, sollten sie analog vorgehen. Dabei ist zu beachten, dass hier keinesfalls Mitarbeiter bewertet werden, sondern ausschließlich Tätigkeiten. Man sollte festhalten, welche Tätigkei-

Gruppe	Entgeltgruppen-Definitionen	Lohn-schlüssel
1	Arbeiten einfacher Art, die ohne vorherige Arbeitskenntnisse nach kurzer Anweisung ausgeführt werden können und mit geringen körperlichen Belastungen verbunden sind	75 %
2	Arbeiten, die ein Anlernen von 4 Wochen erfordern und mit geringen körperlichen Belastungen verbunden sind	80 %
3	Arbeiten einfacher Art, die ohne vorherige Arbeitskenntnisse nach kurzer Einweisung ausgeführt werden können	85 %
4	Arbeiten, die ein Anlernen von 4 Wochen erfordern	90 %
5	Arbeiten, die ein Anlernen von 3 Monaten erfordern	95 %
6	Arbeiten, die eine abgeschlossene Anlernausbildung in einem anerkannten Anlernberuf oder eine gleichzuwertende Ausbildung erfordern	100 %
7	Arbeiten, deren Ausführung ein Können voraussetzt, das erreicht wird durch eine entsprechende ordnungsgemäße Berufslehre (Facharbeiten); Arbeiten, deren Ausführung Fertigkeiten und Kenntnisse erfordert, die Facharbeiten gleichzusetzen sind	108 %
8	Arbeiten schwieriger Art, deren Ausführung Fertigkeiten und Kenntnisse erfordert, die über jene der Gruppe 7 wegen der notwendigen mehrjährigen Erfahrung hinausgehen	118 %
9	Arbeiten hochwertiger Art, deren Ausführung an das Können, die Selbständigkeit und die Verantwortung im Rahmen des gegebenen Arbeitsauftrages hohe Anforderungen stellt, die über die der Gruppe 8 hinausgehen	125 %
10	Arbeiten höchstwertiger Art, die hervorragendes Können mit zusätzlichen theoretischen Kenntnissen, selbständige Arbeitsausführung und Dispositionsbefugnis im Rahmen des gegebenen Arbeitsauftrages bei besonders hoher Verantwortung erfordern	130 %

Abb. 3.10: Entgeltgruppen in einem Tarifvertrag (nach Olfert 2008, S. 309)

ten für eine Stelle zu verrichten sind. Wenn die Mitarbeiter unter Bezugnahme auf einen Tarifvertrag (zwischen Arbeitgeberverband und Gewerkschaft) entlohnt werden, kann man diese Tätigkeiten mit dem einschlägigen Tarifvertrag wie in Abb. 3.10 vergleichen. Die einzelnen Entgeltgruppen sind hier, wie so oft, mit Prozentsätzen versehen, die Relationen zu einer ausgewählten Bezugsgruppe angeben. Diese Bezugsgruppe entspricht 100 Prozent und wird als Eckgruppe bezeichnet. Das vereinfacht Tarifverhandlungen, denn man muss nur noch über den Lohn oder das Gehalt der Eckgruppe streiten, weil sich alle anderen Entgelte darauf beziehen.

Wird nicht tariflich entlohnt, muss man jede einzelne der verrichteten Tätigkeiten, und sei es in Schulnoten, nach ihrem Schwierigkeitsgrad und der notwendigen Vorbildung benoten, man muss abschätzen, wie bedeutsam jede Tätigkeit für die Stelle ist, die Note demnach mit einem Multiplikationsfaktor versehen, und schließlich eine Gesamtnote für die Stelle, in anderen Worten ihren »Arbeitswert«, errechnen. Die Arbeitswerte für die unterschiedlichen Stellen im eigenen Zuständigkeitsbereich kann man dann mit den gezahlten Entgelten vergleichen und auf diesem Wege einschätzen, ob und welche Korrekturen angeraten sind.

Übungsaufgabe

Lassen Sie uns bei dem Taxifahrer bleiben, der eine Ausbildung zum Doktor der Physik hat. Stellen Sie sich vor, dass seine täglichen Abrechnungen nicht so erfreulich sind wie die der anderen Taxifahrer des Taxiunternehmens. Ist es gerecht, wenn er trotz seiner Ausbildung weniger verdient als seine Kollegen?

Entgeltgruppen, beispielsweise die in Tarifverträgen (Abb. 3.10), verfügen oft über eine Bandbreite. Die dient der Differenzierung der individuellen Entgelte nach *Leistung* oder genauer nach dem Leistungsergebnis. Das Ausmaß der Spanne zwischen Minimum und Maximum einer Entgeltbandbreite ist Ausdruck der Leistungsanreizpolitik eines Unternehmens. Innerhalb der jeweiligen Bandbreite sind exakte Regeln zu formulieren, etwa leistungsbezogene Stufen. In aller Regel sind diese Überlegungen bereits im jeweils einschlägigen Tarifvertrag umgesetzt. Darüber hinaus soll eine Beurteilung, speziell die Leistungsbewertung, ein leistungsgerechtes Entgelt und damit eine starke Leistungsmotivation der Mitarbeiter sicherstellen. Die quantitative Leistungsbewertung mit Leistungsziffern ermittelt Kennzahlen für das Leistungsergebnis, die durch Zählen und Messen gewonnen werden, meist durch die Fachleute einer Abteilung für die Arbeitszeitermittlung im sogenannten REFA-System. Die qualitative Leistungsbewertung ermittelt hingegen Leistungswerte, also Kennzahlen für qualitative Kriterien wie Leistungs-, Sozial- und Führungsverhalten, wie im Kapitel »Beurteilen« geschildert (Schmalen/Pechtl 2009, S. 140 ff.).

Übungsaufgabe

Warum beinhalten viele Arbeitsverträge einen Passus, der besagt, dass über das Entgelt »strengstes Stillschweigen« gewahrt werden muss?

Für die Entscheidung, in eben dieser Abteilung und diesem Unternehmen zu arbeiten oder zu verbleiben, ist neben anderen Überlegungen ein Entgeltvergleich entscheidend. Man vergleicht das Entgeltniveau des Beschäftigungsunternehmens mit dem anderer Unternehmen. Es gilt heute als gesicherte Erkenntnis, dass für die Mitarbeiter dabei die absolute Höhe ihres Entgelts von wesentlich geringerer Bedeutung ist als die für sie erkennbaren Relationen, ganz so wie Adams es in der weiter oben erläuterten Gleichheitstheorie schildert. Auf Seiten des Arbeitgebers ist man deshalb gut beraten, selbst Entgeltvergleiche anzustellen, um *marktgerechte*, konkurrenzfähige Entgelte sicherzustellen. Allerdings kann eine einzelne Führungskraft diese Aufgabe nicht bewältigen, sondern bestenfalls Informationen beisteuern. Hier sollten Fachleute aus dem Personalwesen tätig werden. Im Ergebnis sind gegebenenfalls Konjunktur- und Marktzuschläge angebracht (Schmalen/Pechtl 2006, S. 143 f.).

Der angeführte Entgeltvergleich der Mitarbeiter bezieht sich aber nicht nur auf das Entgeltniveau anderer Unternehmen. Das eigene Entgelt wird auch mit dem anderer Mitarbeiter im Unternehmen verglichen. Dabei ist gleichfalls die absolute Höhe des Entgelts von wesentlich geringerer Bedeutung als die erkennbaren Relationen. In diesem Zusammenhang ist das Prinzip der *Gleichbehandlung* zu beachten: Für die gleichen Tätigkeiten und die gleiche Leistung sollten auch vergleichbare Entgelte gezahlt werden. Gewährleisten kann man dieses Prinzip durch ein Entgeltsystem, das die Arbeitsbewertung sowie gegebenenfalls eine Leistungsbewertung und Marktzuschläge zu einer Ganzheit verbindet. In einem solchen System sind für jede dieser Zielvorgaben einheitliche Grundsätze, Verfahren und Werte, also Entgeltmethoden definiert. Ein Entgeltsystem schließt Willkür weitestgehend aus. Zugleich stellt es vernünftige und einsichtige Relationen zwischen den Entgelten sicher. Wiederum kann eine einzelne Führungskraft diese Aufgabe nicht bewältigen, sondern bestenfalls Informationen beisteuern. Hier sollten ebenfalls Fachleute aus dem Personalwesen tätig werden.

Für die *soziale Gerechtigkeit* ist durch Gesetze, unter anderem in Sachen Besteuerung und Sozialversicherung, durch Tarifverträge (zwischen Arbeitgeberverband und Gewerkschaft), Betriebsvereinbarungen (zwischen Arbeitgeber und Betriebsrat) sowie Arbeitsverträge Sorge getragen. Sie sehen eine Vielzahl von Regelungen vor, die den Mitarbeitern auch dann ein Arbeitsentgelt zusichern, wenn sie gar keine Arbeitsleistung erbracht haben, etwa bei persönlicher Verhinderung, für den Urlaub, an gesetzlichen Feiertagen und im Krankheitsfall. Als Führungskraft kann man den Mitarbeitern durch eine großzügige Auslegung helfen, solange dabei niemand ungerechtfertigt bevorzugt oder benachteiligt wird (Olfert 2008, S. 348 ff.).

3.6 Fehlzeiten eindämmen

Mit dem Arbeitsentgelt ohne Arbeitsleistung ist gleich das nächste Problemfeld der Motivation angesprochen: *Fehlzeiten*. Es handelt sich um Perioden der *unplanmäßigen Abwesenheit* der Mitarbeiter vom Unternehmen, ihrem Arbeitsplatz oder ihrer Arbeitsaufgabe während ihrer Sollarbeitszeit. Urlaubs- und Feiertage zählen demzufolge nicht zu den Fehlzeiten (Abb. 3.11).

Das Ausmaß von Fehlzeiten drückt man durch die in Prozent dargestellte *Fehlzeitenquote* aus. Die Fehlzeitenquote ist die Relation von Fehltagen zu Solltagen bzw. Fehlstunden zu Sollstunden in einer bestimmten Periode. Damit wird der durch-

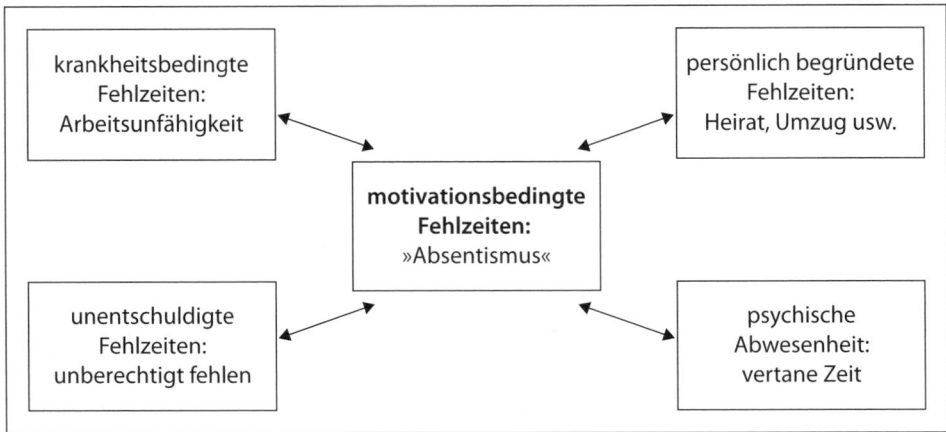

Abb. 3.11: Fehlzeiten (eigene Darstellung)

schnittliche Anteil – der Prozentsatz – der Fehlzeiten an der Sollarbeitszeit ausgedrückt. Man geht von einer durchschnittlichen Fehlzeitenquote von insgesamt ungefähr neun Prozent pro Jahr aus. Die krankheitsbedingten Fehlzeiten stellen dabei, je nach Unternehmen und Branche, einen Anteil von etwa der Hälfte (Brandenberg/Nieder 2003, S. 15 ff.).

> **Übungsaufgabe**
>
> Wie hoch sind die Fehlzeiten in Ihrem Arbeitsumfeld? Wie hoch sind die krankheitsbedingten Fehlzeiten? Wie hoch sind Ihre eigenen Fehlzeiten im letzten Jahr gewesen?

Einen nicht unwesentlichen Teil der Fehlzeiten, man schätzt ein Drittel bis zur Hälfte, schreibt man gemeinhin einem Ursachenbündel zu, das man mit dem Schlagwort Motivation belegt. In der Tat kann man einen Teil der Fehlzeiten, den man recht bösartig als *Absentismus* bezeichnet, als ausweichendes Verhalten verstehen (Brandenburg/Nieder 2003, S. 20 ff., Weinreich/Weigl 2002, S. 26 ff.):

- Zuweilen sind Mitarbeiter zwar körperlich anwesend, jedoch entweder nicht leistungswillig oder nicht leistungsfähig. Sie befinden sich mithin im Zustand der weiter oben erwähnten inneren Kündigung. Es ist freilich kaum möglich, diese psychische Abwesenheit zu erfassen oder auch nur annähernd zu quantifizieren. Trotzdem kann man spekulieren, dass sie erhebliche Beeinträchtigungen im betrieblichen Ablauf hervorrufen kann.
- Manche Mitarbeiter entscheiden sich, unentschuldigt der Arbeit fernzubleiben, weil sie keine Lust haben.
- Sie geben aus demselben Grund berechtigt oder unberechtigt familiäre Anlässe, einen Umzug, gerichtliche Ladungen, Prüfungen, die Ausübung öffentlicher Ehrenämter oder Behördengänge als Gründe für eine persönliche Verhinderung an.
- Und schließlich fällt jeder Mensch, der sich nicht ganz wohl fühlt, in der Grauzone zwischen Gesundheit und Krankheit eine Entscheidung: Er definiert sich selbst als schon krank oder noch gesund. Sobald die Entscheidung auf ein Fernbleiben von der Arbeit hinausläuft, spricht man von motivationsbedingten Fehlzeiten.

Einen nachweisbaren Einfluss haben folgende *Faktoren* (Rudow 2004, S. 358 ff.):

- das Lebens- und Dienstalter, weil jüngere Mitarbeiter wiederholt durch Kurzzeiterkrankungen und ältere eher durch Langzeiterkrankungen fehlen,
- das Geschlecht, denn jüngere Frauen haben etwas höhere Fehlzeiten als jüngere Männer, aber ältere Männer merklich höhere Fehlzeiten als ältere Frauen,
- die Größe des Unternehmens und Arbeitsbereichs, weil diese Größe mehr Anonymität gestattet und deshalb eine Abwesenheit weniger auffällt, und
- das Niveau der Arbeitstätigkeit, weil damit positive Effekte wie Arbeitszufriedenheit, Lernprozesse und Kreativität verbunden sind.

> **Übungsaufgabe**
>
> Welche dieser Einflussfaktoren prägen Ihr Arbeitsumfeld und welche könnte man im Sinne der Fehlzeitensenkung langfristig positiv beeinflussen?

Weiterhin schätzt man, dass ohnehin etwa zwei Drittel aller Fehlzeiten nicht beeinflusst werden können. Das gilt für den größten Teil des medizinisch notwendigen Krankenstandes, der Rehabilitationsmaßnahmen und Kuren, der privaten Unfälle, aber auch für die Fehlzeiten wegen persönlicher oder familiärer Ereignisse. Zu den beeinflussbaren Fehlzeiten gehört ein Teil des Krankenstandes und der motivationsbedingten Fehlzeiten. Es handelt sich vor allem um fingierte Krankmeldungen, die in der Arbeitszeit getätigten Arztbesuche und Rehabilitationsmaßnahmen, das Zuspätkommen und das frühe Verlassen des Arbeitsplatzes.

Im ersten Kapitel dieses Buchs findet eine Führungskompetenz Erwähnung, die mit dem Schlagwort *Humor* reichlich missverständlich umschrieben wird. Gemeint ist die Fähigkeit, Unzulänglichkeiten als etwas Positives zu empfinden. Genau diese Fähigkeit ist bei der Fehlzeitensenkung ein Muss. Menschen sind nicht perfekt, und manchmal ist der Arbeitsalltag in der Tat kaum erträglich. Da kann man den verschlagenen Lebenskünstler vielleicht auch ein wenig verstehen. Führungskräfte, die derartige Unzulänglichkeiten nicht ertragen und in einem gewissen Maß hinnehmen können, stehen in der Gefahr, bei der *Fehlzeitensenkung* trotz aller guten Absichten mehr Schaden als Nutzen zu bewirken. Das Grundanliegen der Fehlzeitensenkung besteht nicht darin, Jagd auf Kranke und Abweichler zu machen, sondern alle Bedingungen von Arbeit, Organisation und Person zu verbessern, die die Fehlzeiten negativ beeinflussen.

An einigen Maßnahmen sind die Führungskräfte neben anderen Verantwortlichen als Initiatoren oder bei der Durchführung beteiligt (Bröckermann 2009 b, S. 286, 361 f., Bröckermann/Hesse 2000, S. 43, Rudow 2004, S. 363 ff.):

- Ohne eine *Fehlzeitenerfassung und -analyse* sind fast alle anderen Aktivitäten zum Scheitern verurteilt. Das Personalwesen wird zunächst eine Fehlzeitenstatistik erstellen, das heißt eine Auflistung des Umfangs der Fehlzeiten bezogen auf unterschiedliche Zeiträume (Woche, Monat, Jahr), Fehlzeitenarten (krankheitsbedingte, darunter auch unfallbedingte, persönlich begründete, unentschuldigte) und Organisationseinheiten (Abteilung, Werk). Danach muss man die Veränderungen nachhalten und schließlich die Fragen beantworten, an welchen Arbeitsplätzen und in welchen Abteilungen die Fehlzeiten auffällig niedrig oder hoch sind.
- In einer *Betriebsvereinbarung* (zwischen Arbeitgeber und Betriebsrat) kann man ein Regelwerk beschließen, das die Vorgehensweise und Hilfestellungen im Zusammenhang mit Fehlzeiten beschreibt und verbindlich festlegt. Sie schafft Handlungssicherheit und legt eine individuell gestaffelte und konsequente Maßnahmenstruktur fest.
- *Gesundheitsprämien* belohnen eine möglichst lückenlose Präsenz mit materiellen Anreizen, genauer gesagt mit Sonderzahlungen, die zusätzlich zur Grundvergütung gezahlt werden, aber steuer- und sozialversicherungsrechtlich zum Arbeitsentgelt zählen. Allerdings darf nach § 4 a des Entgeltfortzahlungsgesetzes für jeden Tag der Arbeitsunfähigkeit infolge Krankheit nicht mehr als ein Viertel des Entgelts gekürzt werden, das im Jahresdurchschnitt auf einen Arbeitstag fällt. Wer brutto etwa 24.000,– € pro Jahr, das sind ca. 100,– € pro Arbeitstag, verdient, verliert von seinen darin enthaltenen beispielsweise 2.000,– € Gesundheitsprämie pro Fehltag maximal 25,– €. Da ist es schon wahrscheinlich, das die Wirkung verpufft. Wer den Arbeitgeber hintergehen will, wird eine Einbuße von 25,– € brutto sicherlich hinnehmen.
- Es ist wichtig, dass die Ärzte die betrieblichen Arbeitsbedingungen kennen, denn sonst können sie nicht sicher beurteilen, ob ihre Patienten arbeitsunfähig sind. Des-

halb ist eine *Kontaktpflege zu niedergelassenen Ärzten* angeraten. Selbst wenn Einladungen am vollen Terminkalender der Ärzte scheitern, kann man durch schriftliche Informationen und in Gesprächen Einblicke in die betriebliche Situation vermitteln.

■ Manche Unternehmen setzen auf *Fehlzeitenbriefe*, die das Personalwesen jenen Mitarbeitern zustellt, für die auffällige Fehlzeiten zu vermelden sind, die also recht häufig beziehungsweise lang oder zu markanten Terminen fehlen, etwa immer an den Brückentagen zwischen Feiertagen. In diesen Briefen macht man die Mitarbeiter auf die Fehlzeiten aufmerksam und bittet um ein Fehlzeitengespräch, auf das weiter unten eingegangen wird.

■ Wenn Mitarbeiter länger als sechs Wochen im Jahr arbeitsunfähig waren, ist nach § 84 des neunten Buchs des Sozialgesetzbuches ein *betriebliches Eingliederungsmanagement* gefordert. Das umfasst Rückkehrgespräche mit dem Erkrankten (siehe weiter unten) und Erörterungen mit dem Betriebsrat sowie gegebenenfalls der Schwerbehindertenvertretung, dem Integrationsamt und dem Betriebsarzt, wie und mit welchen Leistungen oder Hilfen die Arbeitsfähigkeit wieder hergestellt und eine erneute Arbeitsunfähigkeit verhindert werden kann.

■ Wenn Zweifel an einer Arbeitsunfähigkeit aufkommen, kann man den medizinischen Dienst der *Krankenversicherung* einschalten. Der Vertrauensarzt überprüft dann die Erkrankung. Außerdem können die Krankenversicherungen aufgrund der Diagnosen Präventionsvorschläge unterbreiten.

■ Eine Krankheit kann sogar eine personenbedingte *Entlassung* rechtfertigen. Die Arbeitsgerichte verlangen jedoch eine dreistufige Prüfung.
1. Negative Prognose: Es sind erhebliche krankheitsbedingte Fehlzeiten zu verzeichnen, das heißt lang andauernde Krankheiten oder häufige Kurzerkrankungen, die in der Regel mehr als 12 bis 15 Prozent der Jahresarbeitszeit ausmachen, keine Folgen von Arbeitsunfällen und in den letzten zwei bis vier Jahren aufgetreten sind. Laut Auskunft des behandelnden Arztes des Mitarbeiters respektive durch Rückschluss aus sonstigen Umständen ist mit weiteren erheblichen Krankheitszeiten in der Zukunft zu rechnen. Für die nächste Zukunft stehen keine Operationen, Kuren oder Ähnliches an, so dass keine Hoffnung auf völlige oder weitgehende Genesung besteht.
2. Erhebliche Beeinträchtigung betrieblicher Interessen: Die krankheitsbedingten Fehlzeiten haben auf die Dauer unzumutbare betriebliche Auswirkungen, da sie mit einer Personalreserve nicht aufgefangen werden können, Mehrarbeit in diesem Umfang unzumutbar ist, Beschwerden der Kollegen zu verzeichnen sind, der Einsatz von Aushilfskräften wegen der langen Einarbeitungszeit und aus Kostengründen unmöglich ist, Verzögerungen im Betriebsablauf auftreten, die Planung nachhaltig behindert wird, Arbeit kostenträchtig an andere Unternehmen vergeben werden muss und vor allem die Entgeltfortzahlungskosten in der aufgetretenen Höhe nicht mehr tragbar sind.
3. Interessenabwägung: Eine krankheitsbedingte Entlassung ist in der Regel nur möglich, wenn die Gespräche und Erörterungen im Rahmen des weiter oben angesprochenen betrieblichen Eingliederungsmanagements zu dem Ergebnis führen, dass keine Beschäftigungsmöglichkeiten auf einem anderem Arbeitsplatz bestehen, an dem mit weniger hohen Fehlzeiten gerechnet werden könnte, da kein anderer Arbeitsplatz frei ist, die Belastung an anderen Arbeitsplätzen auch bei Einsatz aller Hilfsmittel genauso hoch oder höher ist bzw. die Ausfallzeit nicht auf den Arbeitsplatz zurückzuführen ist. Eine Abwägung zwischen dem Interesse des Betroffen

an der Erhaltung des Arbeitsplatzes und dem Interesse des Unternehmens an der Beendigung des Arbeitsverhältnisses erbringt die Notwendigkeit der Entlassung.

- Durch alle Maßnahmen, erst recht durch sanktionierende, kann ein mehr oder weniger unterschwelliger Druckmechanismus entstehen, der nach möglichen Anfangserfolgen dazu führt, dass sich die Betroffenen, aber auch deren Kollegen, erfindungsreich zur Wehr setzen. Deshalb sollten Maßnahmen zur Fehlzeitensenkung im Idealfall partizipativ, das heißt im betrieblichen Miteinander erarbeitet werden. Zu diesem Zweck haben einige Unternehmen *Gesundheitszirkel* geschaffen, das heißt einen institutionalisierten Erfahrungsaustausch der Mitarbeiter mit dem Ziel, belastungs- und gesundheitsrelevante Probleme zu erkennen und zu lösen. Eine Projektgruppe, die sowohl Expertenwissen bündelt als auch Betroffene über alle Abteilungen und Hierarchien hinweg einbindet, dient der Planung, Steuerung und Koordination der Aktivitäten.
- Empfehlenswert sind fraglos *Schulungen und Information* der Mitarbeiter und ihrer Führungskräfte mit dem Ziel, ein Gesundheitsbewusstsein zu erzeugen.
- Im Rahmen der Personalauswahl kann man insbesondere durch eine *ärztliche Eignungsuntersuchung* darauf achten, dass die Mitarbeiter ihrer Arbeit gewachsen sind.
- Das muss auch die Leitlinie beim *Personaleinsatz* sein. Hilfreich sind in diesem Zusammenhang Mitarbeiterbefragungen, ob und in welchen Bereichen welche Veränderungen der Arbeitssituation als wichtig erachtet werden. Hilfreich ist ferner eine Beurteilung der Unfallrisiken.
- Gute Ansätze bietet der *Personalservice* beispielsweise durch gute Verpflegung und Arbeitshygiene, einen aufmerksamen Betriebsarzt und eine Sozialstation, die im Sinne eines Gesundheitscoachings problembezogen beraten, umsichtigen Unfallschutz und gute Arbeitssicherheit, Programme zur Suchtbekämpfung, Freizeit- und Erholungsangebote sowie Betriebssport anbieten.

Übungsaufgabe

Welche Maßnahmen der Fehlzeitensenkung setzt man in Ihrem Arbeitsumfeld ein? Mit welchen dieser Maßnahmen haben Sie gute, mit welchen schlechte Erfahrungen gemacht?

Andere Maßnahmen der Fehlzeitensenkung schultern die Führungskräfte in eigener Verantwortung (Bröckermann 2009 b, S. 286, Rudow 2004, S. 363 ff.):

- Mit *Kontrollanrufen und -besuchen* will man vorgetäuschte Krankheiten enttarnen. Als medizinischer Laie kann man recht viele Krankheiten aber gar nicht erkennen und beurteilen. Ein Mensch mit einer schweren organischen Erkrankung kann durchaus braungebrannt auf dem Balkon liegen, während einer mit einer harmlosen Erkältung schlecht aussieht und das Bett hütet. Anders muss man wohlgemeinte Anrufe und Besuche bei plötzlichen und länger andauernden Erkrankungen beurteilen. Damit bringt man seine Anteilnahme zum Ausdruck.
- Grundsätzlich sollten Fehlzeiten von Führungskräften in *Besprechungen* regelmäßig diskutiert und ausgewertet werden. Dadurch kann sich eine Anwesenheitskultur mit entsprechenden Werten und Verhaltensnormen herausbilden.
- Mit Rückkehr- und Fehlzeitengesprächen verdeutlicht man den Betroffenen, dass sie gebraucht werden, und sensibilisiert sie für die Fehlzeitenproblematik.

Vorbereitung	Durchführung	Aufbereitung
<ul><li>Termin: sofort nach der Rückkehr</li><li>Raum</li><li>Vertrauliche Atmosphäre</li></ul>	<ul><li>Unter vier Augen</li><li>Begrüßung: Kontakt herstellen</li><li>Positiver Einstieg: dem Mitarbeiter versichern, dass er vermisst wurde und gebraucht wird Bedeutung des Mitarbeiters und seines Leistungsbeitrags herausstellen</li><li>Regeln: aktiv und passiv zuhören, Aufmerksamkeit zeigen, offen, ruhig und verständlich sprechen</li><li>Information über Neuigkeiten und Vorgänge während der Abwesenheit</li><li>Bei krankheitsbedingten Fehlzeiten: Nach dem aktuellen Gesundheitszustand fragen Besprechen, ob es einen Zusammenhang zwischen der Erkrankung und der Arbeitssituation geben kann Nach der Einsatzfähigkeit erkundigen Fragen, ob noch besondere Rücksicht notwendig ist</li><li>Positiver Ausklang: Zuversicht für die Zukunft bekunden</li><li>Verabschiedung</li></ul>	<ul><li>Eigene Zusagen umsetzen</li><li>Kontrolle der Zusagen des Gesprächspartners</li></ul>

Abb. 3.12: Rückkehrgespräche führen (nach Rudow 2004, S. 373 f.)

Das *Rückkehrgespräch* führt die Führungskraft vertraulich und unter vier Augen mit jedem Mitarbeiter aus ihrem Verantwortungsbereich sofort nach dessen Rückkehr aus einer Fehlzeit, und zwar in einem ruhigen Raum, im Regelfall im eigenen Büro. Nach der Begrüßung, mit der man den Kontakt herstellt, erfolgt ein positiver Einstieg, indem man dem Betroffenen versichert, das er vermisst wurde und gebraucht wird. Man stellt die Bedeutung und den Leistungsbeitrag des Betroffenen heraus. Im weiteren Verlauf sollte man nicht nur passiv zuhören, sondern Aufmerksamkeitsreaktionen zeigen und Rückmeldungen geben. Hilfreich sind eine verständliche, eindeutige Sprache sowie eine offene, ruhige Erörterung. Man informiert den Betroffenen über Neuigkeiten und Vorgänge während der Abwesenheit. Bei krankheitsbedingten Fehlzeiten folgt die Frage nach dem aktuellen Gesundheitszustand, nicht nach der Krankheit, denn das wäre rechtlich nicht zulässig und vielleicht auch zu aufdringlich. Danach bespricht man, ob es einen Zusammenhang zwischen der Erkrankung und der Arbeitssituation geben kann. Man erkundigt sich nach der Einsatzfähigkeit und klärt, ob die Tätigkeit sofort wieder in vollem Umfang aufgenommen werden kann oder noch besondere Rücksicht notwendig ist. Das Gespräch sollte positiv ausklingen, indem man Zuversicht für die Zukunft bekundet. Selbstverständlich müssen alle etwaigen Zusagen eingehalten werden (Abb. 3.12).

Was hat Sie an einem Rückkehrgespräch gestört, dass Ihre Führungskraft mit Ihnen geführt hat, bzw., wenn Sie so etwas noch nicht erlebt haben, was würde Sie an einem solchen Gespräch stören? Ist das, was Sie stört, vielleicht sogar beabsichtigt?

Wenn bei einem Mitarbeiter auch nach Rückkehrgesprächen auffällige Fehlzeiten festzustellen sind, folgen *Fehlzeitengespräche* in einer gestuften Folge. Ein erstes Fehlzeitengespräch führt wiederum die zuständige Führungskraft unter den gleichen Rahmenbedingungen wie das Rückkehrgespräch. Hier soll zunächst ein Problembewusstsein für Fehlzeiten geweckt werden. Bei krankheitsbedingten Fehlzeiten geschieht das durch das Aufzeigen etwaiger gesundheitlicher Folgen, bei anderen Fehlzeiten oder dem Verdacht auf motivationsbedingte Fehlzeiten durch den nachdrücklichen Hinweis auf die negativen Auswirkungen für das Unternehmen, die Führungskraft und den Kollegenkreis. Gemeinsam mit dem Betroffenen werden die Ursachen für die Fehlzeiten gründlich analysiert und davon ausgehend verbindliche Ziele und Maßnahmen vereinbart. Die wesentlichen Gesprächsinhalte und die getroffenen Vereinbarungen werden protokolliert und unterschrieben. Etwa drei Monate danach findet ein Folgegespräch statt, in dem die Führungskraft die Einhaltung der Vereinbarungen gemeinsam mit dem Betroffenen überprüft. Bei einer positiven Entwicklung der Fehlzeiten endet hier die Gesprächssequenz. Bei einer negativen Entwicklung werden, falls notwendig mehrfach im Abstand von etwa drei Monaten, weitere verbindliche Ziele und Maßnahmen vereinbart, deren Einhaltung man überprüft. Zu diesen Gesprächen zieht man den Betriebsrat und einen Verantwortlichen aus dem Personalwesen hinzu, der unter Umständen Abmahnungen erstellt und eine Entlassung in Aussicht stellt. Eine Entlassung und ein Entlassungsgespräch werden notwendig, wenn sich das Anwesenheitsverhalten nicht auffällig verbessert (Abb. 3.13).

Vorbereitung	Durchführung	Aufbereitung
▪ Termin: sofort nach der Rückkehr ▪ Raum ▪ Vertrauliche Atmosphäre	▪ Begrüßung ▪ Positiver Einstieg ▪ Regeln: aktiv und passiv zuhören, Aufmerksamkeit zeigen, offen, ruhig und verständlich sprechen ▪ Informieren ▪ 1. Gespräch Problembewusstsein für Fehlzeiten wecken Ursachen analysieren Ziele und Maßnahmen vereinbaren ▪ Folgegespräche Überprüfung der Einhaltung der Vereinbarungen Ggf. erneut Ursachen analysieren sowie Ziele und Maßnahmen vereinbaren ▪ Entlassungsgespräch siehe Abb. 2.7	▪ Inhalte und Vereinbarungen protokollieren und unterschreiben

Abb. 3.13: Fehlzeitengespräche führen (nach Rudow 2004, S. 374 f.)

4 Ziele vereinbaren

Ziele vereinbaren

Beurteilen

Planen

Kommunizieren
und
motivieren

Kooperieren

Fordern und fördern

Zu den Aufgaben der Personalführung zählt es, *Ziele zu vereinbaren*, und zwar nicht nur mit dem Blick auf Gegenstände, Prozesse und Strukturen, sondern auch und gerade im Hinblick auf die Mitarbeiter vor Ort.

Abb. 4.1: Führungsaufgabe »Ziele vereinbaren« (eigene Darstellung)

4.1 Zielkonflikte begrenzen

Ein *Ziel* ist ein erstrebenswerter Zustand, der in der Zukunft liegt und dessen Eintritt nicht automatisch erfolgt, sondern von Handlungen oder Unterlassungen abhängig ist. Ziele im weiteren Sinne sind auch die *Visionen*, Zukunftsvorstellungen. Sie drücken die Zielrichtung eines Unternehmens aus und vermitteln ein plastisches Bild von der Zukunft (Ehrmann 2002, S. 102 ff., Jung 2008, S. 920 ff., Scholz 2000, S. 957 ff.).

So gut wie alle Unternehmen orientieren sich hinsichtlich des Personals an folgenden generellen Zielen (Bröckermann 2009 b, S. 10 ff.):

- Die *ökonomischen Ziele* haben zwei Facetten. Aus der rein wirtschaftlichen Perspektive soll das Personal entweder, nach dem Maximumprinzip, zu im Voraus festgelegten Kosten eine größtmögliche Leistung erarbeiten, oder, nach dem Minimumprinzip, eine bestimmte Leistung zu geringst möglichen Kosten erwirtschaften. Bleibt man bei dieser Perspektive, läuft das allerdings entweder auf starken Leistungsdruck oder Entgeltsenkungen hinaus. Beides wird sich zumindest mittel- und langfristig negativ auswirken, etwa durch höhere Fehlzeiten und Abwanderung.
- Wer Qualität fordert und Perspektiven bieten will, muss deshalb die *sozialen Ziele* ernst nehmen, also mit transparenten, möglichst fehlerfreien Aktivitäten auf die Erwartungen, Bedürfnisse und Interessen der Mitarbeiter eingehen und die Ver-

traulichkeit wahren. Die Mitarbeiter erwarten zum Beispiel angemessene Entgelte und Arbeitszeitregelungen, eine ansprechende Arbeitsplatzgestaltung, Arbeitsschutz und Altersversorgung, attraktive Arbeitsinhalte und soziale Kontakte, Mitbestimmung, Aus-, Fort- und Weiterbildung. Hier ist das Allgemeine Gleichbehandlungsgesetz von Bedeutung, das die Verantwortlichen verpflichtet, Benachteiligungen aus Gründen der Rasse oder der ethnischen Herkunft, des Geschlechts, der Religion oder Weltanschauung, einer Behinderung, des Alters oder der sexuellen Identität zu verhindern oder zu beseitigen. Das betrifft jegliche Diskriminierung, von der planerischen Vorbereitung der Maßnahmen über die Personalbeschaffung bis hin zur Personalfreisetzung, in jeder betrieblichen Situation und für jede Mitarbeitergruppe.

- Wie es das Beispiel des Allgemeinen Gleichbehandlungsgesetzes zeigt, ist es ein weiteres *Ziel, die Rechtsordnung zu beachten*, unter anderem das Arbeitsrecht, und alle Aktivitäten, wie im Kapitel »Planen« dargelegt, exakt *zu organisieren*.
- Letztlich stehen *arbeitsmarktpolitische Ziele* im Fokus. Für den Arbeitsmarkt spielt die Demografie eine entscheidende Rolle. Während die Weltbevölkerung bis zum Jahr 2050 um gut 3 Milliarden Menschen auf rund 9,3 Milliarden anwachsen wird, ist für die meisten europäischen Länder mit einem Bevölkerungsrückgang zu rechnen. Um die Bevölkerung zahlenmäßig auf dem derzeitigen Stand zu halten, wären im Durchschnitt 2,1 Kinder pro Frau erforderlich. In Deutschland sind es aktuell jedoch nur 1,35, in Österreich 1,28, und in den anderen Mitgliedsstaaten der Europäischen Union sieht es auch kaum besser aus. Der dadurch bedingte demografische Wandel wird sich auch in Deutschland merklich auswirken. Ab 2015 wird die Zahl der Erwerbstätigen kontinuierlich sinken. Waren im Jahr 2002 noch rund 41 Millionen Menschen in Deutschland erwerbstätig, so werden es 2030 noch 37,5 Millionen sein und 2050 nur noch 24 Millionen. Der Bevölkerungsrückgang führt automatisch zu einer Alterung der Bevölkerung. Da darüber hinaus die Lebenserwartung fast überall steigt, wird dieser Prozess beschleunigt. Im Jahr 2005 gab es in Deutschland 20 Millionen Menschen in der Altersklasse von 35 bis 49, im Jahr 2050 werden es nur noch 14 Millionen sein. Vor 50 Jahren waren in Westeuropa durchschnittlich gerade einmal 8 Prozent über 65 Jahre alt. Schon im Jahr 2020 wird diese Altersklasse in Deutschland 22 Prozent ausmachen, im Jahr 2070 mehr als 25 Prozent. Im Jahr 2070 werden etwa 45 Prozent der deutschen Bevölkerung über 50 Jahre alt sein. Dabei ist Deutschland schon jetzt eine der weltweit zehn ältesten Gesellschaften mit einem Durchschnittsalter von 39,6 Jahren. Das hat Folgen für den Arbeitsmarkt. Schon seit einigen Jahren klagen Unternehmensverantwortliche trotz hoher Arbeitslosigkeit über einen Mangel an Fach- und Führungskräften. Die Lücke, die hier entsteht, kann durch die schwach besetzten nachfolgenden Generationen nicht ausgeglichen werden, und zwar weder quantitativ, wegen des Bevölkerungsrückgangs, noch qualitativ, alleine schon, weil Ausbildungs- und Studienplätze unbesetzt bleiben. Der Mangel an Fachkräften wird dazu führen, dass die Unternehmen sich gegenseitig gute Mitarbeiter abwerben.

Übungsaufgabe

Wie reagiert man in Ihrem Arbeitsumfeld auf den Bevölkerungsrückgang und die Tatsache, dass es in Zukunft weniger junge und mehr alte Menschen geben wird?

Eine wichtige Führungskompetenz wird als *zielorientiertes Führen* bezeichnet. Man soll die Mitarbeiter mitreißen, indem man Ziele vereinbart und für deren Realisierung Sorge trägt. Aus den genannten generellen Zielen und weiteren Maximen, die für das jeweilige Unternehmen maßgeblich sind, kann und muss man Ziele ableiten, die für einzelne Mitarbeiter bei ihrer täglichen Arbeit Gültigkeit haben.

Das und die Tatsache, dass man zumeist mehrere Ziele verfolgen muss, kann zu Zielkonflikten führen. Als Führungskraft hat man in diesem Zusammenhang die Aufgabe, Zielkonflikte zu begrenzen oder gar nicht erst aufkommen zu lassen. Dabei ist *Loyalität* in zwei Richtungen gefragt,

- der Arbeitsgruppe gegenüber, die man führt,
- aber auch dem Vorgesetzten, an den man selbst berichtet, und im weiteren Sinne dem gesamten Unternehmen gegenüber. Wer Führungsverantwortung übernimmt, sollte sich mit dem Unternehmen und seinen Zielen identifizieren können. Die manchmal an der Basis zu findende Haltung »Die da oben gegen uns« passt nicht zu einer Führungsaufgabe (Lehky 2007, S. 44 ff., Olfert 2008, S. 221 ff.).

4.2   Ziele entwickeln

Eine kompetente Führungskraft zeichnet sich demnach durch *Pflichtgefühl* aus. Sie macht sowohl die Ziele des Unternehmens als auch die Überzeugungen der Mitarbeiter zur Leitlinie des eigenen Verhaltens.

Deshalb sollte es sich eigentlich von selbst verstehen, dass Führungskräfte keinesfalls im Geheimen Ziele zum eigenen Nutzen vorgeben sollten. Andernfalls würde die Personalführung in *Manipulation* umschlagen, denn Manipulation ist das Unterfangen, andere absichtlich zum eigenen Vorteil zu beeinflussen, ohne dass ihnen die Art und Weise dieses Einflusses bewusst wird. Es handelt sich also um ein egoistisches Verhalten, das die eigenen Absichten kaschiert. Das ist etwa so, wenn Herr Müller Ihnen eine schwierige Aufgabe gibt, die Sie mit viel Einsatz lösen, Ihre Lösung aber als seine eigene verkauft, um als vermeintlich genialer Problemlöser einen Vorteil gegenüber einem betrieblichen Konkurrenten zu erlangen (nach Sprenger 1995, S. 20 f.).

Der Grund für eine Manipulation ist nicht unbedingt eine böse Absicht. Zuweilen manipuliert man, um einer unangenehmen Auseinandersetzung aus dem Wege zu gehen. Das wäre der Fall, wenn Sie in Ihrem Arbeitsumfeld dauerhaft Einschränkungen erfahren müssen, man Ihnen aber verspricht, diese Einschränkungen seien nur temporär und würden bald überprüft.

Übungsaufgabe

Der Vater eines Kleinkindes ist überzeugt, dass Spinat für das Kind sehr gesund ist, weiß aber, dass viele Kinder Spinat nicht mögen. Er präsentiert seinem Kind erstmalig ein Gericht mit Spinat, nimmt einen Löffel voll und sagt:»Schau mal, was der Papa da hat. Das schmeckt gut!« Manipuliert der Vater sein Kind?

Obwohl Manipulation des Öfteren erfolgreich ist, verbietet sie sich nur, weil sie nicht vom eigentlich selbstverständlichen *Pflichtgefühl* getragen ist, sondern aus einem weiteren Grund. Sobald sie offenbar wird, sind die Betroffenen verletzt. Deshalb zerstört jede Manipulation auf längere Sicht das Vertrauensverhältnis. Wenn Sie, um im

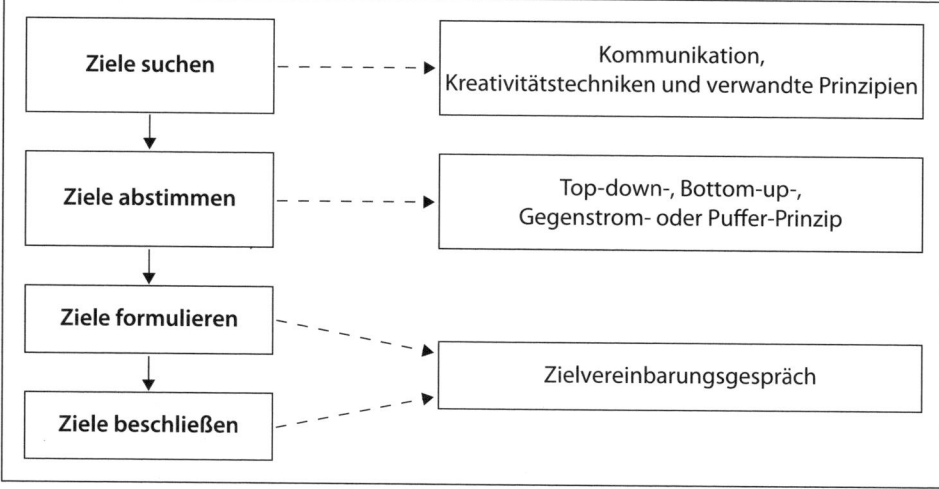

Abb. 4.2: Ziele entwickeln (nach Jung 2008, S. 443)

Beispiel zu bleiben, feststellen, dass die Einschränkungen dauerhaft sind und Sie hinters Licht geführt wurden, glauben Sie den Verantwortlichen nichts mehr (Drumm 2005, S. 478, Kapitel »Kooperieren«, McClelland 1978, S. 199 ff.).

Als Führungskraft sollte man die Mitarbeiter weder mit böser noch mit guter Absicht manipulieren, sondern ihre Überzeugungen einbinden, wenn man Ziele entwickelt (Abb. 4.2).

> **Übungsaufgabe**
>
> Wie entwickeln Sie Ideen, wenn Sie vor einem Problem stehen? Binden Sie andere ein, wenn ja, wie und warum?

Als Erstes *sucht man Ziele*. Um Zielideen entwickeln zu können, benötigt man aussagekräftige Informationen von möglichst vielen Menschen aus allen Unternehmensbereichen. Die Zielsuche kann dann, meist in Gruppen, durch verschiedene Methoden der Ideenfindung betrieben werden. Dabei ist sowohl die *schöpferische Fähigkeit*, neue Konzepte zu entwickeln, als auch die Fähigkeit, neue Wissensgebiete zu erschließen, also eine *Wissensorientierung*, vonnöten, und zwar sowohl bei den Mitarbeitern als auch bei der Führungskraft (Abb. 4.3, Blumenschein/Ehlers 2002, S. 94 ff., Kapitel »Kooperieren«).

Einige Methoden, Ideen zu entwickeln, kann man sich als Führungskraft mit vertretbarem Aufwand aneignen und als sogenanntes *Management by Innovation* praktizieren (Witten/Mathes/Mencke 2007, S. 129 ff.).

- *Gespräche und Besprechungen* dienen dem Austausch von Informationen und Gedanken von Führungskräften und Mitarbeitern. Mit dieser Ausrichtung eignen sie sich natürlich für die Entwicklung von Ideen, insbesondere dann, wenn die im Kapitel »Kommunizieren« gezeigten Empfehlungen beachtet werden.
- Die *Moderation* ist eine Variante des Gesprächs. Zu Beginn muss die Führungskraft, die hier – möglichst nach einer einschlägigen Schulung – als Moderator auftritt,

Kommunikation: Ideen mit anderen austauschen	Kreativitätstechniken: schöpferische Kräfte wecken	Verwandte Prinzipien: Verfahren zur Problemlösung
Gespräche und Besprechungen: Ideen im Informationsaustausch entwickeln	**Brainstorming:** spontane Ideen in taugliche Konzepte umsetzen	**Bionik:** Phänomene aus der Natur übertragen
Moderation: eine neutrale Person regt den Gedankenaustausch an	**Brainwriting:** Ideen zu Papier bringen, austauschen und abstimmen	**Laterales Denken:** logische Kategorien und Gewohnheiten außer Kraft setzen
Metaplanmethode: Form der Moderation mit dem Schwerpunkt auf der Visualisierung	**Morphologische Methoden:** Aufgabe aufgliedern, für Teilaufgaben Varianten finden und kombinieren	**Portfoliotechnik:** Problem in zwei Dimensionen zerlegen und gesondert analysieren
Betriebliches Vorschlagswesen: Mitarbeiter machen Verbesserungsvorschläge	**Synektische Methoden:** Situation verfremden, Ideen erzeugen und auf die Situation zurückführen	**Szenariontechnik:** Prognosen erstellen und für diese Prognosen Handlungsvorschläge machen
	Systematische Fragetechniken: durch Fragen Impulse für eine Neuorientierung geben	**Delphi-Methode:** Experten konsultieren, Expertisen austauschen und abstimmen

Abb. 4.3: Ideen entwerfen (eigene Darstellung)

den Mitarbeitern die Aufgabenstellung verdeutlichen. Sie stößt einen kooperativen, kreativen Prozess an, ohne selbst in den Mittelpunkt zu rücken und ohne inhaltlich einzugreifen oder zu steuern. Sie bietet jedem Mitarbeiter Gelegenheit, sich zu äußern und seine Standpunkte klar zum Ausdruck zu bringen. Schließlich dokumentiert sie die Ideen und stimmt die Folgeaktivitäten mit den Mitarbeitern ab (Freimuth 2010, S. 1 ff., Hartmann 2010, S. 399 ff., Kapitel »Fordern und fördern«).

- Die *Metaplanmethode* ist eine spezielle Form der Moderation, die vor allem auf der Visualisierung beruht. Alle wesentlichen Gesprächsbeiträge werden für alle sichtbar auf Karten notiert. Diese Karten werden gesammelt, vorgelesen und gemeinsam nach ähnlichen Inhalten sortiert. Schließlich werden sie in der erarbeiteten Sortierung an Stecktafeln, sogenannten Pinnwänden, angebracht. Durch die stets präsente Visualisierung wird das Erkennen von Zusammenhängen erleichtert. Zuletzt findet eine gemeinsame Bewertung statt. Alle Mitarbeiter verteilen Markierungspunkte entsprechend ihrer individuellen Wertung.
- Als Führungskraft kann man das *betriebliche Vorschlagswesen* forcieren. Es dient dazu, die Mitarbeiter aktiv an der Gestaltung der Arbeitsinhalte und Arbeitsabläufe zu beteiligen. Damit wird ihre Kreativität und ihr Engagement gefördert. Eingereichte Vorschläge müssen schnell und angemessen bearbeitet werden (Brandt 2007, S. 13 ff.).
- Das *klassische Brainstorming* ist die bekannteste und am häufigsten angewandte Kreativitätstechnik. Eingangs stellt die Führungskraft eine Gruppe von fünf bis acht möglichst unterschiedlichen Mitarbeitern, denn das garantiert ein großes Ideenspektrum, für einen Zeitraum von mindestens fünf bis 30 Minuten, maximal einer

Aufgabenstellung:		
Idee 1	Idee 2	Idee 3

Abb. 4.4: Formular für die Methode 635 (eigene Darstellung)

Stunde, zusammen. Die Gruppe wird über die Aufgabenstellung informiert. In der ersten Phase werden Ideen vorgebracht und für alle sichtbar notiert. Hier gelten vier Grundregeln, für deren Einhaltung die Führungskraft sorgt: 1. Kritik ist verboten, 2. fremde Ideen sind aufzugreifen und weiterzuentwickeln, 3. der Phantasie sind keine Grenzen gesetzt und 4. Quantität geht vor Qualität. In der zweiten Phase werden die Ideen weiterentwickelt, verbessert oder verworfen. Hier entwickelt man Lösungsansätze mit Hilfe der Anpassung, Abänderung, Kombination oder Reduzierung zu realisierbaren, sinnvollen Vorschlägen.

■ Die *Methode 635*, ein Form des Brainwritings, sieht vor, dass sechs Mitarbeiter in Formulare mit drei Spalten und sechs Zeilen jeweils zeilenweise drei Ideen in ungefähr fünf Minuten eintragen. Die Formulare werden reihum weitergegeben, bis sie möglichst vollständig ausgefüllt sind. Dabei soll man an Ideen der Vorgänger anknüpfen, indem man sie variiert, ergänzt oder weiterentwickelt. Danach werden die Ideen geordnet, die stärksten ausdiskutiert und schließlich wird eine Idee bis zur Praxisreife ausgearbeitet (Abb. 4.4).

■ Für einen *morphologischen Kasten* zerlegt man die Aufgabenstellung in Bestandteile, die relativ unabhängig voneinander variierbar sind, und schreibt sie in eine Matrix-Vorspalte. Dann ermittelt man alle denkbaren Alternativen für jeden Bestandteil und listet sie zeilenweise auf. Abschließend kombiniert man je eine Alternative aller Bestandteile zu einer möglichen Idee, die man auf ihre Realisierbarkeit überprüft (Abb. 4.5).

Elemente	Alternativen			
Wasser erhitzen	Heizspirale	Heizplatte	Brenner	Chemische Reaktion
Kaffee filtern	Filterpapier	Filterporzellan	Elektrostatik	
Kaffee warmhalten	Isolierung	Heizspirale	Heizplatte	
Kaffee in die Tasse	Hahn	Pumpe	Druck	Ausgießen

Abb. 4.5: Morphologischer Kasten für die Konstruktion einer Kaffeemaschine (nach Oechsler 2006, S. 509)

Diese Methoden sollte man möglichst in heterogenen Gruppen einsetzen, die aus Menschen unterschiedlichen Alters mit unterschiedlicher Ausbildung und unterschiedlichen Ansichten bestehen. Ansonsten können zwei Phänomene, auf die im Kapitel »Kooperieren« hingewiesen wird, die Kreativitätsvorteile der Gruppe zunichtemachen. Erstens wird durch die Unterschiedlichkeit der Druck zur Übereinstimmung, zum »Group Think«, gemildert. Zweitens wird auch das Gegenteil verhindert, der als »Risky Shift« bezeichnete Risikoschub. Grundsätzlich geht eine Gruppe höhere Risiken ein als jeder Einzelne für sich. Wenn sich die Gruppenmitglieder jedoch nicht ähnlich sind, haben sie Probleme, der Gruppe die Verantwortung für riskante Entscheidungen zuzugestehen (Institut für Beschäftigung und Employability 2007, S. 33, Regnet 2007, S. 15 ff.)

Nachdem man Ziele entwickelt hat, muss man die Zielideen verschiedener Betroffener, Abteilungen oder Unternehmensbereiche zusammenführen, das heißt die *Ziele abstimmen*. Die Führungskräfte haben dabei, ganz im Sinne der Führungskompetenz *ganzheitliches Denken*, die Aufgabe, die Details mit dem übergeordneten Ganzen abzugleichen (Abb. 4.6, Jung 2008, S. 443, Olfert 2008, S. 223).

- Die Unternehmensleitung gibt den Führungskräften und die geben wiederum ihren Mitarbeitern nach dem sogenannten *Top-down-Prinzip* Zielideen vor. Die Mitarbeiter haben die Möglichkeit der Stellungnahme.
- Nach dem *Bottom-up-Prinzip* entwerfen die Mitarbeiter Zielideen, legen sie ihren Führungskräften vor und die wiederum der Unternehmensleitung, die sie zusammenfasst.
- Beim *Gegenstromprinzip* laufen die beiden skizzierten Prozesse parallel. Dabei stellen die Führungskräfte der oberen Ebenen vorläufige Zielideen auf, sogenannte Rahmenziele, aus denen Teilziele abgeleitet werden. Ausgehend von der unteren Ebene wird dann bis zur oberen Ebene hin eine Überprüfung der Zielideen vorgenommen.
- Beim *Puffer-* oder *Komiteeprinzip* geht man zugleich nach dem Top-down- und dem Bottom-up-Prinzip vor. Eine Abstimmung der gegenläufigen Prozesse erfolgt auf einer Abteilungs- oder Hauptabteilungsebene respektive in zwischengeschalteten Gremien.

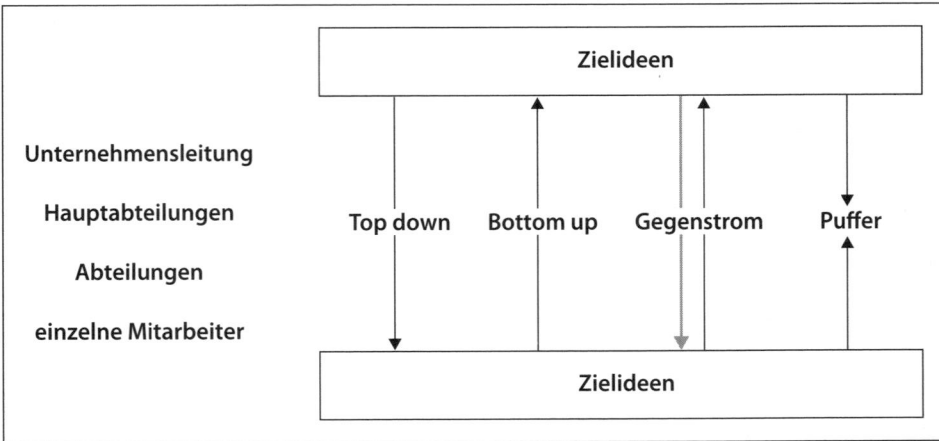

Abb. 4.6: Ziele abstimmen (eigene Darstellung)

Beim Top-down-Prinzip besteht die Gefahr, dass die Stellungnahmen der Mitarbeiter nicht ernst genug genommen werden. Dann können aus Zielideen Ziele werden, die entweder nicht oder mit Leichtigkeit erreichbar sind. Die Mitarbeiter identifizieren sich eher mit Zielen, wenn sie ihre Zielideen, etwa im Bottom-up-, Gegenstrom- oder Pufferprinzip, einbringen können.

Übungsaufgabe

Wie verhalten Sie sich, wenn Sie im Januar in einem für Sie verbindlichen Zielkatalog ein Jahresziel vorfinden, das Sie bis zum Dezember bestenfalls zur Hälfte erfüllen können, und wie, wenn Sie ein Ziel entdecken, das Sie mit Leichtigkeit schon im März erfüllen können?

Gerade bei den folgenden Schritten ist die *Einsatzbereitschaft* der Führungskraft gefragt. Eine kompetente Führungskraft muss sich aktiv für die abgestimmten Ziele engagieren.

Man muss dafür sorgen, dass die Ziele, auf die man sich verständigt hat, eindeutig, anschaulich und verständlich abgefasst werden. Vielfach wird in diesem Zusammenhang die Faustformel »SMART« genannt (Niermeyer/Postall 2008, S. 175, Pinnow 2008, S. 294, Stöwe/Keromosemito/Fritz 2007, S. 135):

- *Spezifisch*: Ein Ziel muss leicht verständlich und nachvollziehbar sein.
- *Messbar*: Es muss klar definiert werden, woran eine erfolgreiche Zielerreichung gemessen wird.
- *Anspruchsvoll*: Ein Ziel soll verdeutlichen, dass Anstrengungen erwartet werden.
- *Realistisch*: Ein Ziel muss realisierbar sein.
- *Terminiert*: Jedes Ziel muss einen definierten Zeitpunkt haben, wann es erreicht sein soll.

Man *formuliert* folglich

- *was* erreicht werden soll, den Zielinhalt,
- *wie viel* erreicht werden soll, das Zielausmaß,
- *bis wann* es erreicht werden soll, den Zeitpunkt,
- *wo* das Ziel Gültigkeit hat, den räumlichen Geltungsbereich, und
- *wer* für das so umrissene Ziel zuständig ist, das heißt man bezeichnet den Verantwortlichen (Jung 2008, S. 443, Olfert 2008, S. 223).

Der Zielbildungsprozess wird dadurch abgeschlossen, dass man die *Ziele beschließt*. Die Beteiligten verständigen sich schriftlich oder mündlich darauf, dass die abgestimmten Ziele in der formulierten Form maßgeblich und gültig sind (Jung 2008, S. 443, Olfert 2008, S. 223).

Für das *Zielvereinbarungsgespräch* gilt es, einige Eigentümlichkeiten zu beachten (Abb. 4.7, Albs 2005, S. 108 f., Hossiep/Bittner/Berndt 2008, S. 48 ff., Niermeyer/Postall 2008, S. 168 ff.).

- Bei der *Vorbereitung* ist die Führungskraft gehalten, sich die Ziele und deren Verwirklichung zu vergegenwärtigen, die sie zuvor mit dem Mitarbeiter abgestimmt hatte. Sie sollte auf dieser Basis neue Zielideen, ihre Prioritäten und die notwendige Unterstützung planen. Und schließlich ist sie gut beraten, sich Gedanken über die möglichen Erwartungen des Mitarbeiters zu machen, den sie rechtzeitig einla-

Vorbereitung	Durchführung	Aufbereitung
▪ Ziele und deren Verwirklichung vergegenwärtigen ▪ Neue Zielideen, Prioritäten und die notwendige Unterstützung planen ▪ Erwartungen des Gesprächspartners einschätzen ▪ Einladen ▪ Einschätzung des Gesprächspartners anregen ▪ Geeigneten Raum wählen ▪ Atmosphäre herstellen	▪ Begrüßung ▪ Regeln: aktivieren, aktiv und passiv zuhören, Fragen stellen, Aufmerksamkeit zeigen, Probleme lösen, offen, ruhig und verständlich sprechen ▪ Gemeinsam bisherige Erfolge beurteilen ▪ Mitarbeiter erläutert aktuelle Zielvorstellungen ▪ Führungskraft gleicht sie mit eigenen Zielvorstellungen und bisherigen Erfolgen ab ▪ Ziele abstimmen ▪ Ca. 5 realistische Sachziele, das gewünschte Ergebnis, den Zeitrahmen, Prioritäten und die wichtigsten Voraussetzungen vereinbaren ▪ Verabschiedung	▪ Inhalte schriftlich festhalten ▪ Eigene Zusagen umsetzen ▪ Fortschritte bei der Zielverwirklichung zeitnah nachhalten

Abb. 4.7: Zielvereinbarungsgespräche führen (eigene Darstellung)

den und dabei auf die anzusprechenden Themen hinweisen wird. Der Mitarbeiter kann dann im Vorfeld seine Zielvorstellungen erarbeiten.

▪ Für die *Durchführung* sind eine verständliche, eindeutige Sprache sowie eine offene, ruhige Erörterung hilfreich. Zuweilen muss man Menschen, etwa durch Fragen, aktivieren, denn man sollte nicht nur passiv zuhören, sondern Aufmerksamkeitsreaktionen zeigen und Rückmeldungen geben. So kann man zum Kern des Gesprächs kommen, die zuletzt vereinbarten Ziele und Zwischenziele. Sie bilden den Maßstab für die Beurteilung der bisherigen Erfolge. Der Mitarbeiter erläutert danach seine aktuellen Zielvorstellungen, die die Führungskraft mit ihren eigenen und der Erfolgsbilanz des Mitarbeiters abgleicht. So kommt es zu einer Zielabstimmung und schließlich zur Zielvereinbarung, die in der Regel maximal fünf realistische Sachziele, beispielsweise Produktionsmengen, und Formalziele, also Verfahren, Methoden oder Kosten, beinhalten wird sowie das gewünschte Ergebnis, einen zeitlichen Rahmen, Prioritäten und die wichtigsten Voraussetzungen beschreibt.

▪ Bei der *Aufbereitung* des Zielvereinbarungsgesprächs geht es darum, die Fortschritte bei der Zielverwirklichung zeitnah nachzuhalten, und das nicht nur auf Seiten der Führungskraft. Der Mitarbeiter sollte sich ein System der Selbstkontrolle erarbeiten und die Führungskraft auf dem Laufenden halten.

4.3   Ziele akzeptieren

4.3.1   Führen durch Zielvereinbarung

Viele Unternehmen haben dafür, wie mit Zielen umgegangen werden soll, bindende Verfahrensweisen entwickelt. Die Wissenschaft wiederum hat sich bemüht, aus der Vielzahl jener für einzelne Unternehmen verbindlichen Verfahrensweisen einen Ide-

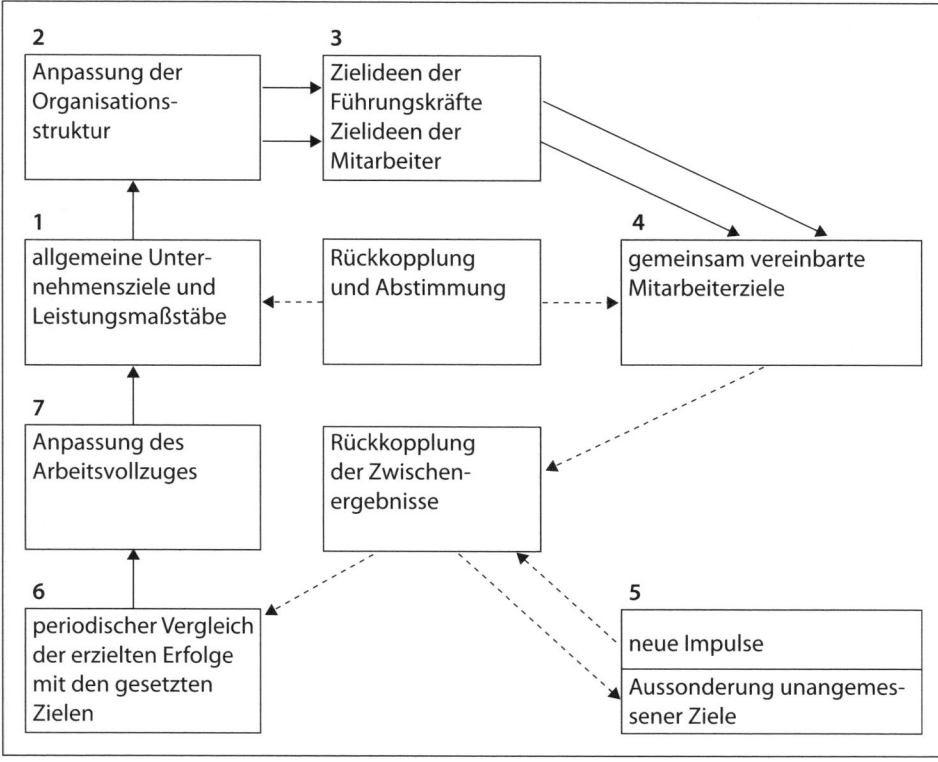

Abb. 4.8: Management by Objectives (nach Odiorne 1965, S. 1 ff.)

altyp einer sogenannten Führungstechnik zu entwerfen, das *Management by Objectives*. In Deutschland ist diese weit verbreitete Führungstechnik auch als Führen durch
Zielvereinbarung oder -vorgabe bekannt (Drucker 1954, S. 1 ff., Hentze/Graf/Kam-
mel/Lindert 2005, S. 583 ff., Odiorne 1965, S. 1 ff.).

Neuerliche Aktualität hat sie erlangt, da sich nicht nur die Außendienstler selten im
Beschäftigungsunternehmen aufhalten. Immer mehr Mitarbeiter haben einen Telear-
beitsplatz. Sie erledigen ihre Arbeit also entfernt von der Betriebsstätte mithilfe von
Kommunikationsmedien. Für diese Mitarbeiter sind Zielvorgaben nahezu die einzig
mögliche Beurteilungsgrundlage.

Anstatt bestimmte Aufgaben vorzugeben, die nach festgelegten Regeln zu erledigen sind, werden im Rahmen des Management by Objectives Ziele vorgegeben oder,
was eher Erfolg versprechend scheint, gemeinsam von den Führungskräften und
ihren Mitarbeitern Ziele entwickelt, die es zu erreichen gilt.

An die Stelle der herkömmlichen Aufgabenorientierung tritt also eine *Zielorientierung*. Die Auswahl der zur Zielerreichung notwendigen Mittel und Maßnahmen bleibt
weitgehend dem Einzelnen überlassen. Die Führungskräfte konzentrieren sich im
Wesentlichen auf den Zielbildungsprozess, die Unterstützung, soweit sie nachgefragt
oder für notwendig erachtet wird, und die Kontrolle der Zielerreichung (Abb. 4.8).

Das Management by Objectives ist ein permanenter Prozess, der sich auch auf

- das Planen,
- das Fordern, Fördern und

- das Kooperieren bezieht, was sich in der Bezeichnung »Anpassung der Organisationsstruktur« verbirgt, (Abb. 4.8, Ziffer 2) sowie auf
- das Beurteilen (Abb. 4.8, Ziffern 5, 6, 7 und »Rückkopplung durch Zwischenergebnisse«).

Die Unternehmensleitung formuliert Zielvorgaben (Abb. 4.8, Ziffer 1). Die Aufgabe der Führungskräfte besteht darin, aus diesen Zielvorgaben konkrete Ziele für ihre Zuständigkeitsbereiche abzuleiten, wenn möglich gemeinsam mit ihren Mitarbeitern (Abb. 4.8, Ziffer 3). Die besagten Ziele müssen sodann mit der Unternehmensleitung abgestimmt (Abb. 4.8, »Rückkopplung und Abstimmung«), formuliert und für verbindlich erklärt werden (Abb. 4.8, Ziffer 4). Meist handelt es sich um sogenannte Schlüsselergebnisse für einzelne Mitarbeiter. Letzten Endes können neue Impulse dazu führen, dass unangemessene Schlüsselergebnisse bzw. Ziele gemeinsam mit den Mitarbeitern oder auf ihre Anregung hin ausgesondert werden (Abb. 4.8, Ziffer 5).

Wenn man die Kerngedanken des Management by Objectives angemessen umsetzt, werden die Führungskräfte entlastet. Allerdings erlangen folgende Führungskompetenzen besondere Bedeutung: die *analytische Fähigkeit*, komplexe Vorgänge zu zerlegen und aufzugliedern, sowie *Lernbereitschaft* insbesondere in Hinsicht auf *fachübergreifende Kenntnisse*, denn über die Zielerreichung der einzelnen Mitarbeiter darf man die Ziele der Abteilung und schließlich des gesamten Unternehmens nicht aus den Augen verlieren (Sarges 2000, S. 116 ff.).

Durch die Zielorientierung können sich die Mitarbeiter besser mit ihrer eigenen Arbeit und dem Unternehmen identifizieren. Außerdem schaffen die vereinbarten Ziele eine einvernehmliche *Beurteilungsgrundlage*, die zur Bestimmung eines leistungsgerechten Entgelts genutzt werden kann.

> **Übungsaufgabe**
>
> Stellen Sie sich vor, dass Sie als Führungskraft in einem Unternehmen arbeiten, das auf das Management by Objectives eingeschworen ist. Einer Ihrer Mitarbeiter erfüllt alle seine Ziele hervorragend, wirkt aber erschöpft und eckt dauernd im Kollegenkreis an. Was machen Sie?

Nachteilig wirkt sich jedoch der hohe *Leistungsdruck* aus, dem die Mitarbeiter durch die regelmäßig recht anspruchsvollen Ziele und die Beurteilungen ausgesetzt sind. Dadurch kann die Kooperation zwischen den Mitarbeitern und Abteilungen leiden. Wer will einem Kollegen schon einen Gefallen tun, wenn dieser Gefallen jenes Leistungsergebnis gefährdet, an dem er selbst gemessen wird? Schließlich ist das Management by Objectives angesichts vielfältiger organisatorischer Anpassungen und des notwendigen Informationswesens zeit- und kostenintensiv (Jung 2008, S. 502, Olfert 2008, S. 227 f., Wunderer/Grunwald 1980, S. 309 f.).

4.3.2 Zielstrebigkeit einfordern

Wer sich, sei es nun mit oder ohne Unterstützung durch das Management by Objectives, darauf verlässt, dass alle Mitarbeiter gleichermaßen zielstrebig arbeiten, dass sie mit anderen Worten *Leistungsbereitschaft* unter Beweis stellen, wird in der Praxis zuweilen enttäuscht. Offenbar handeln Menschen in ähnlichen Situationen trotz ähnlicher Zielvorgaben durchaus unterschiedlich.

Einen Teil dieser Unterschiede kann man durch das Zusammenspiel von Anreizen, Motiven und Anpassungsprozessen erklären, die die Motivation prägen, aber eben nur einen Teil, denn auch Menschen, die denselben Anreizen ausgesetzt sind, die über ähnliche Motive verfügen und sich an dieselbe Situation anpassen, handeln unterschiedlich (Kapitel »Motivieren«).

Übungsaufgabe

Welche Erfahrungen haben Sie bei der Planung von Urlaubsreisen gemacht? Was haben Sie aus welchem Ereignis gelernt?

Erklärungsansätze dafür findet man in den Lerntheorien, denn das Lernen ist unter anderem eine Verhaltensänderung aufgrund von *Erfahrungen*. Man handelt genau so und nicht anders, weil man es so gelernt hat (Abb. 4.9).

Die Lerntheorien sind in recht unterschiedlichen Denkrichtungen der Verhaltenswissenschaften verankert, die sich aber nicht ausschließen, sondern ergänzen (Franken 2007 b, S. 3 ff., 58 ff.).

Zunächst geht man davon aus, dass das Verhalten von Umweltbedingungen bestimmt wird (Bodenmann/Perrez/Schär/Trepp 2004, S. 99 ff., Rosemann/Bielski 2001, S. 19 ff., Stührenberg 2003, S. 2 ff.).

- Menschliches Verhalten ist klassisch konditioniert: Man reagiert zunächst auf einen Anreiz. Später kann man das erlernte Verhalten auch in einer anderen Situation abrufen. Zum Beispiel wird Herr Müller oft von Herrn Schmitz am Telefon

Theoretischer Hintergrund: So wird das (Arbeits-)Verhalten geprägt	Praktische Umsetzung: So fördern Führungskräfte, dass Mitarbeiter zielstrebig arbeiten
- Auf einen Anreiz reagieren - Abrufen dieser Reaktion in einer anderen Situation	- Keine negativen Anreize setzen - An den positiven Anreizen aus der Zwei-Faktoren-Theorie orientieren (Abb. 3.3)
- Erfahrung mit Erfolgen und Misserfolgen - Unmittelbare Belohnungen als Verstärker	- Loben (Abb. 3.5) - Kritisieren, wo es darum geht, Perspektiven für die Zukunft zu setzen
- Plötzliche Einsicht in anschaulichen Lernsituationen - Kann jederzeit wiederholt werden - Kann auf jede Situation übertragen werden	- Durch umfangreiche, anschauliche Informationen die Zusammenhänge erläutern - Mitarbeiter möglichst eigenständig zu Aha-Erlebnissen kommen lassen
- Nachahmung	- Für attraktive Arbeitsinhalte und -bedingungen sorgen - Selbst ein gutes Beispiel geben
- Das Lernen jedes Menschen ist einzigartig	- Im Gespräche mit den Mitarbeitern ergründen, warum sie wie zielstrebig arbeiten

Abb. 4.9: Zielstrebige Arbeit fördern (eigene Darstellung)

beschimpft, was Herrn Müller schwer zu schaffen macht. Er zuckt schon zusammen, wenn das Telefon klingelt.

Als Führungskraft sollte man deshalb keinesfalls unbedacht negative Anreize im Stile dieses Beispiels setzen, sondern sich die *positiven Anreize* aus der weiter oben erläuterten Zwei-Faktoren-Theorie vergegenwärtigen (Abb. 3.3).

- Außerdem lernt man durch die Erfahrung mit Erfolgen und Misserfolgen, also die Beziehung von Anreiz, Reaktion und Konsequenz. Das nennt man operantes Konditionieren. Dabei verstärken unmittelbare und angenehme Konsequenzen, Belohnungen, das Verhalten weit mehr als Bestrafungen. So berichtet der Trainer eines Weltmeisters im Schwergewichtsboxen, sein Schützling habe auf Kritik gar nicht reagiert, aber sehr wohl, wenn er Bewegungsabläufe, die mehr zufällig in die richtige Richtung gingen, unmittelbar gelobt hat.

  Mitarbeiter legen, wie weiter oben erwähnt, unter Zwang ein Verhalten an den Tag, das gerade noch eine weitere Bestrafung vermeidet. Führungskräfte sollten folglich nicht mit *Lob* sparen. Kritik ist dort angebracht, wo es darum geht, Perspektiven für die Zukunft zu setzen (Abb. 3.5).

Man kann menschliches Verhalten aber nicht vollständig durch Anreize steuern, weil Menschen dazu in der Lage sind, Anreize aktiv und selbstständig zu verarbeiten (Becker-Carus 2004, S. 356 ff., Lefrancois 2006, S. 166 ff.).

- Das Lernen erfolgt weniger durch Versuch und Irrtum als durch plötzliche Einsicht, das heißt das Verstehen der Zusammenhänge. Gemeint ist das, was man umgangssprachlich als Aha-Erlebnis bezeichnet. Dafür muss die Lernsituation allerdings gut strukturiert und anschaulich sein. Das einmal durch Einsicht erzeugte Verhalten kann jederzeit wiederholt und auf jede Situation übertragen werden.

  Als Führungskraft ist man mithin aufgefordert, den Mitarbeitern durch umfangreiche, anschauliche Informationen die Zusammenhänge zu erläutern, um sie dann *möglichst eigenständig ihre Aha-Erlebnisse* machen zu lassen.

- Ferner beruht das Lernen von Verhaltensweisen auf der Nachahmung. Lernen ist auch ein Modelllernen, wobei man unter Modellen beispielsweise andere Menschen, mündliche oder schriftliche Instruktionen, Bilder sowie Charaktere eines Buchs oder eines Films versteht. In der Tat versuchen wir uns an dem, was wir in unserem Umfeld als attraktiv wahrnehmen. Manche kommen so zum Motorradfahren, andere in die Politik.

  Führungskräfte müssen folglich für *attraktive Arbeitsinhalte und -bedingungen* sorgen und darauf setzen, dass die Mitarbeiter daraus lernen. Zudem haben Führungskräfte eine *Vorbildfunktion*. Sie sollten ein gutes Beispiel geben, um unter Beweis zu stellen, dass sie von ihren Mitarbeitern nur das erwarten, was sie auch gegen sich selbst gelten lassen (Kapitel »Fordern und fördern«, Lehky 2007, S. 67).

Zu guter Letzt konstruieren wir unsere Wirklichkeit jedoch subjektiv, indem wir die Informationen, die wir durch unsere Sinne aufgenommen haben, auf der Grundlage unserer persönlichen Erfahrungen und unseres persönlichen Wissens über die Welt verarbeiten. Ergo ist das Lernen jedes Menschen einzigartig, was für Führungskräfte als Aufforderung zu verstehen ist, im Gespräch mit den Mitarbeitern zu ergründen, warum sie mehr oder weniger zielstrebig arbeiten (Franken 2007 b, S. 9 ff.).

4.3.3 Mitarbeiterziele einbinden

Wenn Führungskräfte – vielleicht sogar gemeinsam mit ihren Mitarbeitern – Ziele suchen, abstimmen, formulieren und beschließen, wenn sie darüber hinaus, wie gezeigt, Zielstrebigkeit bzw. Leistungsbereitschaft einfordern, sollte man annehmen, dass das für ihre Mitarbeiter Grund genug ist, diese Ziele zu verwirklichen. Man erzählt sich, dass das in der Nachkriegszeit so war. Inzwischen hat der Wind gedreht. In den Unternehmen ist die Einsicht gereift, dass die Mitarbeiter andere Ansprüche haben und dass es es immer schwieriger wird, qualifizierte Mitarbeiter zu beschaffen und zu binden. Einige wohlklingende Fachbegriffe umschreiben dieses Problemfeld (Bröckermann 2009 b, S. 20 ff.).

- *Personalmarketing*: Bei allen Aktivitäten des Unternehmens spielt der Gedanke eine Rolle, wie sie auf potenzielle und aktuelle Beschäftigte wirken.
- *Personalbindung*: Man sorgt dafür, dass sich die Mitarbeiter in ihren Werthaltungen bestätigt erleben, damit sie keinen Anlass zu einem Stellenwechsel verspüren.
- *Talentmanagement*: Das Begriffsverständnis ist eher schwammig. Gemeinsam ist allen Definitionen das Gewinnen, Identifizieren, Halten und Entwickeln von talentierten Mitarbeitern.
- *Work-Life-Balance*: Immer mehr Menschen gestehen dem Privatleben eine sehr hohe Priorität zu. Zuweilen wertet man das als Schwäche, was auf der immer noch latent vorhandenen Annahme basiert, die Mitarbeiter müssten dem Unternehmen zu jeder Zeit voll und ganz zur Verfügung zu stehen. Um das Spannungsfeld zu entschärfen, in das die Beschäftigten und vor allem Führungskräfte dadurch geraten, ist die Work-Life-Balance ins Blickfeld der Verantwortlichen geraten. Man strebt ein ausgewogenes Gleichgewicht zwischen Berufs- und Privatleben, zwischen Arbeit und Freizeit an (Klimpel/Schütte 2006, S. 1 ff.).

> **Übungsaufgabe**
>
> Was wird in Ihrem Arbeitsumfeld dafür getan, qualifizierte Mitarbeiter zu beschaffen und zu binden, was dafür, ein ausgewogenes Gleichgewicht zwischen Berufs- und Privatleben zu ermöglichen? Was vermissen Sie?

Es geht aber nicht nur darum, die Arbeit aufzuwerten und sozialverträglich zu machen. Wie Evans, House, Heckhausen, Porter und Lawler sowie vor allem Vroom durch ihre Forschungsergebnisse belegen, hängt die Zielstrebigkeit von Mitarbeitern davon ab, inwieweit sie die Verwirklichung der Arbeitsziele als Mittel zur Erreichung ihrer *persönlichen Ziele* ansehen (Abb. 4.10, Evans 1970, S. 277 ff., 1995, Sp. 1075 ff., Heckhausen 1989, S. 1 ff., House 1971, S. 321 ff., 1977, S. 189 ff., Porter/Lawler 1968, S. 1 ff., Vroom 1964, S. 14 ff.).

Das folgende Beispiel soll das verdeutlichen. Wenn ein Fußballspieler zum Elfmeter antritt, ist diese Handlung einerseits auf das Ziel (laut Vroom das Handlungsergebnis) gerichtet, für den Verein ein Tor zu schießen. Andererseits hat der Fußballspieler das (in Vrooms Sprachgebrauch persönliche) Ziel, zum Helden des Spiels zu werden. Seine Zielstrebigkeit (laut Vroom die Stärke der Handlungstendenz) beruht auf zwei Faktoren.

- Es handelt sich zunächst um seine subjektive Einschätzung, inwieweit es sich lohnt, das Tor zu schießen (Vroom nennt diese Einschätzung Valenz des Handlungsergeb-

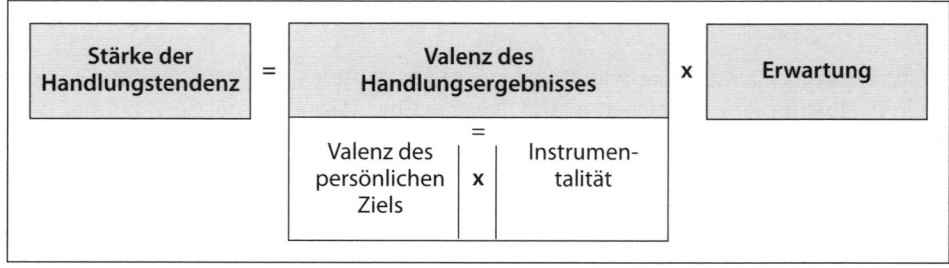

Abb. 4.10: Stärke der Handlungstendenz, verstanden als Zielstrebigkeit, nach der VIE-Theorie von Vroom (eigene Darstellung)

nisses). Die wiederum kann man aufgrund der Antworten auf zwei Fragen beurteilen.

Wie wichtig ist es für den Fußballspieler, zum Helden des Spiels zu werden (Vroom bezeichnet das als Valenz des persönlichen Ziels)?

Wie sicher geht der Fußballspieler davon aus, dass er zum Helden des Spiels wird, wenn er den Elfmeter verwandelt (Vroom wählt dafür den Begriff Instrumentalität)? Der Fußballspieler kann sich sehr sicher sein, wenn der Elfmeter beim Spielstand 0:0 in der 89. Spielminute angesetzt wird. Ganz anders ist die Einschätzung, wenn es in der 89. Spielminute bereits 0:3 gegen die eigene Mannschaft steht.

▪ Der zweite Faktor, der die Zielstrebigkeit des Fußballspielers ausmacht, ist seine subjektive Einschätzung (in Vrooms Sprachgebrauch die Erwartung), ob der Ball wirklich ins Tor geht, wenn er ihn schießt.

Vroom gibt für die einzelnen Faktoren noch jeweils Spannen für Zahlenwerte vor und fordert dazu auf, im Einzelfall exakte Werte einzusetzen. Anhand seiner Formel ließe sich die Zielstrebigkeit dann tatsächlich errechnen.

Freilich wird die Berechnung komplexer, als es in Abb. 4.10 zum Ausdruck kommt, da man unterschiedliche Ziele der handelnden Person und der Organisation, für die er tätig wird, in die Betrachtung einbeziehen müsste. Der Schütze des Elfmeters könnte auch das Tor verfehlen. Damit würde er unter Umständen zum Buhmann des Spiels. Und das ist vielleicht sein größter Albtraum, gewichtiger als die Chance, zum Helden des Spiels zu werden.

So weit, so gut, wenn Vroom nicht vor dem unlösbaren Problem der Bestimmung von Zahlenwerten für die Variablen in seiner Formel stehen würde. Er wägt alle nur denkbaren Möglichkeiten ab, listet jedoch auch detailliert alle Einwände gegen diese Messmethoden auf. Demnach gibt es wohl keinen unstrittigen Weg (Vroom 1964, S. 20 ff.).

Trotzdem sind Vroom und andere mit ihren theoretischen Ansätzen nicht gescheitert, denn die Grundaussage ist stimmig: Die Verwirklichung der Arbeitsziele ist bestenfalls ein Mittel zur Erreichung persönlicher Ziele. Für Führungskräfte folgt daraus, dass sie ihren Mitarbeiter Möglichkeiten bieten müssen, sich in der Arbeit zu verwirklichen und persönliche Herausforderungen zu bewältigen (Abb. 4.11, Niermeyer/ Postall 2008, S. 48 ff.).

▪ Führungskräfte stehen dafür gerade, dass die Interessen ihrer Mitarbeiter berücksichtigt werden und die Selbstverwirklichung bei der Aufgabenerfüllung möglich ist. Deshalb sollten sie mit ihren Mitarbeitern *realistische Ziele* für ihre Arbeitsaufgaben suchen, abstimmen, formulieren und beschließen, die nicht im Widerspruch zu den persönlichen Zielen der Mitarbeiter stehen.

- Sie müssen die persönlichen Ziele ihrer Mitarbeiter bei der Planung und der Aufgabenzuteilung berücksichtigen. Konkret bedeutet das, den Mitarbeitern durch attraktive Stellen und Arbeitszeitmodelle gute Arbeitsbedingungen und Freiräume für die individuelle und flexible Zeiteinteilung zu bieten (Kapitel »Planen« sowie »Fordern und fördern«).
- Zu den Aufgaben der Führungskräfte zählt es, den Mitarbeitern den Aufstieg zu ermöglichen, sie also zu fördern (Kapitel »Fordern und fördern«) und
- für eine gute Zusammenarbeit zu sorgen (Kapitel »Kooperieren«). Sie sollten ihren Mitarbeitern mit Rat und Tat beiseite stehen, wenn sie in Not geraten, und alle Aktivitäten des Unternehmens rund um die Kinderbetreuung und die Gesundheit unterstützen.

Die Ziele für die Arbeitsaufgabe können aber in einen grundlegenden Konflikt zu den persönlichen Zielen geraten. Das wäre etwa so, wenn ein Pazifist, der in der Bekleidungsindustrie arbeitet, feststellen muss, dass sein Beschäftigungsunternehmen Soldatenuniformen fertigen will. In solchen Fällen muss seine Führungskraft im *Gespräch* mit ihm gemeinsam nach einem Weg suchen, der es dem Mitarbeiter ermöglicht, die persönlichen Ziele mit den Zielen für die Arbeitsaufgabe zu vereinbaren: Wenn für den Mitarbeiter das Argument, dass Uniformen keine Waffen sind, nicht sticht, käme etwa eine Versetzung in Frage.

Mitarbeitern Möglichkeiten bieten, sich in der Arbeit zu verwirklichen und persönliche Herausforderungen zu bewältigen	
- Selbstverwirklichung bei der Aufgabenerfüllung ermöglichen - Ziele für die Arbeit abstimmen, die nicht im Widerspruch zu persönlichen Zielen stehen	- Mitarbeiter fördern - Aufstieg ermöglichen
- Durch attraktive Stellen und - Arbeitszeitmodelle - gute Arbeitsbedingungen und - Freiräume für die individuelle und flexible Zeiteinteilung bieten	- Für eine gute Zusammenarbeit sorgen - Mit Rat und Tat beiseite stehen - Aktivitäten rund um Kinderbetreuung und Gesundheit unterstützen
Wenn die Aufgabenziele in einen grundlegenden Konflikt zu den persönlichen Zielen geraten, im Gespräch nach einem Ausweg suchen	

Abb. 4.11: Mitarbeiterziele einbinden (eigene Darstellung)

5 Planen

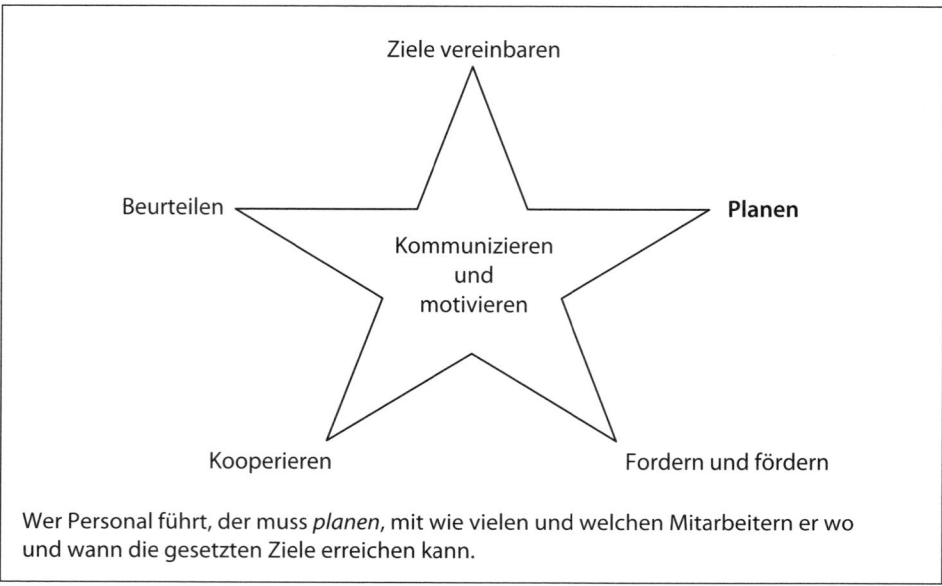

Ziele vereinbaren

Beurteilen

Planen

Kommunizieren
und
motivieren

Kooperieren

Fordern und fördern

Wer Personal führt, der muss *planen*, mit wie vielen und welchen Mitarbeitern er wo und wann die gesetzten Ziele erreichen kann.

Abb. 5.1: Führungsaufgabe »Planen« (eigene Darstellung)

5.1 Gestaltungswillen zeigen

Zweifellos plant das Management eines Unternehmens in regelmäßigen Abständen, wie Ziele, auch personell, umgesetzt werden sollen. Die detaillierte Personalplanung ist in vielen Unternehmen das Tätigkeitsfeld von Spezialisten des Personalwesens.

Trotzdem fordert man Führungskräften einen unbedingten *Gestaltungswillen* ab, die Führungskompetenz, aus eigenem Antrieb etwas zu entwickeln. Diesen Gestaltungswillen beweisen Führungskräfte, wenn sie auch losgelöst von der Unternehmensplanung Vorsorge in vielerlei Hinsicht treffen. Wenn Mitarbeiter beispielsweise die Arbeit nicht antreten, sei es, dass sie einen Unfall hatten, krank sind oder Urlaub genommen haben, müssen die zuständigen Führungskräfte wissen, wer die Arbeit übernehmen kann.

> **Übungsaufgabe**
>
> Wer vertritt Sie, wenn Sie nicht zur Arbeit kommen können? Wer vertritt Ihre Mitarbeiter? Nach welchen Kriterien wurden die Stellvertreter ausgewählt?

Davon abgesehen ist eine Personalplanung ohne Beteiligung der Führungskräfte gar nicht möglich. Sie müssen im Sinne der Führungskompetenz *Planungsverhalten* in

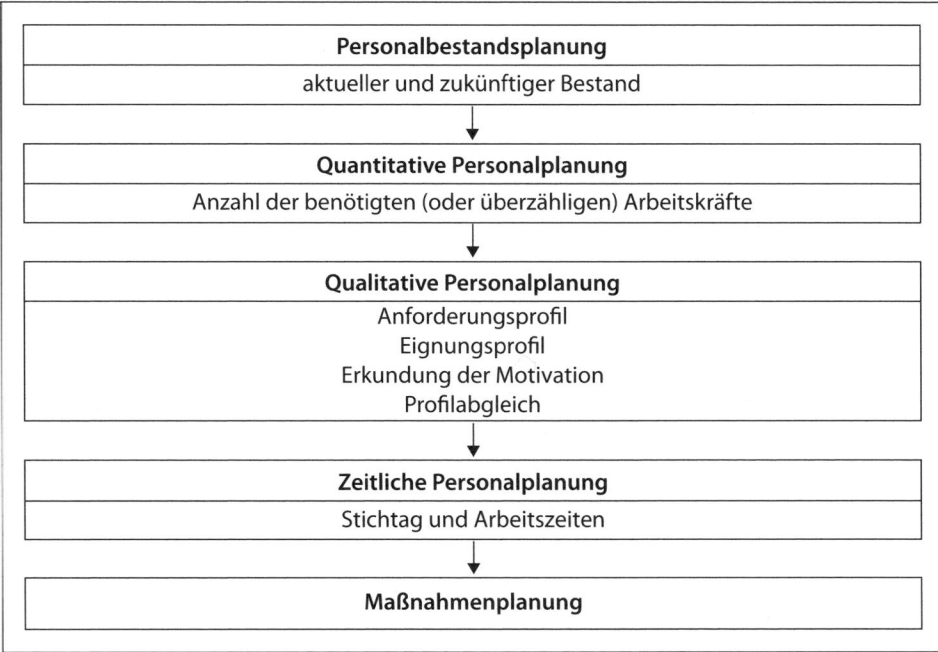

Abb. 5.2: Personalplanung (nach Bröckermann 2009 b, S. 127)

größeren Zusammenhängen denken können, denn in der Regel stimmt sich das Personalwesen mit den Führungskräften ab, und zwar vor Beginn einer Periode, etwa am Jahresende für das Folgejahr, oder aktuell bei einem akuten Missstand.

Deshalb ist es für Führungskräfte unerlässlich, die Grundlagen der Personalplanung zu kennen, wie sie in Abb. 5.2 zum Ausdruck kommen, und sie in ihrem Zuständigkeitsbereich umzusetzen. Wenn sie sich an dieser Richtschnur orientieren, ist das in Sachen Führungskompetenz unerlässliche *systematisch-methodische Vorgehen* sichergestellt, denn auf diesem Wege kann man planvoll analysieren und systematisch zu einem Ergebnis kommen.

Auf keinen Fall darf der *Betriebsrat* und der *Sprecherausschuss* der leitenden Angestellten übergangen werden. Das wäre nicht nur ein schlechter Stil. Der Gesetzgeber hat in den einschlägigen Vorschriften bestimmt, vor allem im Betriebsverfassungsgesetz, dass diese Mitbestimmungsgremien, sobald sie gewählt worden sind, über die Personalplanung und die daraus folgenden Maßnahmen rechtzeitig und umfassend unterrichtet werden müssen. Gegebenenfalls sollen Vorschläge von dieser Seite einfließen und Beratungen stattfinden. Außerdem ist der Wirtschaftsausschuss nach § 106 des Betriebsverfassungsgesetzes in Unternehmen mit mehr als einhundert Mitarbeitern über die Auswirkungen wirtschaftlicher Angelegenheiten auf die Personalplanung zu unterrichten (Mag 2003, S. 148 ff.).

Übungsaufgabe

Gibt es in Ihrem Arbeitsumfeld einen Betriebsrat, einen Sprecher- und einen Wirtschaftsausschuss? Bei welchen Gelegenheiten hatten Sie mit diesen Gremien Kontakt?

5.2   Personalbestand erfassen

Für die Ermittlung des aktuellen Personalbestands muss zunächst festgelegt werden, was unter einer Arbeitskraft rein zahlenmäßig zu verstehen ist. Das erscheint auf den ersten Blick kurios. Und doch ist innerhalb eines Unternehmens über alle Abteilungen hinweg eine Verständigung darüber notwendig, ob Teilzeitmitarbeiter als eine Person oder nur mit ihrem Anteil an der betriebsüblichen Wochen- bzw. Monatsarbeitszeit zählen. Dasselbe gilt für Mitarbeiter, die nach anderen, von der üblichen Arbeitszeit abweichenden Arbeitszeitmodellen arbeiten, etwa weil sie sich im sogenannten Job Sharing einen Arbeitsplatz teilten. Ansonsten würde man quasi »Äpfel mit Birnen vergleichen«. Unumgänglich ist weiterhin ein Übereinkommen, wie man es mit der *Zählung* von weiteren Arbeitnehmergruppen hält, wie beispielsweise langfristig Kranken, Leiharbeitnehmern sowie Eltern in der Elternzeit.

Danach kann man zum *Stellenbesetzungsplan* übergehen. Er führt die benötigten und genehmigten Stellen auf, gegliedert nach Unternehmensbereichen, Abteilungen oder ähnlichen Kriterien, und darüber hinaus für jede Stelle den Namen des jeweiligen Stelleninhabers. Üblich ist hier nicht die tabellarische Form, sondern die grafische Darstellung, wie in Abb. 5.3.

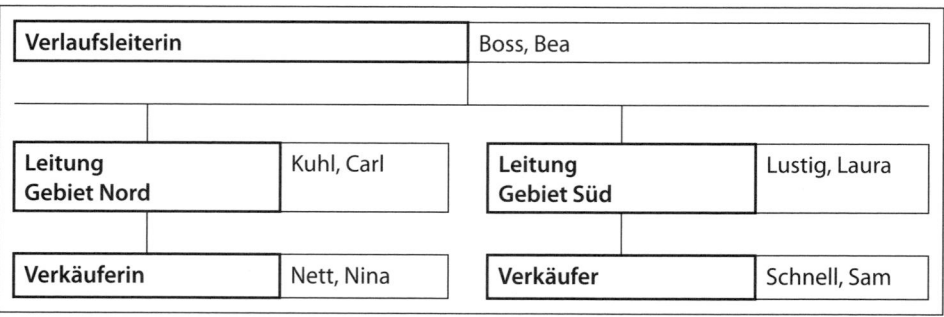

Abb. 5.3: Ausschnitt aus einem Stellenbesetzungsplan (Bröckermann 2009 b, S. 35)

Der aktuelle Stellenbesetzungsplan hat aber sicherlich nicht lange Bestand. Recht bald werden sich Personalzugänge und -abgänge ergeben, die man als *Fluktuation* bezeichnet. Man muss beispielsweise Kündigungen, Entlassungen und die Verrentung von Mitarbeitern einkalkulieren.

Ohne *Innovationsfreude*, das heißt die Führungskompetenz, Neues positiv zu bewerten und umzusetzen, ist man in diesem Planungsstadium überfordert. Die positive Bewertung ist nicht immer einfach, besonders wenn man geschätzte Mitarbeiter verliert. Für die Umsetzung gibt es aber Werkzeuge. Man arbeitet die Personalveränderungen, soweit absehbar, in den Stellenbesetzungsplan ein. Der bildet damit, bezogen auf die jeweiligen Stellen und die unterschiedlichen Zu- und Abgangstermine, den zukünftigen Personalbestand ab. Zum besseren Überblick wird häufig neben den

Übungsaufgabe

Erstellen Sie für die Abteilung, in der Sie tätig sind, einen Stellenbesetzungsplan. Wenn es schon einen Stellenbesetzungsplan gibt, bringen Sie in auf den aktuellen Stand.

Personal für	01.01.	1. Quartal	2. Quartal	3. Quartal	4. Quartal	31.12.
Maschine 1	8	− 1 = 7	± 0 = 7	+ 2 = 9	− 1 = 8	8
Maschine 2	5	± 0 = 5	+ 2 = 7	± 0 = 7	− 1 = 6	6
Disposition	1	± 0 = 1	± 0 = 1	− 1 = 0	+ 1 = 1	1

Abb. 5.4: Personalbestandsveränderungen (eigene Darstellung)

grafisch aufbereiteten, stichtagsbezogenen Stellenbesetzungsplänen eine Tabelle erstellt, die alle Personalveränderungen im Ablauf eines Jahres nach Arbeitsbereichen geordnet darstellt (Abb. 5.4).

5.3 Anzahl der erforderlichen Mitarbeiter errechnen

Der quantitative Personalbedarf beinhaltet zunächst den *Einsatzbedarf,* das heißt, die Anzahl von Arbeitskräften, die für die künftigen Aufgaben exakt notwendig ist. Auf den ersten Blick scheint es einfach, diesen Einsatzbedarf zu bestimmen: Man errechnet den Arbeitszeitbedarf, der erforderlich ist, um die geplanten Absatzmengen oder Dienstleistungen zu erstellen. Dazu gehört auch der Arbeitszeitbedarf für administrative Aufgaben. Diesen Arbeitszeitbedarf teilt man durch die von den Arbeitskräften vertraglich zu leistenden Arbeitsstunden und erhält so die Anzahl der notwendigen Mitarbeiter. So einfach ist es aber leider nicht. Man muss nämlich in Rechnung stellen, dass der Arbeitszeitbedarf keine Konstante ist.

- Einerseits verändert man fortwährend die Arbeits- und Pausenzeiten der Mitarbeiter durch ein Arbeitszeitmanagement, die weiter unten erläuterte zeitliche Personalplanung.
- Andererseits modifiziert man das Stellengefüge und damit auch den Arbeitszeitbedarf, weil sich die geplanten Absatzmengen, die Produktionsmethoden, der Technikeinsatz oder die Arbeitsorganisation ändern. In der Folge entstehen neue Stellen und alte werden verändert, zusammengeführt oder gestrichen.

Diese Änderungen verlangen von Führungskräften *Experimentierfreude.* Sie müssen Neuem gegenüber aufgeschlossen sein, und das angesichts einer ganzen Anzahl recht komplexer Verfahren zur Erfassung der besagten Variablen, die größtenteils nur von Spezialisten und mit den Mitteln der elektronischen Datenverarbeitung angewendet werden können. Das muss aber nicht das Ende der Experimentierfreude sein, denn die unkomplizierte Stellenplan- oder Stellenmethode, führt zu akzeptablen Ergebnissen für überschaubare Zuständigkeitsbereiche, falls die notwendigen Informationen greifbar sind. Man zeichnet den absehbaren Mehr- oder Minderbedarf an Arbeitsplätzen, also die Variationen im Stellengefüge, stichtagsbezogen wie in Abb. 5.5 auf (Bröckermann 2009 b, S. 36 ff., Stock-Homburg 2008, S. 79 ff.).

Wenn auf dem Papier für eine Stelle ein Arbeitnehmer vorgesehen ist, so ist er doch nicht immer anwesend. Er kann und wird in Urlaub fahren, er wird möglicherweise erkranken und er könnte in anderen Abteilungen aushelfen. Man muss also eine Personalreserve einplanen. Der *Reservebedarf* kann ebenfalls durch die Stellenmethode ermittelt und in einen stichtagsbezogenen Stellenbesetzungsplan eingearbeitet werden (Bartscher/Huber 2007, S. 71 f.).

Arbeitsplätze für	01.01.	neues Produkt	Produkt-änderung	Rationali-sierung	Zentrali-sierung	31.12.
Maschine 1	8	+ 1 = 9	± 0 = 9	− 2 = 7	± 0 = 7	7
Maschine 2	5	+ 1 = 6	− 1 = 5	− 1 = 4	± 0 = 4	4
Disposition	1	± 0 = 1	± 0 = 1	± 0 = 1	− 1 = 0	0

Abb. 5.5: Stellenmethode (eigene Darstellung)

> **Übungsaufgabe**
>
> An wie vielen Tagen ist ein Arbeitnehmer im Durchschnitt an seinem Arbeitsplatz, wenn Sie von einer 5-Tage-Woche, 11 Feiertagen, 9 Prozent Fehlzeiten und 30 Tagen Urlaub ausgehen?

Aus der Addition von Einsatz und Reservebedarf eines bestimmten Stichtags ergibt sich der *Bruttopersonalbedarf*. Wenn man, bezogen auf diesen Stichtag, vom Bruttopersonalbedarf den Personalbestand abzieht, erhält man den *Nettopersonalbedarf*, also die Anzahl der Mitarbeiter, die man zusätzlich benötigt. Diese Rechnung kann auch einen *Personalüberhang* zum Ergebnis haben, der zur Personfreisetzung führt.

5.4   Anforderungen, Eignung und Motivation abgleichen

Mit der qualitativen Personalplanung ermittelt man neben der *Motivation* die *Qualifikationen* und *Kompetenzen* des benötigten Personals in dem Sinne, wie die beiden letztgenannten Begriffe im Kapitel »Kompetent führen« erläutert werden.

Um die erforderlichen Qualifikationen und Kompetenzen abschätzen zu können, bedarf es genauer Informationen über die *Aufgaben*, die innerhalb einer Stelle wahrgenommen werden.

- Führungskräfte sollten diese Aufgaben für alle Stellen in ihrem Zuständigkeitsbereich eigentlich kennen. Das ist jedenfalls so, wenn *Stellenbeschreibungen* existieren, an deren Erstellung sie immer maßgeblich beteiligt sind. Stellenbeschreibungen beinhalten nämlich neben Hinweisen auf die Einordnung der Stelle in die Organisationsstruktur auch umfassende Angaben über die Stellenziele sowie die Aufgaben, Rechte und Pflichten des Stelleninhabers (Abb. 5.6, Nicolai 2004, S. 177 ff.).
- Wenn es aber, was durchaus häufiger vorkommt, keine Stellenbeschreibungen gibt und wenn die Führungskraft zudem die Aufgaben, die innerhalb einer Stelle wahrgenommen werden, nicht kennt, ist es spätestens im Rahmen der Personalplanung an der Zeit, sich kundig zu machen. Dafür ist es unumgänglich, sich die anliegenden Arbeiten von den Mitarbeitern erläutern zu lassen oder sogar zeitweilig selbst zu übernehmen, soweit man dazu fachlich überhaupt in der Lage ist.
- Zuweilen ist der Anlass der Personalplanung die Tatsache, dass sich die Stellenaufgaben wandeln, dass also technische oder organisatorische *Änderungen* anstehen. Über die geplanten Änderungen kann man sich mit den in Abb. 5.7 aufgezeigten Fragen Klarheit verschaffen.

Stellenbezeichnung:	Rangstufe:
Ziel der Stelle bzw. Kurzbeschreibung des Aufgabengebiets:	
Stellenbezeichnung der unmittelbaren Führungskraft:	Stelleninhaber erhält zusätzlich fachliche Weisungen von:
Stellenbezeichnung und Anzahl der direkt zugeordneten Mitarbeiter:	Stelleninhaber gibt zusätzlich fachliche Weisungen an:
Stelleninhaber vertritt:	Stelleninhaber wird vertreten von:
Spezielle Vollmachten und Berechtigungen, die nicht in einer allgemeinen Regelung festgehalten sind:	
Beschreibung der Tätigkeiten, die der Stelleninhaber selbstständig durchführt:	
Die dargestellten Tätigkeiten werden – soweit nicht schon geschehen – spätestens nach 12 Monaten seit Einführung der Stellenbeschreibung übernommen.	
Datum, Unterschrift: Stelleninhaber, unmittelbare Führungskraft, nächsthöhere Führungskraft, einführende Stelle	
Änderungsvermerke:	

Abb. 5.6: Stellenbeschreibung (nach Bröckermann 2009 b, S. 44 und Mentzel 2005, S. 40 f.)

- Daneben kann man geplante *Investitionen analysieren*. Mit *Offenheit für Veränderungen*, der Kompetenz, sich für Neuerungen zu interessieren, sollte man sich als Führungskraft frühzeitig über jedes Investitionsvorhaben in seinem Zuständigkeitsbereich und die dadurch notwendigen Qualifikationen und Kompetenzen informieren (Abb. 5.8).

Auf der Grundlage dieser Erkenntnisse kann man eine *Anforderungsanalyse* vornehmen. Man ermittelt, welche Faktoren und Verhaltensweisen bei der Aufgabenerfüllung mehr oder weniger Erfolg versprechend sind. Hier gilt dasselbe wie für die quantitative Personalplanung: An sich steht ein bunter Strauß recht komplexer Verfahren zur Verfügung, die freilich größtenteils nur von Spezialisten angewendet werden können. Für die einzelnen Führungskräfte empfiehlt es sich, die ehemaligen oder derzeitigen Stelleninhaber und den Kollegenkreis schriftlich oder besser, weil dabei die Bereitschaft zur Mitwirkung größer ist, mündlich zu befragen, wenn man die anliegenden Arbeiten nicht, wie gesagt, sogar zeitweilig selbst übernimmt (Kanning 2004, S. 226 ff.).

- Welche Schwerpunkte setzt das Unternehmen, um die zukünftigen Ziele und Aufgaben zu erfüllen?
- Welche Entwicklungen werden Auswirkungen auf meinen Zuständigkeitsbereich haben?
- Sind Veränderungen der Produktionskapazitäten oder des Dienstleistungsangebotes geplant?
- Werden neue Produkte und Dienstleistungen eingeführt?
- Werden bisherige Aufgabenbereiche wegfallen?
- Werden neue Produktions- und Fertigungsverfahren eingeführt?
- Welche Veränderungen werden sich in der Arbeitsorganisation ergeben?
- Ist mit dem Abbau, der Aufstockung oder der Umstrukturierung der Belegschaft zu rechnen?
- Wird mein Zuständigkeitsbereich von diesen Veränderungen betroffen?
- Können die zukünftigen Aufgaben mit der vorhandenen Mitarbeiterstruktur erfüllt werden?
- Welche neuen Anforderungen an die Technik sind zu erwarten?
- Entstehen dadurch Defizite bei Qualifikationen und Kompetenzen?
- Welche Qualifikationen und Kompetenzen müssen in meinem Zuständigkeitsbereich vorhanden sein?

Abb. 5.7: Fragen zu technischen und organisatorischen Änderungen
(nach Bröckermann 2009 b, S. 45)

Investitionsvorhaben	Termin	Notwendige Qualifikationen und Kompetenzen

Abb. 5.8: Investitionsanalyse (Bröckermann 2009 b, S. 46)

Übungsaufgabe

Sie brauchen eine Hilfskraft für Transportarbeiten. Welche Anforderungen vermuten Sie? Vorsicht: »Keine« ist nicht die richtige Antwort!

Danach steht man vor dem Problem, wie man die Erfolg versprechenden Faktoren und Verhaltensweisen bei der Aufgabenerfüllung benennt. Die Fachleute, die den Führungskräften hoffentlich zur Seite stehen, sprechen davon, *Anforderungskriterien* oder -arten durch eine analytische Arbeitsbewertung zu definieren. Sie greifen dabei in unterschiedlichen Formulierungen und Varianten auf die Einteilung zurück, die bereits 1950 auf einer Konferenz für Arbeitsbewertung in Genf erarbeitet wurde. Auch wenn man als Führungskraft auf sich alleine gestellt ist, sollte man sich bei der Formulierung der Anforderungskriterien an dieser hilfreichen Vorgabe orientieren (Abb. 5.9).

Können	Belastung	
▪ Fachkenntnisse ▪ Berufserfahrung ▪ Befähigung, fachlich zu denken und urteilen	▪ Nachdenken ▪ Aufmerksamkeit ▪ Angestrengtes Beobachten	**Geistige Anforderungen**

▪ Geschicklichkeit
▪ Handfertigkeit
	▪ Dynamische Belastung
	  der Muskeln
	▪ Statische Belastung
	  der Muskeln
		**Körperliche
		Anforderungen**

	▪ Verantwortungsbewusstes
	  Arbeiten, um persönliche
	  und sachliche Schäden
	  zu vermeiden
		Verantwortung

	▪ Anforderungen, die den Orga-
	  nismus zusätzlich belasten und
	  denen er passiv entspricht
	  (Temperatur, Nässe, Lärm etc.)
		Arbeitsbedingungen

Abb. 5.9: Anforderungskriterien bzw. -arten nach dem Genfer Schema (nach Jung 2008, S. 575 und Gehle 1950, S. 33)

Diese Anforderungskriterien müssen in der Regel konkretisiert werden, und zwar durch einen erläuternden Text oder durch eine Auflistung von *Anforderungsmerkmalen*. Beispielsweise kann man für eine Stelle mit Planungsaufgaben die »Fachkenntnisse« als Qualifikationen benennen, die durch Zeugnisse in den Fachgebieten Planung, Organisation und Buchführung belegt sein müssen. Und die »Befähigung, fachlich zu denken und urteilen«, kann man, wie im Kapitel »Kompetent führen«, durch kommentierte Basiskompetenzen verdeutlichen, zum Beispiel: »Belastbarkeit ist die Fähigkeit, unter schwierigen Bedingungen Fehlreaktionen zu vermeiden«.

Mit der Festlegung der Anforderungskriterien und -merkmale entsteht ein sogenannter *Anforderungskatalog*. Er sollte

▪ die Stelle identifizieren, beispielsweise durch Stellennummer, Stellenbezeichnung, Abteilung, Kostenstelle und Vergütungsgruppe,
▪ allgemeine Anforderungskriterien wie Alter und Geschlecht nennen, falls das unumgänglich ist, ferner
▪ körperliche Anforderungskriterien, etwa hinsichtlich der Muskelbelastung, Körperhaltung und Motorik sowie der Umgebungseinflüsse auf die Sinne und Nerven, zudem
▪ Qualifikationskriterien, zum Beispiel die notwendige Ausbildung in der Schule, im Beruf und in der Hochschule, die erforderliche Fortbildung, Berufs-, Branchen- und Firmenerfahrung sowie die gewünschten fachlichen Qualifikationen.
▪ Für eine erfolgreiche Bewältigung der immer komplexeren Arbeitsaufgaben reichen selbst die besten Qualifikationen nicht aus. Deshalb müssen schließlich förderliche Kompetenzen ermittelt werden, die Fähigkeiten, sich im Arbeitsumfeld und darüber hinaus selbst zu organisieren. Im Kapitel »Kompetent führen« wird eine umfangreiche Liste von 64 Basiskompetenzen vorgestellt und kommentiert, die selbstverständlich auch für andere als Führungsaufgaben Gültigkeit haben können (Bröckermann 2009 b, S. 45).

Angesichts der Vorschriften im Allgemeinen Gleichbehandlungsgesetz ist besondere Sorgfalt vonnöten. Jedes Anforderungskriterium und -merkmal muss daraufhin untersucht werden, ob es eine *Diskriminierung* hervorruft. Zugleich geben die sachlich notwendigen Anforderungskriterien und -merkmale die Möglichkeit, sich eines unberechtigten Diskriminierungsvorwurfs zu erwehren. Generell ist das Geschlecht – mit wenigen Ausnahmen, wie für die Tätigkeit als Amme oder eine männliche Schauspielrolle – keine akzeptable Anforderung. Für Tätigkeiten, die mit körperlichen Anstrengungen verbunden sind und die man mit einer Behinderung selbst mit Hilfsmitteln nicht ordnungsgemäß verrichten kann, darf die Konstitution ein Anforderungskriterium sein. Die Rasse oder ethnischen Herkunft ist nur dann als Kriterium erlaubt, wenn eine Tätigkeit eine bestimmte nationale Herkunft und Verbundenheit mit dem dortigen Volkstum fordert. Das Kriterium Alter ist zulässig, wenn es objektiv, angemessen und durch ein legitimes Ziel gerechtfertigt ist, beispielsweise bei besonderen Arbeitsbedingungen, wenn die Berufserfahrung wichtig ist und für die Aufnahme einer Ausbildung (Rühl/Hoffmann 2008, S. 19 ff., Wisskirchen 2006, S. 1491 ff.).

> **Übungsaufgabe**
>
> Dieter Dollmann freut sich, weil er eine wichtige Abteilung übernommen hat. Ihm steht eine Assistenzstelle zu. Er stellt sich eine gut aussehende Sekretärin mit deutscher Staatsangehörigkeit im Alter von bis zu 29 Jahren vor. Welche dieser Anforderungen müssen Sie ihm ausreden?

Die Anforderungsmerkmale werden entsprechend ihrer Bedeutung gewichtet. Mit der *Gewichtung* legt man fest, in welcher Ausprägung das jeweilige Anforderungsmerkmal vorhanden sein sollte. Nur durch eine eindeutige Gewichtung wird der Maßstab für den späteren Vergleich mit den korrespondierenden Qualifikationen und Kompetenzen von Mitarbeitern bzw. Bewerbern geschaffen. Die Ausprägung eines Merkmals sollte dem Durchschnitt in der jeweiligen Berufsgruppe und Funktion entsprechen und mit den spezifischen Erfahrungswerten des Unternehmens abgeglichen werden. Sie wird entweder in Form einer Notenskala, mit abgestuften Verbalinformationen oder Plus- und Minuszeichen festgehalten. So entsteht ein *Anforderungsprofil* (Abb. 5.10, Hartmann 2002, S. 41 ff., Weuster 2008, S. 31 ff.).

Das *Eignungsprofil* (Abb. 5.11) ist zunächst das Ergebnis der Personalbeschaffung. Es wird im Laufe der Betriebszugehörigkeit ergänzt und aktualisiert, denn die Mitarbeiter sammeln Berufserfahrung, sie lernen dazu, sie werden beurteilt und eventuell ändert sich ihr Gesundheitszustand. Informationen über die Eignungsprofile können Führungskräfte einerseits eigenständig aus Personaldateien und -akten, Beurteilungen, Gesprächen und Befragungen ziehen, andererseits, und das mit Unterstützung des Personalwesens oder externer Experten, aus Testverfahren und standardisierten Arbeitsproben, die man situative Verfahren nennt, aber auch aus Assessment Centern, das heißt Auswahlseminaren, die die letztgenannten Methoden kombinieren. Schließlich kommen ärztliche Eignungsuntersuchungen in Betracht (Bröckermann 2009 b, S. 96 ff., Kapitel »Kommunizieren« und »Beurteilen«).

Stellenbenennung	Planungsreferent
Stellennummer	1234
Abteilung	Werksplanung
Qualifikation durch Ausbildung	Kaufmännische Berufsausbildung bzw. gleichwertiges Niveau
Qualifikation durch Fortbildung	Einschlägige Softwarekenntnisse
Qualifikation durch Berufserfahrung	Im Anschluss an die Ausbildung mindestens 2 Jahre in der Praxis

		−	±	+	++
Qualifikation durch Zeugnisse	Planung				•
	Organisation			•	
	Buchführung			•	
Fachliche Kompetenzen	Gestaltungswille			•	
	Wissensorientierung			•	
	Ausführungsbereitschaft		•		
Methodische Kompetenzen	Analytische Fähigkeit			•	
	Konzeptionsstärke			•	
	Organisationsfähigkeit			•	
Soziale Kompetenzen	Kooperationsfähigkeit			•	
	Kommunikationsfähigkeit			•	
	Konfliktlösungsfähigkeit		•		
Personale Kompetenzen	Schöpferische Fähigkeit		•		
	Selbstmanagement			•	
	Lernbereitschaft				•

Abb. 5.10: Anforderungsprofil (nach Bröckermann 2009 b, S. 47 und Mentzel 2005, S. 53)

Übungsaufgabe

Stellen Sie sich vor, dass Sie für den Übergang eine Aufgabe übernehmen, die Ihnen nicht liegt und die Sie nicht mögen. Sie haben zwar protestiert, mussten sich aber den betrieblichen Notwendigkeiten beugen. Wie wird sich das privat auf Sie auswirken? Welche Leistung werden Sie bringen, wenn man die Leistung eines durchschnittlich geeigneten Mitarbeiters mit 100 Prozent ansetzt?

Im Rahmen der Personalplanung muss man die Neigungen und Interessen der betroffenen Arbeitskräfte, das heißt ihre *Motivation*, erkunden. Es ist nicht sinnvoll, Arbeitskräfte an Arbeitsplätzen einzusetzen, an denen sie auf keinen Fall arbeiten wollen, oder zu Zeiten, die sie ablehnen. Es macht gleichermaßen keinen Sinn, Mitarbeiter für Fort- und Weiterbildungsmaßnahmen vorzusehen, an denen sie kein Interesse

Stelle	Planungsreferent	
Kandidatin	Susi Schmitz	
Qualifikation durch Ausbildung	Kaufmännische Berufsausbildung	Bürokauffrau
Qualifikation durch Fortbildung	Einschlägige Softwarekenntnisse	vorhanden
Qualifikation durch Berufserfahrung	2 Jahre in der Praxis	erfüllt

		−	±	+	++
Qualifikation durch Zeugnisse	Planung				
	Organisation				
	Buchführung				
Fachliche Kompetenzen	Gestaltungswille				
	Wissensorientierung				
	Ausführungsbereitschaft				
Methodische Kompetenzen	Analytische Fähigkeit				
	Konzeptionsstärke				
	Organisationsfähigkeit				
Soziale Kompetenzen	Kooperationsfähigkeit				
	Kommunikationsfähigkeit				
	Konfliktlösungsfähigkeit				
Personale Kompetenzen	Schöpferische Fähigkeit				
	Selbstmanagement				
	Lernbereitschaft				
Motivation	Sie hat im Sommer mit Begeisterung eine Urlaubsvertretung für die Stelle übernommen.				

Abb. 5.11: Eignungsprofil (nach Bröckermann 2009 b, S. 84)

haben. Der wirtschaftliche Erfolg eines Unternehmens hängt in erheblichem Maße davon ab, dass die Motivation der einzelnen Mitarbeiter bei der Arbeit weitgehend berücksichtigt und ihre Gleichbehandlung sichergestellt wird. Für die Erkundung der Motivation eignen sich mit wenigen Ausnahmen alle Instrumente, die zur Ermittlung der Eignung eingesetzt werden. Natürlich ist es in diesem Zusammenhang weitaus besser, sich mit den Betroffenen als über die Betroffenen zu unterhalten. Zudem zielt die ärztliche Eignungsuntersuchung vornehmlich auf den Gesundheitszustand und nicht auf die Motive. Und schließlich sollte die Motivation der unmittelbaren, für die Arbeitseinteilung zuständigen Führungskraft aufgrund der Zusammenarbeit und des persönlichen Kontakts ohnehin bekannt sein. Diese Motivation kann man freilich nur schwerlich in einer Tabellenform erfassen. Man sollte besser eine freie verbale Beschreibung verwenden (Bröckermann 2009 b, S. 127).

Stelle	Planungsreferent	
Kandidatin	Susi Schmitz	
Qualifikation durch Ausbildung	Kaufmännische Berufsausbildung	Bürokauffrau
Qualifikation durch Fortbildung	Einschlägige Softwarekenntnisse	vorhanden
Qualifikation durch Berufserfahrung	2 Jahre in der Praxis	erfüllt

		−	±	+	++
Qualifikation durch Zeugnisse	Planung				
	Organisation				
	Buchführung				
Fachliche Kompetenzen	Gestaltungswille				
	Wissensorientierung				
	Ausführungsbereitschaft				
Methodische Kompetenzen	Analytische Fähigkeit				
	Konzeptionsstärke				
	Organisationsfähigkeit				
Soziale Kompetenzen	Kooperationsfähigkeit				
	Kommunikationsfähigkeit				
	Konfliktlösungsfähigkeit				
Personale Kompetenzen	Schöpferische Fähigkeit				
	Selbstmanagement				
	Lernbereitschaft				
Motivation	Durch eine Urlaubsvertretung für die Stelle im Sommer hat sie ihre Motivation bewiesen.				

Abb. 5.12: Profilabgleich: •••• Anforderungen ▬▬▬ Eignung (nach Bröckermann 2009 b, S. 113 und Mentzel 2005, S. 56)

Zu guter Letzt nimmt man einen *Profilabgleich* vor, das heißt man vergleicht das Eignungsprofil des betroffenen Mitarbeiters mit dem Anforderungsprofil der Stelle, für die er in der Diskussion ist (Abb. 5.12).

5.5 Stichtage, Arbeitszeiten und Urlaube abstimmen

Durch die *zeitliche* Personalplanung will man schließlich ermitteln, für welchen *Stichtag*, für welches konkrete Datum, die Daten ermittelt und die dementsprechenden Maßnahmen eingeleitet werden müssen. Das ergibt sich aus der konkreten Situation.

Im hektischen Tagesgeschäft der Führungskräfte ist dieser »Stichtag« häufig der Moment (Bröckermann 2009 b, S. 46).

Übungsaufgabe

Welche Arbeitszeitmodelle gibt es in Ihrem Arbeitsumfeld? Welches dieser Modelle gilt für Sie persönlich? Welche Nachteile hat es?

In den letzten Jahren ist ein Aspekt der zeitlichen Personalplanung von besonderem Interesse, das *Arbeitszeitmanagement*, mit dem man planerisch die Grundlagen für die Veränderung der Betriebs- und Arbeitszeiten legt. Man will in Zeiten starker Auslastung genügend Personal zur Verfügung haben, ohne teure Mehrarbeit ansetzen zu müssen, und die Betriebszeit ohne eine Erhöhung des Personalbestands ausdehnen, damit sich der immer teurere Maschinenpark besser und schneller rentiert (Abb. 5.13, Bröckermann, 2009, S. 144 ff., ähnlich Adamski 2001, S. 31 ff.).

Projektgruppe bilden
Arbeitszeitrahmen beachten
Markt analysieren
Kapazitäten analysieren
Mitarbeiter zuordnen
Arbeitszeitmodelle konzipieren
▪ Feste Arbeitszeit: Arbeitsbeginn, Arbeitsende und Pausen sind fixiert   ▪ Rollierendes System: Mehrere Mitarbeiter belegen dieselben Arbeitsplätze an unterschiedlichen Wochentagen   ▪ Schichtarbeit: Die Arbeit wird zu konstant ungewöhnlicher Arbeitszeit oder zu wechselnden Tageszeiten an einem konstanten Betriebsmittelpotenzial vollzogen   ▪ Bandbreiten-Modell: Die an sich vom Zeitvolumen her fixierte wöchentliche Arbeitszeit kann nach Ankündigung temporär in einer Bandbreite verlängert oder verkürzt werden   ▪ Gestaffelte Arbeitszeit: Die Mitarbeiter können sich aus einer Palette von Zeitfenstern, die betriebliche Instanzen festgelegt haben, für eins entscheiden   ▪ Baukastensystem: Die Mitarbeiter können sich ihre Arbeitszeit aus Zeitmodulen individuell zusammenstellen, die betriebliche Instanzen festgelegt haben   ▪ Teilzeit: Die individuelle Arbeitszeit ist kürzer als die betriebliche oder tarifliche Arbeitszeit der Vollzeitkräfte   ▪ Gleitzeit: Es steht den Mitarbeitern frei, den Beginn und das Ende der täglichen Arbeitszeit in einem vorgegebenen Rahmen selbst zu bestimmen   ▪ Variable Arbeitszeit: Die Mitarbeiter können über Dauer und Lage ihrer Arbeitszeit innerhalb eines definierten Arbeitszeitrahmens selbst bestimmen   ▪ Jahresarbeitszeit: Die abzuleistende Regelarbeitszeit bezieht sich nicht auf einen Arbeitstag oder eine Woche, sondern auf ein Kalenderjahr   ▪ Lebensarbeitszeit: Man gibt die Möglichkeit eines gleitenden Einstiegs ins Berufsleben, von Unterbrechungen oder einer gleitenden bzw. flexiblen Pensionierung   ▪ Sabbatical: Man ermöglicht Langzeiturlaube zur freien Verfügung
Vereinbarung treffen
Zeiterfassung vorsehen

Abb. 5.13: Arbeitszeitmanagement (nach Bröckermann 2009 b, S. 144 ff.)

- Obwohl *Konzeptionsstärke* eine der geforderten Führungskompetenzen ist, wäre es verfehlt, wenn Führungskräfte ihre Fähigkeit, Neues zu entwerfen und zu realisieren, dadurch unter Beweis stellen wollten, dass sie sich alleine an die Arbeit machen. Einzelgänger sind nicht konzeptionsstark, weil sie auf wertvolle Qualifikationen und Kompetenzen anderer verzichten. Deshalb sollten Führungskräfte auf der Bildung einer *Projektgruppe* bestehen, in der sie, die betroffenen Mitarbeiter, die Unternehmensleitung, der Betriebsrat und Fachleute für Organisation, EDV und Arbeitszeitfragen, Letztere etwa aus dem Personalwesen, sowie Arbeitsmediziner angemessen vertreten sind.
- Die Projektgruppe orientiert sich am gesetzlichen *Arbeitszeitrahmen*. Für das Gros der Arbeitnehmer handelt es sich um das Arbeitszeitgesetz, das die werktägliche Arbeitszeit grundsätzlich auf acht Stunden begrenzt, Ruhepausen sowie eine Ruhezeit nach Beendigung der täglichen Arbeitszeit vorschreibt und Sonn- bzw. Feiertagsarbeit nur unter besonderen Voraussetzungen zulässt.
- Die eigentliche Entwicklungsarbeit fußt unter dem Schlagwort *Marktkenntnisse* auf der Kompetenz, Kundennähe und Marktpräsenz. Sie beginnt folgerichtig mit einer umfassenden *Marktanalyse*. Hier gilt es zunächst, saisonale Zyklen und konjunkturelle Schwankungen zu ermitteln. Zudem kann die Nachfrage nach einzelnen Produkt- und Dienstleistungsgruppen recht stark differieren. Wenn man keine Wettbewerbsnachteile in Kauf nehmen will, muss man die Erwartungen des Marktes berücksichtigen.
- Es folgt eine *Kapazitätsanalyse*. Am Beginn dieser Analyse steht eine Untersuchung der einzelnen Arbeitsabläufe vom Eingang des Kundenauftrags bis zur endgültigen Erledigung. Wenn man überhöhte Kosten durch An- und Herunterfahren etwaiger Produktionsanlagen vermeiden will, muss man prüfen, ob die Anlagen kontinuierlich genutzt werden können. Weiterhin sollten technische Störungen und Materialengpässe inklusive ihrer Art und Häufigkeit lokalisiert werden.
- Nun muss man nach den weiter oben beschriebenen quantitativen und qualitativen Kriterien eine angemessene *Zuordnung der Mitarbeiter* zu den Anlagen und Arbeitsabläufen sicherstellen.
- Aus diesen Analysen ergeben sich nahezu zwangsläufig die Parameter für die nun folgende konkrete Konzipierung der *Arbeitszeitmodelle*. Zumeist müssen mehrere Arbeitszeitmodelle für diverse Unternehmensbereiche erstellt werden.
- Letzten Endes werden alle Details in einer schriftlichen *Vereinbarung* mit dem Betriebsrat, einer Betriebsvereinbarung, geregelt.
- Für größere Belegschaften braucht man zudem eine computergestützte Zeiterfassung. In den meisten Unternehmen kommt nämlich eine Vielzahl unterschiedlicher Arbeitszeitmodelle zum Einsatz.

Übungsaufgabe

Welche Probleme hatten Sie und Ihre Freunde schon damit, die Wünsche hinsichtlich der Terminierung Ihres Urlaubs durchzusetzen?

Ein Evergreen der Personalplanung ist die *Urlaubsplanung*, die neben den beschriebenen quantitativen und qualitativen Aspekten natürlich einen zeitlichen Aspekt hat. Den oder die Termine des Urlaubs von Arbeitnehmern legt prinzipiell der Arbeitgeber bzw. die jeweilige Führungskraft fest. Man muss jedoch die Wünsche der Mitarbeiter

Aktivität	Zuständigkeit
Erfassung der Urlaubswünsche der Mitarbeiter spätestens am Jahresbeginn	Führungskraft
Prüfung der Urlaubsansprüche	Personalwesen
Abstimmung der Urlaubswünsche innerhalb der einzelnen Abteilungen unter Berücksichtigung der betrieblichen und persönlichen Erfordernisse	Führungskraft
Festlegung von eventuell notwendigen Vertretungen über den Stellenbesetzungsplan und einen Profilabgleich	Führungskraft und Personalwesen
Prüfung und Genehmigung der Urlaubs- und Vertretungs-planung	Führungskraft
Information des Betriebsrats und Einholen seiner Zustimmung	Personalwesen

Abb. 5.14: Urlaubsplanung (Bröckermann 2009 b, S. 154)

berücksichtigen, soweit dringende betriebliche Erfordernisse dies zulassen oder andere wegen ihrer sozialen Situation nicht Vorrang beanspruchen. In der Regel folgt man bei der Urlaubsplanung in den Unternehmen der Richtschnur aus Abb. 5.14 (Pulte 2006, S. 63).

5.6 Maßnahmen planen

In diesem Planungsstadium gibt die Personalplanung Auskunft über

- das Ist, also den Personalbestand, dessen unbefriedigende Ausgangslage den Grund zum Eingreifen bildet,
- das Soll, also die anstehende Aufgabe in allen Aspekten, wie etwa dem Anforderungsprofil der tangierten Stellen, und
- den Rahmen für eine angemessene Reaktion,
- unter Berücksichtigung der Eignung und Motivation der Betroffenen.

Damit ist die planerische Zuordnung abgeschlossen, denn nunmehr sind die erforderliche Anzahl, Qualifikation und Kompetenz, der notwendige Zeitpunkt bzw. Zeitrahmen und der jeweilige Einsatzort des Personals bekannt. Die einzelnen *Maßnahmen* müssen in der Folge noch individuell ausgewählt, geplant und durchgeführt werden. Währenddessen kann es sich herausstellen, dass die tatsächliche Entwicklung von den Plandaten abweicht und Korrekturen notwendig werden (Bröckermann 2009 b, S. 128).

Das geht nicht ohne *Ausführungsbereitschaft*, die Führungskompetenz, Ideen umsetzen.

6   Fordern und fördern

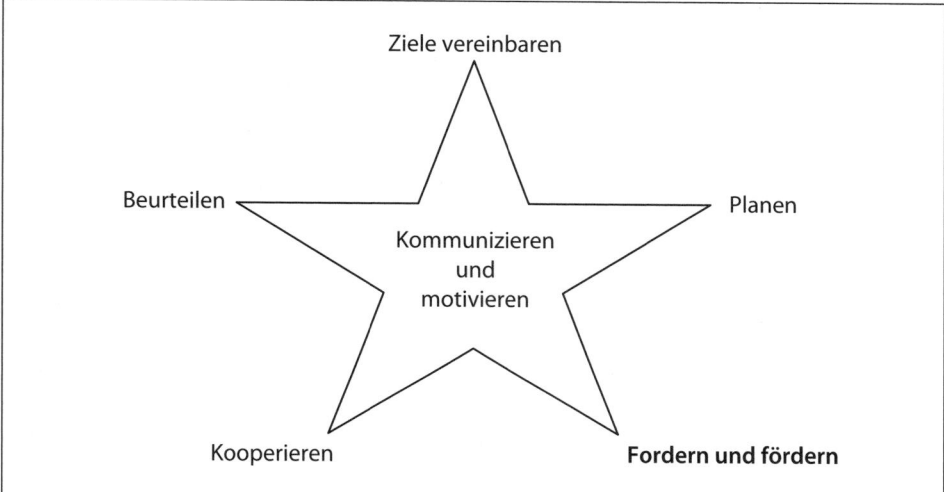

Ziele vereinbaren

Beurteilen

Planen

Kommunizieren
und
motivieren

Kooperieren

Fordern und fördern

Personal zu führen heißt auch, von den Mitarbeitern etwas zu *fordern*. Man delegiert Aufgaben, Befugnisse und Verantwortung. Das macht freilich nur Sinn, wenn man die Mitarbeiter so *fördert*, dass sie den anstehenden Aufgaben gewachsen sind.

Abb. 6.1: Führungsaufgabe »Fordern und fördern« (eigene Darstellung)

6.1   Arbeit einteilen

6.1.1   Zuständigkeitsbereiche festlegen

Es wäre völlig unsinnig, wenn Führungskräfte die gesamte Arbeit in ihrer Abteilung selbst erledigen würden. Sie haben vielmehr die Aufgabe, die Arbeit auf ihre Mitarbeiter zu verteilen, das heißt die Arbeit zu *organisieren*.

Zu diesem Zweck definieren sie in enger Zusammenarbeit mit der Unternehmensleitung, einer Stabsstelle, dem Personalwesen und gegebenenfalls einer Unternehmensberatung Zuständigkeitsbereiche, die man als *Stellen* bezeichnet. Im Ergebnis werden zuweilen, aber angesichts der Vielzahl von Stellen nicht immer, Stellenbeschreibungen erstellt, die einerseits die Einordnung der Stelle in die Organisationsstruktur beschreiben, andererseits umfassende Angaben über die Stellenziele sowie die Aufgaben, Rechte und Pflichten des Stelleninhabers beinhalten (Abb. 5.6, Kapitel »Planen«, Nicolai 2004, S. 177 ff., Schmalen/Pechtl 2009, S. 115 ff.).

> **Übungsaufgabe**
>
> Fertigen Sie eine Stellenbeschreibung für die Stelle an, die Sie zurzeit innehaben. Wenn dafür schon eine Stellenbeschreibung existiert, bringen Sie sie auf den aktuellen Stand.

6.1.2   Aufgaben, Befugnisse und Verantwortung zuteilen

Im Arbeitsalltag ist es damit aber nicht getan, denn es treten durchaus Situationen auf, die den Rahmen der Stellen sprengen. Führungskräfte stehen tagtäglich vor der Aufgabe, Personal

- in der erforderlichen Anzahl,
- mit der erforderlichen Qualifikation und Kompetenz,
- zu der für die Leistungserstellung notwendigen Zeit und
- an dem jeweiligen Einsatzort verfügbar zu halten.

Ein Mitarbeiter nimmt beispielsweise die Arbeit nicht auf, und man muss nach einer Vertretung suchen, oder es treten aufgrund technischer Neuerungen Probleme auf, die in keiner Stellenbeschreibung berücksichtigt wurden.

Deshalb ist immer wieder im Einzelfall eine *Delegation*, das heißt eine Übertragung von Aufgaben, Befugnissen und Verantwortung vonnöten, die darauf fußt, dass die Führungskräfte über *Organisationsfähigkeit* verfügen, also erkannte Zusammenhänge gestalten können (Stackbein/Strackbein 2002, S. 105 ff.).

Als Führungskraft muss man sich zunächst Klarheit darüber verschaffen, ob und wann man etwas delegieren soll und muss. Dabei hilft das Eisenhower-Prinzip, benannt nach einem US-amerikanischen General und Präsidenten (Abb. 6.2, Stöwe/Keromosemito/Fritz 2007, S. 52 ff.).

- Wichtige, dringende Aufgaben muss man umgehend in Angriff nehmen. Wenn man Zeit erübrigen kann und will, kann man sie selbst erledigen. In der Regel wird man diese Aufgaben aber delegieren. Dann muss man darauf bestehen, dass man zu fixierten Terminen über die Fortschritte informiert wird, um notfalls weitere Kapazitäten einsetzen zu können.
- Letzteres gilt gleichfalls für wichtige, aber nicht dringende Aufgaben. Hier wird man jedoch einen späteren Termin festlegen, an dem sie erledigt sein sollen.
- Dringende, aber nicht wichtige Themen sollte man ganz in die Hände der Mitarbeiter legen und Unterstützung für den Fall anbieten, das sich inhaltliche oder terminliche Probleme ergeben.
- Weniger wichtige und weniger dringende Aufgaben kann man entweder – nachdem man alle Betroffenen informiert hat – fallen lassen oder zur Erledigung vorsehen, wenn die Kapazitäten das zulassen. Dann ist ebenfalls eine Delegation angebracht.

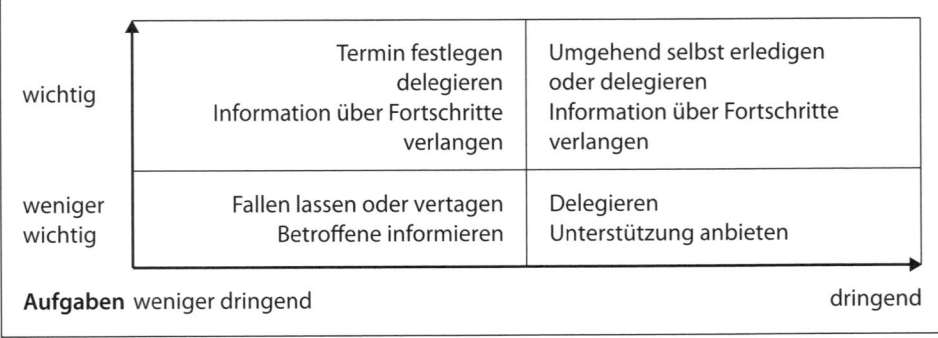

Abb. 6.2: Delegieren nach dem Eisenhower-Prinzip (nach Stöwe/Keromosemito/Fritz 2007, S. 52 ff.)

Abb. 6.3: Befugnis (nach Olfert 2008, S. 242 f.)

Die Delegation umfasst drei Elemente (Olfert 2008, S. 243):

- Die Mitarbeiter müssen wissen, wer welche *Aufgabe* zu erfüllen hat und wer die möglichen Ansprechpartner bei auftauchenden Fragen sind. Ferner müssen sie über freie Kapazitäten verfügen, um eine Aufgabe übernehmen zu können.
- Eine Aufgabe kann nur dann erwartungsgemäß abgewickelt werden, wenn den Mitarbeitern zugleich die *Befugnisse* eingeräumt werden, die für die Lösung der übertragenen Aufgaben erforderlich sind. Sie werden gemeinhin als Kompetenzen bezeichnet. Das lässt an Fähigkeiten denken, ist aber keineswegs gemeint. Deshalb soll es hier beim deutschen Begriff Befugnis bleiben. Zur Delegation von Aufgaben muss sich folglich die Delegation von Befugnissen gesellen (Abb. 6.3).
- Wenn die Aufgabenzuordnung auf einzelne Mitarbeiter und die Ausstattung mit den erforderlichen Befugnissen sachgerecht vorgenommen worden sind, hat man die Voraussetzungen dafür geschaffen, den Mitarbeitern auch die *Verantwortung* zu übertragen. Das ist zunächst die Verpflichtung zu besonderer Umsicht und Sorgfalt, darüber hinaus aber auch die Berichtspflicht. Schließlich müssen die Mitarbeiter für die Ergebnisse einstehen, die sie mit den ihnen übertragenen Aufgaben erzielen. Sie tragen daher die Verantwortung für die Durchführung der übertragenen Aufgaben, die sogenannte Handlungsverantwortung. Von dieser Verantwortung werden die Führungskräfte mithin entlastet, es sei denn, Mitarbeiter seien ihrer Aufgabe nicht gewachsen. Mit anderen Worten ist die Führungsverantwortung nicht delegierbar.

> **Übungsaufgabe**
>
> Sie haben Herrn Dollmann eine verantwortungsvolle Aufgabe samt der notwendigen Befugnisse übertragen. Er scheitert nicht nur an der Aufgabe, sondern richtet darüber hinaus einen gehörigen Schaden an. Nun werden Sie von der Geschäftsführung für den Vorfall getadelt. Ist das gerecht?

6.1.3   Weisungen geben

Man delegiert, indem man *Weisungen* gibt. Aber nicht jede Weisung ist zulässig. Bei manchen Weisungen hat der Betriebsrat ein Mitbestimmungsrecht. Außerdem müssen Weisungen sich laut § 106 der Gewerbeordnung an Arbeitsverträgen, Betriebsvereinbarungen (zwischen Arbeitgeber und Betriebsrat), Tarifverträgen (zwischen Arbeitgeberverband und Gewerkschaft) sowie Gesetzen orientieren und, wie die Juristen es ausdrücken, billigem Ermessen entsprechen. Hier kommt die Führungskompetenz *Selbstmanagement* ins Spiel. Um Willkür auszuschließen, sollten Führungskräfte stets um Selbstwahrnehmung bemüht sein, das heißt sich der Stärken und Schwächen eigener Denkweisen und Verhaltensmuster bewusst werden (Abb. 6.4, Olfert 2008, S. 217 ff.).

Eine Form der Weisung ist der *Auftrag*. Dieses Gespräch ist dadurch gekennzeichnet, dass der Mitarbeiter die Möglichkeit erhält, sich so lange gleichberechtigt einzu-

Grundregeln
▪ Mitbestimmungsrechte des Betriebsrats beachten
▪ Arbeitsverträge, Betriebsvereinbarungen (zwischen Arbeitgeber und Betriebsrat), Tarifverträge (zwischen Arbeitgeberverband und Gewerkschaft) und Gesetze beachten
▪ Willkür ausschließen
Auftrag
▪ Empfehlenswerteste Form der Weisung
▪ Beinhaltet die Problemstellung, das Ziel, eine Erläuterung, die gewünschte Erledigung, das erwartete Ergebnis und den geplanten Termin für die Erledigung, jeweils mit einer ausführlichen Begründung.
▪ Vorschläge der Mitarbeiter sind erwünscht
Anweisung
▪ Empfehlenswert nur, wenn es auf schnelles Handeln ankommt
▪ Die Führungskraft steuert das gesamte Gespräch allein und gibt keine Begründung für die Weisung
▪ Der Mitarbeiter hat kein Mitsprecherecht, kann das Gespräch aber so lange fortsetzen, bis er Klarheit über alle Aspekte erlangt hat
Befehl
▪ Empfehlenswert nur in Notfällen
▪ Die Führungskraft steuert das gesamte Geschehen allein, gibt keine Begründung für die Weisung und lässt Einwendungen oder Widerspruch nicht zu
▪ Der Mitarbeiter kommt nicht zu Wort, abgesehen von einem »Verstanden« oder einer Inhaltsangabe des Befehls

Abb. 6.4: Weisungen geben (eigene Darstellung)

bringen, bis er meint, dass alle seine Probleme behandelt wurden. Ein Auftrag beinhaltet

- die Problemstellung,
- das Ziel des Auftrags,
- eine Erläuterung mit allen erforderlichen Informationen,
- die gewünschte Erledigung und
- das erwartete Ergebnis,
- gegebenenfalls Termine für Zwischenberichte und
- den geplanten Termin für die Erledigung,
- jeweils mit einer ausführlichen Begründung.
- Außerdem sind Vorschläge der Mitarbeiter ebenso erwünscht wie ihre Initiative (Kießling-Sonntag 2000, S. 144 ff., Niermeyer/Postall 2008, S. 148 ff.).

Nun mag man einwenden, verantwortungsbewusste, gut qualifizierte, kompetente Mitarbeiter wüssten selbst, welche Arbeit zu erledigen ist. Selbst wenn das so ist, muss man ihnen immer noch die Kundenaufträge aushändigen. Aufträge sind zweifellos die empfehlenswerteste Form von Weisungen.

Eine andere Form der Weisung ist die sogenannte *Anweisung*. Die Führungskraft begründet nichts, steuert praktisch das gesamte Gespräch allein und räumt dem Mitarbeiter so gut wie kein Mitspracherecht ein. Allerdings kann der Mitarbeiter das Gespräch so lange fortsetzen, bis er Klarheit über alle Aspekte erlangt hat.

Anweisungen sind zielgerichtet und zeitsparend, aber auch ein wenig schroff. Sie empfehlen sich nur dann, wenn es auf schnelles Handeln ankommt und die Schroffheit im Vorfeld und danach wieder aufgefangen werden kann.

Auch *Befehle* sind Weisungen ohne Begründung. Einwendungen oder Widerspruch werden nicht geduldet. Die Führungskraft steuert das gesamte Geschehen – als Gespräch kann man das ja kaum bezeichnen – allein und beendet es, wenn der Befehl übermittelt worden ist. Der Mitarbeiter kommt nicht zu Wort, abgesehen von einem »Verstanden« oder einer Inhaltsangabe des Befehls.

Durch Befehle macht man Mitarbeiter zu reinen Ausführungsorganen. Sie sollen nicht nachdenken, sondern genau das tun, was man befohlen hat. Zu einem akzeptablen Arbeitsergebnis kann es nur kommen, wenn es sich um ausführende Arbeiten handelt, von denen es nicht mehr so viele gibt, und selbst da kann ein wenig Nachdenken nicht schaden. Wenn man Mitarbeiter zu teilnahmslosen Erfüllungsgehilfen macht, darf man sich nicht wundern, wenn sie genau so reagieren. Auf Befehle sollten Führungskräfte demzufolge so weit wie möglich verzichten. In Notfällen zeigen Befehle hingegen ganz andere Qualitäten. Ein Ärzteteam kann mögliche Reaktionen auf einem lebensbedrohlichen Zwischenfall während einer Operation nicht sorgsam erwägen. Ein leitender Arzt gibt an, was zu tun ist. Selbst wenn sich hinterher herausstellt, dass das nur die zweit- oder drittbeste Alternative war, sind die Überlebenschancen des Patienten so größer.

Übungsaufgabe

Wieso sind beim Militär Befehle absolut üblich, und zwar nicht nur im Einsatz, sondern auch bei Übungen und in der Kaserne?

6.1.4   Mit Widerständen umgehen

Befehle sind meist nicht angebracht, aber wenn man Widerstände wahrnimmt oder nur vermutet, kann man schon auf die Idee kommen, diese Widerstände zu brechen, also *Macht* auszuspielen.

Macht ist definiert als Chance, innerhalb einer sozialen Beziehung – also in der Auseinandersetzung mit Menschen – den eigenen Willen auch gegen Widerstand durchzusetzen. Chance will heißen, dass es noch nicht einmal notwendig ist, aktiv zu werden. Es reicht bereits das Vorhandensein der Möglichkeit, anderen Menschen ein bestimmtes Verhalten aufzuzwingen (Klutmann 2003, S. 94 ff., Weber 1972, S. 28).

> **Übungsaufgabe**
>
> Inwiefern hat Ihre Führungskraft Macht über Sie bzw. inwiefern haben Sie Macht über Ihre Mitarbeiter?

Mit einem Experiment zeigte Milgram 1963, dass man durch Macht in einem beängstigenden Ausmaß Gehorsam erzeugt. Die Versuchsteilnehmer wurden jeweils einzeln angewiesen, als Lehrer einem »Schüler«, der hinter einer Wand saß, Elektroschocks zu verabreichen, falls er Fehler dabei machte, sich Wortpaare zu merken. Die Elektroschocks sollten von Fehler zu Fehler von unangenehmen 15 Volt bis zur Lebensgefahr bei 450 Volt gesteigert werden. Die Versuchsteilnehmer wussten nicht, dass sie in Wahrheit nur ein Tonbandgerät steuerten, das Schreie abspielte. 82,5 Prozent verabreichten Elektroschocks von mehr als 150 Volt, fast zwei Drittel gingen bis 450 Volt. Lange wurde behauptet, heute sei so etwas nicht mehr möglich. Eine Wiederholung des Experiments im Jahr 2008 bewies, dass das nur ein frommer Wunsch war. Zwar wurde das Experiment vom Versuchsleiter, anders als 1963, bei 150 Volt gestoppt, aber 70 Prozent hatten sich da noch nicht verweigert (Ohne Verfasser 2008, S. 8, Stührenberg 2003, S. 124 ff.).

Davon abgesehen, dass Machtmenschen nicht den besten Ruf genießen, stellt sich die Frage, wie viel Macht Führungskräfte über die Mitarbeiter in ihrem Verantwortungsbereich haben (Bröckermann 2009 b, S. 265, Lieber 2007, S. 153 ff.).

Legitimations- oder *Postitionsmacht* ergibt sich aus der formalen Position von Führungskräften in der betrieblichen Hierarchie, durch die ihnen prinzipiell eine Befehlsgewalt zuwächst, nach dem Motto: »Das entscheide ich so, weil ich Chef bin.« In recht vielen Unternehmen gibt es jedoch Führungsanweisungen und -leitlinien, auf die weiter unten noch eingegangen wird. Sie unterbinden eine derart autoritäre Haltung (Felfe 2009, S. 10).

Man hört oft, Führungskräfte sollten ein gutes Beispiel geben. Das ist sicherlich berechtigt: Führungskräfte haben eine *Vorbildfunktion*. »Das darf ich auch«, hört man von Mitarbeitern, wenn Führungskräfte sich etwas herausnehmen. Man kann von anderen eben nichts erwarten, was man gegen sich selbst nicht gelten lässt. Andererseits kann man nicht davon ausgehen, dass sich die Mitarbeiter mit ihrer Führungskraft identifizieren, wenn diese mit gutem Beispiel vorangeht, etwa nach dem Motto: »Mein Chef ist immer pünktlich, Ich möchte sein wie mein Chef. Also werde ich in Zukunft auch immer pünktlich sein.« Zwar gibt es eine *Identifikationsmacht*, die man auch als Referenz- oder charismatische Macht bezeichnet. Sie entsteht aber gänzlich anders. Je weniger sich Menschen ihrer eigenen Stärken, aber auch Schwächen bewusst sind, desto mehr suchen sie nach einer speziellen emotionalen Bindung. Sie suchen unbewusst nach Personen, Gruppen, Organisationen oder gesellschaftlichen Normen und Zielen, die für sie jene Charakteristiken verkörpern, die sie bei sich selbst vermissen. Beispielsweise kommen Jugendliche so zu ihren Idolen. Die vermissten Charakteristiken sind also nicht notwendigerweise positive. Man kann etwa auch Rücksichtslosigkeit bei sich selbst vermissen. Außerdem wählen wir unsere Identifikationsobjekte keineswegs nach den Wünschen anderer aus. Ergo können Führungskräfte keine Macht durch Identifikation erzeugen oder gar erzwingen (Felfe 2009, S. 10 f., Kapitel »Ziele vereinbaren«).

Wenn Führungskräfte über ein spezielles Wissen verfügen, werden sie als Experten angesehen. Das gibt ihnen *Expertenmacht*. Dieses Wissen ist im Kern nichts anderes als ein Informationsvorsprung. Ohne Frage bringt es jedoch die fortschreitende Spezialisierung mit sich, dass viele Mitarbeiter Informationsvorsprünge gegenüber ihren Führungskräften erlangen. Welche Geschäftsführerin wird schon die Details des EDV-gestützten Informationssystems beherrschen, das ihr zur Verfügung steht? Damit sind es die Mitarbeiter, die sich bei den Arbeitsaufgaben auf Expertenmacht stützen können. Andererseits haben die Führungskräfte immer noch Informationsvorsprünge, da sie von Aktivitäten und Planungen des Unternehmens wissen, die den Mitarbeitern bis dato nicht offenbart wurden.

Übungsaufgabe

Sie sind bestimmt schon als Teilnehmer am öffentlichen Straßenverkehr bestraft worden. Was möchten Sie glauben: Wer oder was war schuld für die Bestrafung, die Polizei, Ihr Verhalten oder die (unglücklichen) Umstände? Was kann man demnach mit Bestrafungen erreichen, was nicht?

Führungskräfte haben es in der Hand, ihre Mitarbeiter zu kritisieren oder zu tadeln, sie zu versetzen, ihre Entgelte zu kürzen oder sie zu entlassen. Sie haben mithin Sanktions- oder *Bestrafungsmacht*, denn durch den Einsatz oder die Androhung von Sanktionen können sie die Handlungsspielräume ihrer Mitarbeiter begrenzen, allerdings nur im Rahmen der arbeitsrechtlichen Möglichkeiten. Für Gutdünken und Willkür gibt es keine legalen Spielräume. Zudem haben Bestrafungen und Drohungen nicht die Wirkung, die mancher sich davon verspricht. Menschen legen unter Zwang ein Verhalten an den Tag, das gerade noch eine weitere Bestrafung vermeidet. Eine Abmahnung hat oft genau diese Wirkung und wird insofern vermieden, wenn man noch Hoffnung auf Besserung hat. Ein Kritikgespräch hat hingegen seine Berechtigung, aber nur dort, wo es darum geht, Perspektiven für die Zukunft zu setzen.

Führungskräfte haben maßgeblichen Einfluss auf die Entgelte, Beförderungen sowie die berufliche Aus- und Weiterbildung. Sie können ihren Mitarbeitern mithin etwas Gutes zukommen lassen. Die andere Seite der Sanktionsmacht, eine *Belohnungsmacht* im eigentlichen Sinne, wächst ihnen dadurch nur in beschränktem Umfang zu, denn sie können oft nur gewähren, was ihren Mitarbeitern ohnehin als Gegenleistung für ihre Arbeit zusteht. Lob wird zwar oft vermisst, führt indes nicht dazu, dass die lobende Führungskraft damit Widerstände brechen könnte, es sei denn, es sei manipulativ. Trotzdem haben Führungskräfte Spielräume, denn sie können sich mehr oder auch weniger für ihre Mitarbeiter einsetzen (Kapitel »Motivieren«).

Positionsmacht ■ autoritäre Befehlsgewalt ■ wird gottlob oft durch Führungsanweisungen und -leitlinien unterbunden
Identifikationsmacht ■ spezielle emotionale Bindung ■ kann eine Führungskraft nicht erzeugen, auch nicht, wenn sie ein gutes Beispiel gibt
Expertenmacht ■ Informationsvorsprung ■ hat eine Führungskraft durch Informationen über Aktivitäten und Planungen des Unternehmens
Bestrafungsmacht ■ Einsatz oder Androhung von Sanktionen ■ hat eine Führungskraft nur im Rahmen der arbeitsrechtlichen Möglichkeiten
Belohnungsmacht ■ etwas Gutes zukommen lassen ■ hat eine Führungskraft durch einen mehr oder weniger intensiven Einsatz für die Mitarbeiter
Von ihrer – wenn auch schmalen – Machtbasis sollten Führungskräfte jedoch keinen Gebrauch machen, denn durch das Brechen von Widerständen verletzt man Menschen und man lässt Potenziale ungenutzt. Empfehlenswert ist es, ■ **»Change it«**: sich mit Widerständen argumentativ auseinanderzusetzen, ■ **»Love it«**: berechtigte Widerstände anzunehmen und aufzuarbeiten, ■ **»Leave it«**: unberechtigte Widerstände argumentativ zu widerlegen.

Abb. 6.5: Mit Widerständen umgehen (eigene Darstellung)

Mithin gibt es für Führungskräfte keine breite Machtbasis, aber immerhin bleibt ihnen eine Expertenmacht durch spezielle Informationsvorsprünge, eine durch Recht und Gesetz beschränkte Bestrafungsmacht und eine Belohnungsmacht durch das Ausnutzen von Spielräumen. Von ihrer – wenn auch schmalen – Machtbasis sollten Führungskräfte jedoch keinen Gebrauch machen.

■ Erstens bleibt das Brechen von Widerständen nicht ohne Folgen. So war es auch in Milgrams Experiment: Nach dem Experiment waren die Teilnehmer ausnahmslos sehr erregt und einige geradezu gebrochene Menschen. Gebrochene Menschen können aber ihrer Arbeit nicht motiviert nachgehen und schon gar nicht zu neuen Ufern aufbrechen (Stührenberg 2003, S. 125).

■ Zweitens sind Widerstände zwar unangenehm. Sie bergen jedoch Potenziale in sich, Ideen und Meinungen, die der Sache dienlich sein können.

Nach dem Motto »change it, love it or leave it« sollte man sich folglich mit Widerständen argumentativ auseinandersetzen, berechtigte Widerstände annehmen und aufarbeiten und unberechtigte argumentativ widerlegen (Abb. 6.5).

6.1.5 Delegationsleitfäden verwenden

Wenn man von Delegation spricht, kommt der Begriff *Management by Delegation* ins Spiel. Wie das Management by Motivation ist auch das Management by Delegation keine Theorie und kein Leitfaden für die Praxis, sondern lediglich ein Begriff, mit dem man alle Ansätze belegt, die die Delegation als einen der zentralen Faktoren im Arbeitsleben thematisieren (Wunderer/Grunwald 1980, S. 288).

Mit dem *Harzburger Modell* wird das Management by Delegation durch detaillierte Vorgaben – insbesondere zur Delegation von Verantwortung und zur Organisationsstruktur – in einer Weise präzisiert, die inzwischen als selbstverständlich gilt (Höhn 1986, S. 13 ff., 27 ff., 323 ff.).

- Die große Masse der Sachaufgaben wird den Mitarbeitern übertragen. Die Führungskräfte delegieren keine einzelnen Aufgaben, sondern einen festen Aufgabenbereich, der sich in der Stellenbeschreibung des Betreffenden findet. Innerhalb ihres Aufgabenbereichs handeln die Mitarbeiter selbstständig.
- Außerdem delegiert man die entsprechenden Befugnisse, so dass die Mitarbeiter innerhalb ihres eigenen Aufgabenbereichs auch selbstständig entscheiden.
- Mit den Aufgabenbereichen und Befugnissen wird zugleich die Verantwortung delegiert, und zwar die Handlungsverantwortung. Die Führungsverantwortung bleibt beim Vorgesetzten.
- Die Führungskräfte übernehmen von vornherein nur die Aufgaben, die von den Mitarbeitern nicht angegangen werden können. Dabei handelt es sich, neben einigen wenigen Sachaufgaben, vor allem um die Aufgaben der Personalführung.

Soweit sind diese Abläufe auch in den obigen Ausführungen geschildert worden.

Beim Harzburger Modell kommt ein weiteres Element hinzu, die *Führungsanweisung*. Sie legt die Grundsätze der Personalführung für das Unternehmen detailliert und verbindlich fest, fördert dadurch aber zugleich Formalismus und bürokratisches Vorgehen. In diesem *Management by Direction and Control* können die Führungskräfte zu Marionetten der Anweisung werden. Auf diese harsche Kritik haben recht viele Unternehmen reagiert. Sie formulieren – möglichst unter Beteiligung aller Betroffenen – statt detaillierten, verbindlichen Anweisungen und Handbüchern lediglich allgemeine *Führungsleit-* oder *-grundsätze* bzw. *-prinzipien*, die den Führungskräften einerseits Orientierung geben und damit die Qualität der Personalführung unterstützen, andererseits jedoch genügend Spielraum für Individualität lassen (Abb. 6.6, Femppel/Zander 2008, S. 89 ff., Franken 2007 a, S. 230 ff., Franken/Steinhausen 2007, S. 241 ff.).

---

1. Wir kommunizieren mit unseren Mitarbeitern einheitlich und klar
2. Wir handeln als Vorbild damit sich unsere Mitarbeiter daran orientieren können
3. Wir fördern und fordern unsere Mitarbeiter – sie sind das Potenzial und die Energie unseres Unternehmens
4. Wir nehmen unsere Verantwortung für den Unternehmenserfolg aktiv wahr
5. Wir stehen zu unseren Fehlern und nutzen sie als Chance für Verbesserungen
6. Wir arbeiten partnerschaftlich, ergebnisorientiert und konstruktiv zusammen
7. Wir denken und handeln zukunfts- und ertragsorientiert

Abb. 6.6: Führungsleitsätze des Unternehmens ProACTIV (Franken/Steinhausen 2007, S. 244)

Übungsaufgabe

Gibt es in Ihrem Arbeitsumfeld Führungsleitsätze? Welche Formulierung vermissen sie dort oder im Beispiel aus Abb. 6.6?

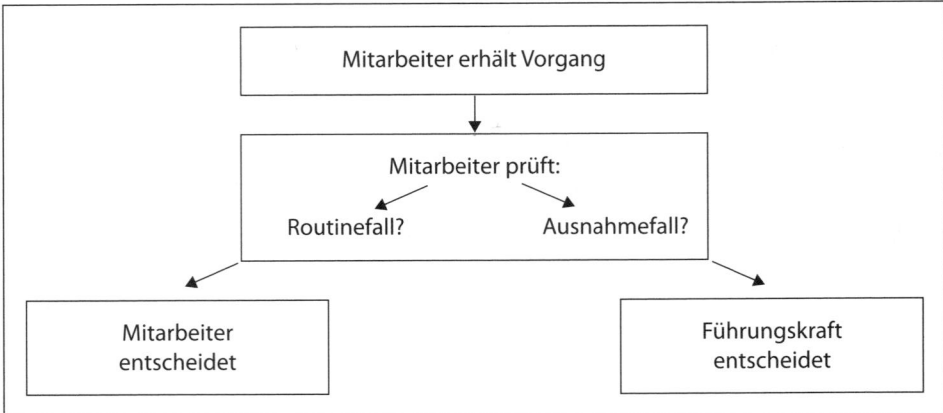

Abb. 6.7: Management by Exception (nach Olfert 2008, S. 244)

Wie das Harzburger Modell sieht das *Management by Exception* vor, dass die Mitarbeiter innerhalb eines vorgegebenen Rahmens selbstständig entscheiden dürfen. Anders als beim Harzburger Modell übernehmen die Führungskräfte hier neben den Aufgaben der Personalführung in größerem Umfang Sachaufgaben, und zwar nicht nur die Aufgaben, die von den Mitarbeitern nicht angegangen werden können (Abb. 6.7, Olfert 2008, S. 243 f.).

Auf diesem Wege werden die Führungskräfte von Routinearbeiten entlastet. Ihre Mitarbeiter genießen dafür die Selbstständigkeit innerhalb ihrer Ermessensspielräume, müssen aber den Entscheidungsregeln folgen. Deshalb findet man hier auch die Bezeichnung *Management by Decision Rules*. Und ein Missstand, der im Rahmen der Delegation immer wieder auftreten kann, wird zum Prinzip: Man delegiert nur die wenig reizvollen Routineaufgaben und langweilt die Mitarbeiter damit. Außerdem kann sich die Festlegung der Toleranzbereiche schwierig gestalten.

Übungsaufgabe

Schätzen Sie, wie hoch der Anteil der Routineaufgaben ist, die Sie täglich erledigen. Wie viel Routine hätten Sie gerne?

6.1.6 Das rechte Maß finden

Nicht nur die Delegationsleitfäden sind im Detail problematisch. Die Delegation ist generell nicht frei von *Risiken*.

Zuweilen entstehen Koordinationsprobleme, sogenannte *Sickerverluste*. Es ist wie in dem auf Partys praktizierten Spiel, bei dem viele Menschen im Kreis sitzen und man seinem Nachbarn zur Rechten das zuflüstert, was einem der Nachbar zur Linken zugeflüstert hat. Am Ende ist die Information oft so entstellt, dass sie ihren Sinn verloren hat. Genau das kann geschehen, wenn eine Aufgabe weiter und weiter delegiert wird.

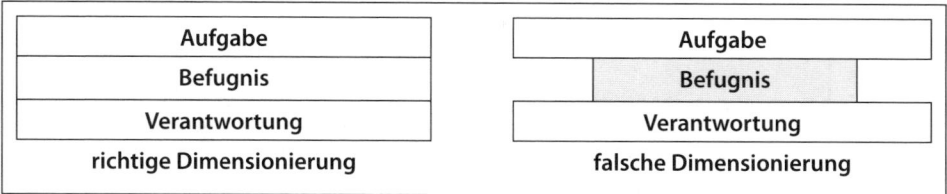

Abb. 6.8: Gleichgewicht von Aufgabe, Befugnis und Verantwortung (nach Olfert 2008, S. 243)

Manchmal sind Aufgaben, Befugnisse und Verantwortung nicht *gleich dimensioniert* und deshalb nicht zu bewältigen. (Abb. 6.8).

Ohne die notwendigen Befugnisse darf man nicht das tun, was notwendig ist. Und ohne Verantwortung entsteht eine Scheindelegationen, etwa wenn man dem Mitarbeiter aufträgt, die Aufgabe in den Schritten abzuarbeiten, die man sich als Führungskraft vorher überlegt hat, und überdies täglich einen Bericht verlangt (Niermeyer/Postall 2008, S. 146 f.).

Schließlich müssen die Herausforderungen der Aufgaben, die man delegiert, den Möglichkeiten oder Fähigkeiten des Mitarbeiters entsprechen. Diese an sich selbstverständliche Einsicht fand Csikszentmihalyi bestätigt, als er Menschen zu ihren Freizeitaktivitäten befragte. Solche Aktivitäten, beispielsweise das Klettern am Fels oder Schachspielen, bringen scheinbar keinen Nutzen. Sie sind zeitaufwändig und verursachen Kosten. Trotzdem bereiten sie Freude. Die Befragten berichteten von einem Gefühl, das sie in ihrem Alltag ansonsten nicht hatten. Sie erleben ein Verschmelzen von Handlung und Bewusstsein, Zeit und Raum wurden vergessen. Nach weiteren Erhebungen kam Csikszentmihalyi zu folgendem Ergebnis (Abb. 6.9, Csikszentmihalyi 1975, S. 1 ff., Csikszentmihalyi 2000, S. 59 ff.):

- Sind die Herausforderungen zu gering, kommt es zunächst zum Gefühl der Langeweile.
- Bei einer langfristigen Unterforderung stellt sich Stress ein.
- Ganz parallel, lediglich mit umgekehrten Vorzeichen, entwickelt sich die subjektive Befindlichkeit bei zu hohen Herausforderungen. Das erste Warnzeichen ist hier eine Beunruhigung.
- Bleibt die Herausforderung auf diesem hohen Niveau, wird aus der Beunruhigung Stress durch Überforderung.
- Wenn die Herausforderungen jedoch den Möglichkeiten des Mitarbeiters entsprechen, kann sich ein sogenanntes *Flow-Erleben* einstellen. Die Arbeit geht, verbunden mit einem Hochgefühl, wie selbstverständlich von der Hand. Handlung folgt auf Handlung, und zwar nach einer inneren Logik, die kein bewusstes Eingreifen mehr zu erfordern scheint.

Führungskräfte sollten demnach die Leistungsmöglichkeiten, Potenziale und Interessen ihrer Mitarbeiter einschätzen. Wenn sie die Möglichkeit haben, jedem Einzelnen spezifisch auf ihn zugeschnittene Aufgaben zuzuweisen, so kann Flow, das Flusserleben bei der Arbeit, für viele gewährleistet werden. Den Mitarbeitern macht die Arbeit dann sehr viel Spaß, und das wiederum ist eine der Voraussetzungen dafür, dass auch Führung Freude bedeutet (Comelli/Rosenstiel 2003, S. 140 ff.).

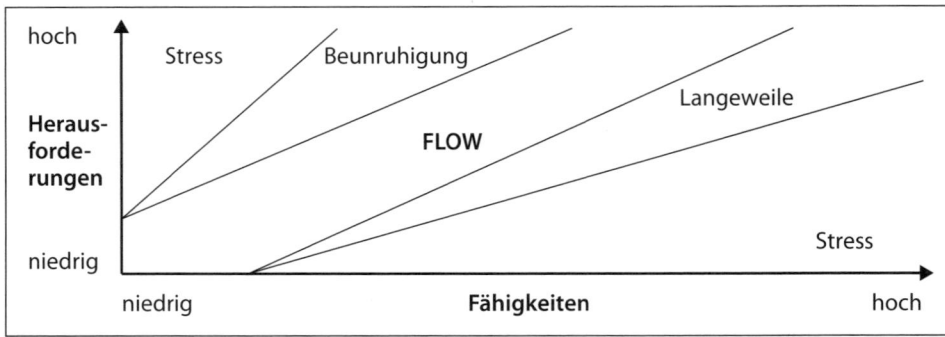

Abb. 6.9: Gleichgewicht von Herausforderungen und Fähigkeiten (Csikszentmihalyi 1992, S. 24)

6.2   Mitarbeiter unterstützen

6.2.1   Hilfsbereitschaft unter Beweis stellen

Dem Gedanken folgend, dass die Mitarbeiter den anstehenden Aufgaben gewachsen sein müssen, macht die Führungskompetenz *Delegieren* ohne *Hilfsbereitschaft* keinen Sinn. Gefordert ist ein *Management by Teaching*, das man im Fachjargon als *Personalentwicklung* bezeichnet, nämlich die Vermittlung jener Qualifikationen und Kompetenzen, die zur optimalen Verrichtung der derzeitigen und der zukünftigen Aufgaben erforderlich und beruflich, persönlich sowie sozial förderlich sind. Dabei versteht man unter Qualifikationen die Fähigkeiten, über die man als Voraussetzung für die Ausübung des Berufs verfügen muss, unter Kompetenzen die Fähigkeiten, sich selbst zu organisieren (Abb. 6.10, Kapitel »Kompetent führen«, Mentzel 2005, S. 2 ff.).

Personalbildung	Personalförderung	Arbeitsstrukturierung
Vermittlung von Qualifikationen und Kompetenzen durch Ausbildung, Fortbildung und Weiterbildung	Vermittlung von Qualifikationen und Kompetenzen auch in persönlichen und sozialen Fragen	Vermittlung von Qualifikationen und Kompetenzen durch die Gestaltung der Arbeitsinhalte

Abb. 6.10: Personalentwicklung (nach Bröckermann 2009 b, S. 312)

Übungsaufgabe

Wann hatten Sie in Ihrem Arbeitsumfeld zuletzt Gelegenheit, etwas Neues zu lernen? Handelte es sich dabei um eine Maßnahme der Personalbildung, der Personalförderung oder der Arbeitsstrukturierung?

Die Personalentwicklung kennt grundsätzlich drei Phasen (Abb. 6.11).
- Personalentwicklung kann man nur betreiben, wenn man den Personalentwicklungsbedarf aus Unternehmens- und Mitarbeitersicht kennt, der sich aus einem Vergleich von Anforderungs- und Eignungsprofilen und den Interessen der Mitarbeiter ergibt. Die Ergebnisse der quantitativen, qualitativen und zeitlichen *Planung*

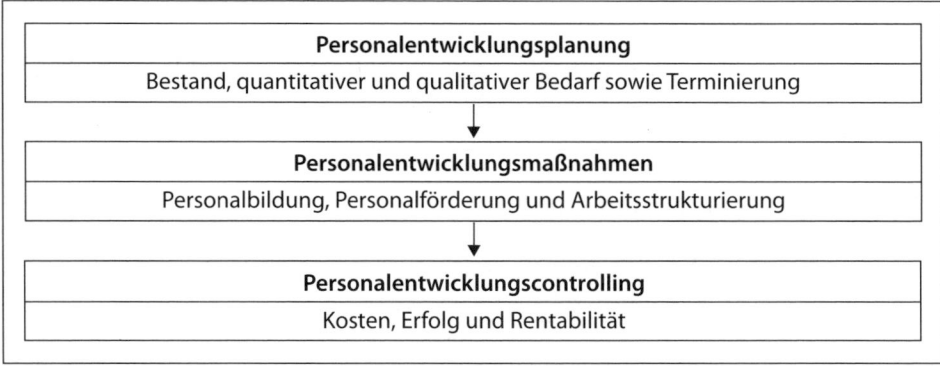

Abb. 6.11: Ablauf der Personalentwicklung (nach Bröckermann 2009 b, S. 313)

werden dokumentiert und visualisiert, um die Maßnahmen fundiert planen zu können (Kapitel »Planen«).

- Die konkrete Umsetzung geschieht durch *Personalentwicklungsmaßnahmen*, die man der Personalbildung, der Personalförderung und der Arbeitsstrukturierung zuordnen kann.
- Im Anschluss an die Vermittlung von Qualifikationen und Kompetenzen dient das *Personalentwicklungscontrolling* der Klärung, ob bzw. inwieweit die angestrebten Ziele erreicht wurden.

Personalentwicklung kann nur dann erfolgreich sein, wenn alle Betroffenen mit den Führungskräften kooperieren.

- Die Frage, ob und in welchem Umfang in einem Unternehmen Personalentwicklung betrieben werden soll, muss von der *Unternehmensleitung* entschieden werden.
- Die Personalentwicklung fällt in den Zuständigkeitsbereich des *Personalwesens*. In größeren Unternehmen übernehmen Spezialisten die Detailaufgaben.
- Die *Betriebsräte* haben umfangreiche Mitbestimmungs- und Mitwirkungsrechte.
- *Referenten* bzw. externe Bildungsträger setzen Personalentwicklungspläne in konkrete Maßnahmen um.
- Die wichtigsten Partner der Personalentwicklung sind die *Mitarbeiter*. Ihre Auskünfte offenbaren einen Personalentwicklungsbedarf. Ihre Mitwirkung ermöglicht Maßnahmenpläne, die umsetzbar sind. Ihr Engagement ist die Voraussetzung für eine erfolgreiche Vermittlung der Qualifikationen und Kompetenzen.

Die *Führungskräfte* sind in alle Phasen maßgeblich eingebunden. Ohne sie ist eine Ermittlung des Personalentwicklungsbedarfs nicht möglich, sei es nun, dass sie Daten für aktuelle und zukünftige Anforderungsprofile liefern oder dass sie die Eignungsprofile von Mitarbeitern erkunden. Sie sind zugleich wichtige Partner bei der Maßnahmenplanung, nicht nur in Fragen der Terminierung, sondern auch bei der Bestimmung der konkreten Entwicklungsziele, der Festlegung der Inhalte sowie der geeigneten Maßnahmen und Methoden. Bei manchen Maßnahmen sind sie sogar diejenigen, die Qualifikationen und Kompetenzen vermitteln. Schließlich beruht ein Teil der Erfolgskontrolle auf ihren Recherchen. Deshalb wird der Erfolg von Führungskräften vordringlich daran gemessen, wie sie sich in Fragen der Personalentwicklung engagieren. Damit billigt man der Führungskompetenz *Mitarbeiterförderung* eine entscheidende Bedeutung zu.

Wie ist die Personalentwicklung in Ihrem Arbeitsumfeld organisiert? Welche Stellen bzw. Beschäftigten übernehmen welche Aufgaben?

6.2.2 Potenziale und Termine ausloten

Grundsätzlich folgt die Personalentwicklungsplanung der Richtschnur, die im Kapitel »Planen« erläutert wird (Abb. 5.2).

Auf die Ermittlung *Eignungsprofile* und der Neigungen der Mitarbeiter, also ihrer *Motivation*, muss man hier besonderen Wert legen. Personalentwicklung will ja gerade Eignungsdefizite tilgen und Potenziale, das heißt Entwicklungsmöglichkeiten, ausbauen. Dabei spielen die Führungskräfte eine wichtige Rolle (Bröckermann 2009 b, S. 319 ff., Mudra 2004, S. 155 ff., Rosenstiel 2000, S. 4 f.).

- Sie sprechen oft und regelmäßig mit ihren Mitarbeitern, wenn sie ihre Sache richtig machen. In diesen Gesprächen können sie deren Eignung, Potenziale und Neigungen erkennen (Kapitel »Kommunizieren«).
- Das der Beurteilung folgende Beurteilungsgespräch kann ebenfalls Informationen liefern (Kapitel »Beurteilen«).
- Möglich sind aber nicht nur Gespräche mit den Betroffenen, sondern auch Gespräche über die Betroffenen. So können sich Führungskräfte, etwa Hauptabteilungsleiter, viertel- oder halbjährlich zu Entwicklungsgesprächen treffen und dort die Eignung und Neigung ihrer Mitarbeiter diskutieren. Sicherlich sind ihre Eindrücke subjektiv. Diese Subjektivität kann aber im Gespräch relativiert werden.
- Zur Vorbereitung dieser Entwicklungsgespräche empfehlen sich schriftliche Befragungen der Führungskräfte. Mit der Einladung zum Entwicklungsgespräch erhalten sie Listen mit kurzgefassten Daten aus der Personalakte, versehen mit Fragen zur Eignung. Derartige Befragungen sind natürlich auch losgelöst von Entwicklungsgesprächen denkbar. Sie können in Form von Potenzialerhebungen vorgenommen werden. Die Führungskräfte werden aufgefordert, diejenigen Mitarbeiter zu nennen, die sie zum Zeitpunkt der Befragung für besonders leistungsfähig und talentiert halten (Mentzel 2005, S. 96 f.).
- Eigens zum Zweck der Ermittlung des Personalentwicklungsbedarfs der Mitarbeiter dient das Beratungs- und Fördergespräch. Für deren Vorbereitung und Durchführung gelten grundsätzlich die gleichen Regeln wie für das Beurteilungsgespräch. Da es den Mitarbeitern in der Regel schwer fällt, ihren Personalentwicklungsbedarf zu artikulieren, sollten sie so rechtzeitig eingeladen werden, dass ihnen noch genügend Zeit für die Vorbereitung bleibt.

Warum scheuen Führungskräfte zuweilen davor zurück, besonders geeignete Mitarbeiter für den nächsten Karriereschritt zu empfehlen?

Wenn man Potenziale ermittelt hat, kann man zur *Nachfolgeplanung* übergehen. Sie dient der Vorsorge, denn Führungskräfte stehen im Sinne der Führungskompetenz *Gewissenhaftigkeit* dafür gerade, dass auch in Zukunft die Ziele in ihrem Zuständigkeitsbereich umgesetzt und die anstehenden Aufgaben ordentlich gelöst werden. Mit der Nachfolgeplanung wird den geeigneten und interessierten Mitarbeitern die Möglichkeit geboten, sich gezielt für die Übernahme einer bestimmten Stelle zu qualifizieren. Dann können die Führungskräfte umgehend auf Kandidaten zurückgreifen, wenn Mitarbeiter das Unternehmen verlassen. Den Nachfolgekandidaten wird mit der Chance eines planmäßigen, nach allgemein gültigen Kriterien vollzogenen Aufstiegs ein Anreiz zum Verbleib und zum Engagement im Unternehmen geboten. Wenn aus Sicherheitsgründen mehrere potenzielle Nachfolger in die Planung einbezogen werden, relativiert sich dieser Anreiz jedoch zumindest für diejenigen, die letztlich nicht berücksichtigt werden (Abb. 6.12, Mentzel 2005, S. 148 ff.).

Falls sich für eine Position keine potenziellen Nachfolger finden, muss man andere Maßnahmen einleiten, im Allgemeinen eine Personalbeschaffung, und zwar sofort oder zu einem späteren Zeitpunkt, der zu fixieren ist.

Übungsaufgabe

Nicht jeder Mitarbeiter, der damit rechnet, wird zum Nachfolgekandidaten. In welcher Weise muss man sich der enttäuschten Mitarbeiter annehmen?

Anders als bei der Nachfolgeplanung geht es bei der *Laufbahnplanung* nicht unmittelbar um eine Stellenbesetzung, sondern um die berufliche Entwicklung einzelner Mitarbeiter im Unternehmen. Damit sind natürlich indirekt auch wieder Stellen angesprochen, die die Betreffenden im Laufe ihrer Entwicklung einnehmen können, wenn sie sich entsprechend qualifizieren (Mentzel 2005, S. 139 ff.).

Insbesondere bei der Laufbahnplanung wird das *Dilemma* der Führungskräfte offenbar. Einerseits müssen sie darauf vertrauen, dass ihnen bei Personalabgängen geeigneter Ersatz zur Verfügung steht. Andererseits bringen es die Entwicklungschancen und -pfade mit sich, dass sie gerade die Mitarbeiter mit großem Potenzial missen müssen, und zwar zunächst für Entwicklungsmaßnahmen und danach für anspruchsvollere Positionen in gegebenenfalls anderen Abteilungen.

Dieses Dilemma verdeutlicht den Stellenwert der Führungskompetenz *Folgebewusstsein*: Führungskräfte müssen die Verantwortung sowohl für die angenehmen als auch für die unangenehmen Konsequenzen ihrer Entscheidungen übernehmen.

Viele Maßnahmen konzentrieren sich auf die Arbeitszeit, zum Beispiel unternehmensinterne Schulungen. Andere finden zum Leidwesen der Beteiligten ausschließlich in der Freizeit statt, etwa ein Fernstudium. Manche Personalentwicklungsmaßnahmen beinhalten Arbeits- und Freizeit, beispielsweise Wochenseminare, die das Wochenende einschließen. Die *Terminierung* der Maßnahmen, die während der Arbeitszeit stattfinden, ist immer wieder ein großes Problem. Eigentlich sind die Mitarbeiter nahezu unabkömmlich, denn sonst hätte man sich beim quantitativen Personalbedarf verrechnet. Ohne Personalentwicklung würden die Mitarbeiter aber Zug um Zug ihre Eignung für die Bewältigung ihrer Aufgaben verlieren, die sich ständig wandeln und tendenziell immer anspruchsvoller werden. Deshalb müssen die Führungskräfte die Terminierung recht frühzeitig mit den Betroffenen abstimmen. Außerdem müssen sie die Maßnahmen auch danach auswählen, ob sie zu vertretbaren Terminen stattfinden und sich in einem ebenso vertretbaren Zeitrahmen bewegen.

Etwaige allgemeine Nachfolgeprinzipien beachten		
↓		
Anforderungsprofil erstellen		
↓		
Nachwuchsdatei erstellen bzw. auswerten		
Stelle		
Stellenbezeichnung	Stellennummer	
Abteilung / Bereich	Kostenstelle	
Zielsetzung		
derzeitige Stellenbesetzung		
Name, Vorname	Geburtsdatum	
Stelleninhaber seit	Ausscheiden zum	
Stellvertreter	gegenwärtige Position	Ausbildung
1.		
2.		
3.		
Mögliche Nachfolger		
1. Name, Vorname	Eignung zur Stellenübernahme liegt voraussichtlich vor:	
Geburtsdatum	▪ sofort	
derzeitige Position	▪ innerhalb eines Jahres	
notwendige Weiterbildung	▪ innerhalb von 2 Jahren	
	▪ nach ca. 2 bis 5 Jahren	
2. Name, Vorname	Eignung zur Stellenübernahme liegt voraussichtlich vor:	
Geburtsdatum	▪ sofort	
derzeitige Position	▪ innerhalb eines Jahres	
notwendige Weiterbildung	▪ innerhalb von 2 Jahren	
	▪ nach ca. 2 bis 5 Jahren	
↓		
Anforderungs- und Eignungsprofile vergleichen		
↓		
Nachfolgekandidaten auswählen		
↓		
Nachfolgekandidaten informieren		
↓		
Dringlichkeitsstufe festlegen		
↓		
Personalentwicklungsmaßnahmen festlegen		

Abb. 6.12: Nachfolgeplanung (nach Bröckermann 2009 b, S. 326 und Mentzel 2005, S. 153)

6.2.3 Maßnahmen initiieren und umsetzen

Auf der Grundlage der Planung geht es nun an die Umsetzung (Abb. 6.13, Müller-Vorbrüggen 2010, S. 7 ff.).

Die geeigneten Maßnahmen wird man als Führungskraft sicherlich gemeinsam mit dem Betroffenen und Experten des Personalwesens oder bei spezialisierten Anbietern auswählen. Im Folgenden werden die Aktivitäten der Personalbildung, Personalförderung und Arbeitsstrukturierung beschrieben, die die Führungskräfte selbst in Gänze oder teilweise durchführen. Dabei wird erläutert, welche Rolle Führungskompetenzen dabei spielen, nämlich das *Fachwissen* hinsichtlich dessen, was zur Bewältigung der Anforderungen notwendig ist, und die *Lehrfähigkeit* im Sinne der Einsicht in die Gesetzmäßigkeiten des Lernens (Bröckermann 2009 b, S. 333 ff.).

> **Übungsaufgabe**
>
> Sie haben vielleicht selbst schon eine Berufsausbildung absolviert. Welche Aufgaben hatten dabei die Abteilungsleiter oder Meister? Was haben sie aus Ihrer Sicht richtig, was falsch gemacht?

In Deutschland erfolgt die *Berufsausbildung* an zwei Lernorten: im Unternehmen, wo Führungskräfte aktiv werden, wenn sie als Ausbilder fungieren, und in der Berufsschule. Die Berufsausbildung ist eine Erstausbildung, schafft also den Übergang vom Bildungs- in das Beschäftigungssystem. Ein geordneter Ausbildungsgang wird durch staatliche Ausbildungsordnungen sichergestellt, die jeweils die Bezeichnung des Ausbildungsberufs, die Dauer der Berufsausbildung, das Berufsbild, die Prüfungsordnung und den Ausbildungsrahmenplan enthalten. Die Inhalte der Ausbildungsrahmenpläne sind für die Ausbilder verbindlich. Methodisch und organisatorisch lassen sie ihnen jedoch weitgehend freie Hand für betriebliche Ausbildungspläne. Sie orientieren sich am Ausbildungsrahmenplan und berücksichtigen zugleich die betrieblichen Bedingungen. Sie helfen bei der Steuerung der Ausbildung und zeigen auf, wo die Auszubildenden was zu lernen haben, wann das zu geschehen hat und wie lange sie jeweils an einem Ausbildungsort verweilen sollen. Die Ausbildung muss aber nicht nur als Ganzes, sondern auch individuell für jeden Auszubildenden geplant werden. Der individuelle Ausbildungsplan muss in Form einer sachlichen und zeitlichen Gliederung dem Berufsausbildungsvertrag beigelegt werden, der die individuelle Rechtsgrundlage für ein Berufsausbildungsverhältnis ist (Klotz 2010, S. 143 ff.).

> **Übungsaufgabe**
>
> Erinnern Sie sich an Ihren ersten Arbeitstag in einem Unternehmen. Wie ist er abgelaufen? Wie haben Sie sich abends gefühlt?

Anders als die Berufsausbildung ist das *Anlernen* an keine staatlichen Vorgaben gebunden. Es bleibt den zuständigen Führungskräften überlassen, wie sie dabei vorgehen. Das Anlernen ist eine Form der fachlichen Einweisung von Mitarbeitern. Es handelt sich um eine Maßnahme, durch die man jene Qualifikationen und Kompetenzen vermitteln will, die für die Ausübung einer praktischen Tätigkeit im Unternehmen notwendig sind. Aber nicht jede fachliche Einweisung ist ein Anlernen. Das Anlernen

Personalbildung
- Berufsausbildung: Erstausbildung
- Anlernen: fachliche Einweisung für die Praxis
- Einarbeitung: fachliche Einweisung für Neueintritte
- Training into the Job: Reintegration nach einem anderen Einsatz
- Reaktivierung: Aktualisierung für Berufsaussteiger
- Umschulung: Schulung nach Rehabilitation bzw. Aufgabe des Berufs
- Berufliche Neuorientierung: Schulung für Entlassene
- Training on the Job: Lernen am Arbeitsplatz
- Training off the Job: Lernen außerhalb des Arbeitsplatzes
- Training near the Job: Lernen parallel zur Arbeitsaufgabe
- E-Learning: Lernen mit Hilfe von Software
- Web-Based Training: Lernen mit Hilfe von EDV-Netzwerken
- Wissensmanagement: Wissen wird in Netzwerken systematisiert
- Telelearning: Lernen mit Hilfe eines Angebots im TV
- Blended Learning: Kombination von Präsenz + Lernen auf Distanz
- Fernunterricht: Lernen mit Hilfe von Lehrmaterialien
- Selbstgesteuertes Lernen: individuelles Lernen
- Corporate University: Bildungskatalog großer Unternehmen
- Duales Studium: Berufsausbildung und Studium parallel

Personalförderung
- Praktikum: Vorbereitung auf einen späteren Beruf
- Traineeprogramm: Training von Hochschulabsolventen
- Fachberatung: Führungskräfte + Spezialisten als Ratgeber
- Moderation: gemeinsame Problemlösung
- Coaching: Hilfe zur Selbsthilfe
- Mentoring: erfahrene Führungskraft unterstützt einen Anfänger
- Supervision: Reflexion des beruflichen Alltags
- 360-Grad-Feedback: Feedback von allen Kontaktpersonen
- Assessment Center: Auswahlseminare mit vielen Übungen
- Förderkreis: im vertrauten Kreis Verhaltensweisen einüben
- Juniorfirma: Übungsfirma oder Schattenkabinett
- Outdoor Training: Lernen in der freien Natur
- Training out of the Job: Übergang von der Arbeit in den Ruhestand

Arbeitsstrukturierung
- Telearbeit: außerhalb der Firma, Kontakt über EDV-Medien
- Job Rotation: Wechsel von Arbeitsplätzen und Arbeitsaufgaben
- Fertigungsteam: Gruppen, die viele Arbeitsstationen beherrschen
- Job Enlargement: Zusammenfassung ähnlicher Arbeitselemente
- Job Enrichment: Hinzufügen schwieriger Arbeitselemente
- Teilautonome Gruppe + Fertigungsinsel: Fertigung in der Eigenverantwortung einer Gruppe
- Qualitätszirkel + Lernstatt: eigenverantwortliche Qualitätsarbeit
- Werkstattzirkel + Projektgruppe: Gruppenarbeit zur Problemlösung
- Stellvertretung + Sonderaufgaben: anspruchsvolle Aufgaben
- Versetzung + Beförderung: Änderung des Aufgabenbereichs
- Auslandseinsatz: Arbeitsaufgaben im Ausland bewältigen

Abb. 6.13: Personalentwicklungsmaßnahmen (nach Bröckermann 2009 b, S. 333 ff.)

gilt in aller Regel relativ anspruchslosen Aufgabengebieten, für die eine Berufsausbildung nicht existiert oder zumindest nicht erforderlich ist.

Die *Einarbeitung* geht weit über das Anlernen hinaus. Mit dieser Maßnahme stellen Führungskräfte sicher, dass jene Mitarbeiter, die die Arbeit erstmals aufnehmen, nicht nur ihre Aufgaben kennen, akzeptieren und erlernen, sondern zudem in die soziale Struktur der Belegschaft integriert werden. Damit das gelingt, muss man frühzeitig den Arbeitsplatz vorbereiten, den Kollegenkreis informieren und einen exakten Einarbeitungsplan erstellen, der den organisatorischen Ablauf regelt und fachliche wie auch persönliche Aspekte berücksichtigt. Am ersten Arbeitstag beginnt die Einarbeitung mit einer Begrüßung. Man bietet Hilfe für persönliche Probleme durch die Arbeitsaufnahme an, nimmt etwaige noch fehlende Mitarbeiterdaten auf, erläutert den Einarbeitungsplan, zeigt die Räumlichkeiten und stellt den Kollegenkreis vor. Speziell am Beginn des neuen Arbeitsverhältnisses suchen und benötigen die Neuen den engen Kontakt zu ihren Führungskräften. Viele Fragen müssen geklärt werden und nahezu täglich kommen neue dazu. Völlig falsch wäre der Ansatz, sie erst einmal zur Ruhe kommen zu lassen oder die Einarbeitung komplett zu delegieren. Vielmehr sollte man ein generelles Gesprächsangebot machen und daneben feste Termine für situations- und bedarfsorientierte Gespräche absprechen. Da die Eingliederung in eine Arbeitsgruppe oftmals schwierig und langwierig ist, empfiehlt sich der Einsatz eines Kollegen als Pate, das heißt zur Unterstützung der sozialen Integration. Die fachliche Einweisung sprengt den Rahmen des ersten Arbeitstages. Hier geht es um das Erlernen und Trainieren von besonderen Techniken und Methoden sowie die Bedienung von Maschinen und Anlagen. Dabei werden Arbeitsunterlagen und Arbeitsabläufe erklärt. Die fachliche Einweisung findet am Arbeitsplatz statt oder auch im Rahmen von Schulungen. Der Lernprozess muss so gestaltet werden, dass die verlangten Lernschritte in angemessenem Tempo, sinnvoller Reihenfolge und zweckmäßigen Größenordnungen stattfinden können. Die Führungskraft sollte Hilfestellung geben und engen Kontakt zu dem Betreffenden halten, ihn über die Aufgaben informieren sowie den Sinn der Tätigkeit im Kontext des Betriebes erklären. Großunternehmen unterhalten mitunter für den gewerblichen Bereich gesonderte Anlernwerkstätten. Die Arbeitsausführung ist zu kontrollieren und die Arbeitsergebnisse sind zu besprechen. Fortschritte sollten jederzeit anerkannt werden. Die Einarbeitungszeit, die sich zeitlich oft mit der Probezeit deckt, dient gleichzeitig dazu, den neuen Mitarbeiter zu beurteilen und seine Eignung festzustellen. Deshalb wird vor Ablauf der Probezeit entschieden, ob der neue Mitarbeiter in ein Dauerarbeitsverhältnis übernommen wird (Bröckermann 2009 b, S. 129 ff.).

Die Einarbeitung von Mitarbeitern, die nach einem anderweitigen Einsatz an ihren vormaligen oder einen anderen Arbeitsplatz kommen, nennt man *Training into the Job* oder Reintegration (Kolleker/Wolzendorff 2010, S. 180 ff.).

Übungsaufgabe

Vielleicht haben Sie Kollegen schon einmal die Erledigung einiger Ihrer Arbeitsaufgaben erläutert, damit sie Sie, beispielsweise in Ihrem Urlaub, vertreten konnten. Wie sind Sie dabei vorgegangen? Waren Sie erfolgreich?

Als *Training on the Job* bezeichnet man Personalentwicklungsmaßnahmen am Arbeitsplatz. Es handelt sich um eine aktive Auseinandersetzung mit der jeweiligen Arbeitsaufgabe. Oft ist die Führungskraft des Betroffenen der Trainer. Sie unterstützt den

Aufbau eines gesunden Selbstbewusstseins, indem sie Stärken anerkennt und entwickelt, aber auch auf Fehler und Schwächen aufmerksam macht. Besonders erfolgreich ist diese Maßnahme, wenn die Mitarbeiter für das Training motiviert sind und das Training auf ihr Qualifikations- und Kompetenzniveau Bezug nimmt. Das Training on the Job kann kurzfristig angesetzt werden. Die Mitarbeiter erbringen neben der Lernleistung auch noch eine Arbeitsleistung. Durch diese Verknüpfung ist die Umsetzung in die tägliche Arbeit, der Transfer, gewährleistet. Das schätzen auch die Teilnehmer (Schier 2010, S. 218 ff.).

Führungskräfte und Spezialisten können eine *Fachberatung* anbieten. Mehr als ein Angebot sollte es aber nicht sein, denn Beratung darf keineswegs aufgezwungen werden. Mitarbeiter, die einen fundierten fachlichen Rat annehmen, vermeiden Fehler und sammeln Erfahrungen (Hartmann 2010, S. 405 ff.).

Wenn Führungskräfte als Moderatoren fungieren sollen oder wollen, empfiehlt es sich, zunächst ein einschlägiges Seminar zu besuchen. Der Schwerpunkt der *Moderation* liegt auf der Schaffung eines gemeinsamen Problembewusstseins und auf einer gemeinsamen Problemlösung. Zur Vorbereitung führt der Moderator oft Einzelinterviews mit den Mitarbeitern und ein Vorgespräch mit der Gruppe, um die Rahmenbedingungen zu verdeutlichen. Zu Beginn muss der Moderator mit den Teilnehmern die Aufgabenstellung erarbeiten und die Problemstruktur offenlegen. Im Mittelpunkt steht das Lernen durch das Erarbeiten von neuen Lösungsansätzen. Der Moderator sollte die Mitarbeiter zu einem kooperativen, kreativen Prozess anregen, ohne selbst in den Mittelpunkt zu rücken und ohne inhaltlich einzugreifen oder zu steuern. Er hat die Aufgabe, Fragen zu stellen statt Antworten und Lösungen vorzugeben. Dadurch werden alle Mitarbeiter stimuliert, sowohl ihr Wissen und ihre Erfahrungen als auch ihre Stimmungen und Meinungen zu äußern. Schließlich muss der Moderator die neuen Lösungsansätze dokumentieren (Hartmann 2010, S. 399 ff., Kapitel »Ziele vereinbaren«).

Mit einem *Coaching* will man den Betroffenen helfen, sich selbst besser zu organisieren, ihre individuellen Potenziale zu entwickeln und neue Kraft zu schöpfen. Das empfiehlt sich zum Beispiel als Laufbahnplanung sowie bei veränderten Arbeitsinhalten und -bedingungen oder Versetzungen, aber auch bei Leistungsdefiziten, gesundheitlichen Beeinträchtigungen und privaten Problemen. Das Coaching durch die Führungskraft, das sogenannte Employee Coaching, ist ein in der Regel mehrmonatiger Beratungsprozess, durch den Stärken und Schwächen ausgewählter Mitarbeiter, der Coachees, identifiziert und Korrekturen angeregt werden. Die Führungskraft leistet

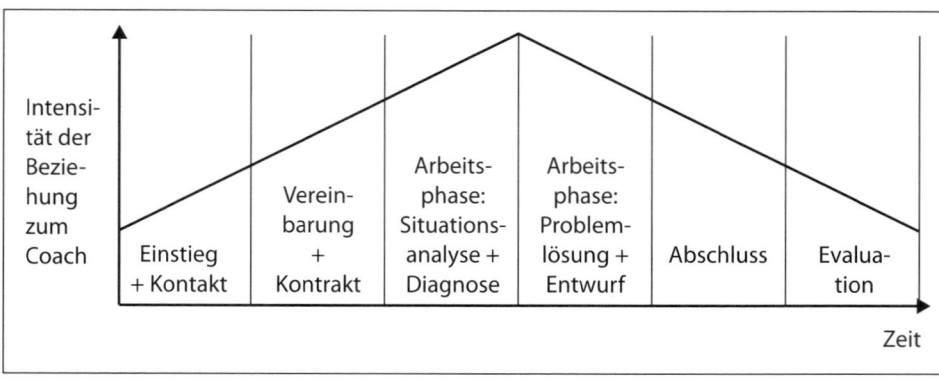

Abb. 6.14: Coaching (nach Vogelauer 2003, S. 187)

hier als Coach Hilfe zur Selbsthilfe, damit der Coachee die Arbeitsanforderungen in Zukunft erfolgreicher und unabhängiger bewältigen kann. Zwischen der Führungsrolle und der Rolle des Coach als Berater und Förderer bestehen erhebliche Unterschiede. Deshalb werden sich die Führungskräfte auf diese Rolle in der Regel durch eine Personalentwicklungsmaßnahme vorbereiten müssen. Da das Coaching die als Coach tätige Führungskraft zeitlich stark binden kann, kommen als Coachee zumeist nur Beschäftigte in Betracht, die ihrerseits Führungsverantwortung tragen oder künftig tragen werden (Abb. 6.14, Rauen 2000, S. 171 ff.).

Übungsaufgabe

Stellen Sie sich vor, dass Sie in eine andere Abteilung versetzt worden sind und neue Arbeitsaufgaben übernommen haben, mit denen Sie nicht zurecht kommen. Warum möchten Sie – oder möchten Sie nicht –, dass Ihre Führungskraft Sie coacht?

Mentoring ist eine Beziehung zwischen einer erfahrenen, auf dem Karriereweg weit vorangeschrittenen Führungskraft, dem Mentor, und einem am Anfang des Berufslebens stehenden Mitarbeiter, dem Protegé. Im Vordergrund steht einerseits die Integration in die soziale Struktur der Belegschaft und andererseits die Vermittlung von Qualifikationen und Kompetenzen. Hier wird zunächst die Zielsetzung geklärt, also die Frage, welchen Nutzen die Beteiligten erwarten können. Es folgt die Initiierung, bei der zunächst ein Mentor nach den Kriterien Förderungsbedarf, Erfahrung, Qualifikation und Kompetenz ausgewählt wird. Mentor und Protegé lernen sich, zumeist im Rahmen der Einarbeitung, als Partner kennen. Die zentrale Phase ist die Entwicklung. Der Mentor sucht geeignete Personalentwicklungsmaßnahmen, führt Beratungsgespräche und betreibt eine Art Marketing für den Protegé. Dabei darf er allerdings nicht auf freundschaftliche Gefälligkeiten und Cliquenwirtschaft verfallen. In dieser Phase wird die Beziehung zwischen Mentor und Protegé ausgebaut, allerdings seitens des Mentors auch viel Zeit investiert. Der Protegé wird zunehmend unabhängiger, wenn der Mentor ihn nicht zur Übernahme seiner Ideen und Erfahrungen drängt. Danach setzt die Trennung ein. Der Mentor gibt nun lediglich Unterstützung bei der Umsetzung von Entscheidungen. In der Neubestimmung lösen Mentor und Protegé ihre offizielle Beziehung auf. Unter Umständen schließt sich nun eine rein freundschaftliche Beziehung an (Blickle 2002, S. 66 ff., Reichelt 2010, S. 439 ff.).

Für die *Telearbeit*, die dauerhaft oder temporär entfernt von der Betriebsstätte mithilfe von Kommunikationsmedien ausgeführt wird, müssen die Führungskräfte Mitarbeiter auswählen, die über die einschlägigen fachlichen und methodischen Qualifikationen verfügen. Die Betreffenden sollten zudem in der Lage sein, ihre Qualifikationen eigenverantwortlich auszubauen, unabhängig vom Standort voneinander zu lernen oder auf eine Hilfestellung durch das Unternehmen zu drängen (Seebass/Wallenstein 2010, S. 519 ff.).

Job Rotation ist durch den regelmäßigen und systematischen, planmäßigen Wechsel von Arbeitsplätzen und Arbeitsaufgaben der Mitarbeiter untereinander gekennzeichnet. Die Betroffenen erwerben mithin Qualifikationen und Kompetenzen, die sie zur Übernahme anderer Aufgaben befähigen. Das hat Vorteile, die Führungskräfte überzeugen. Man hat beim Ausfall von Mitarbeitern eingearbeitete Ersatzkräfte. Zudem wird die ermüdende und mithin kontraproduktive Monotonie wenn nicht vermeiden, so doch eingeschränkt (Fricke 2010, S. 533 ff.).

Dasselbe gilt für *Fertigungsteams*, das heißt Gruppen von etwa zehn Mitarbeitern, die jeweils mindestens drei Arbeitsstationen beherrschen, für das Job Enlargement und das Job Enrichment. Mit dem *Job Enlargement* können Führungskräfte mehrere ähnliche Arbeitselemente, die ursprünglich auf verschiedene Arbeitsplätze verteilt waren, auf einem Arbeitsplatz zusammenfassen. Beim *Job Enrichment* wird die Arbeit durch Hinzufügen verschieden schwieriger, aber dennoch zusammengehörender Arbeitselemente der Planung, Ausführung und Kontrolle angereichert (Wilms 2010, S. 557 ff.).

Eine *teilautonome Arbeitsgruppe* fordert den drei bis zehn Mitgliedern vielfältige Qualifikationen und Kompetenzen ab. Sie bewältigen nicht nur die Fertigung in Eigenverantwortung, sondern auch die Planung, Organisation und Kontrolle. Zudem sollen sie möglichst alle Arbeiten der Gruppe beherrschen, Verbesserungsvorschläge erstellen und umsetzen. Um die tägliche Arbeit, aber auch das tägliche Lernen zu koordinieren, wählt die Gruppe einen Gruppensprecher. Die Führungskraft ist in der Hauptsache als Coach tätig. Wenn man nicht nur die Mitarbeiter, sondern auch die Betriebsmittel, die für die Durchführung einer Aufgabe notwendig sind, räumlich und organisatorisch zusammenfasst, bezeichnet man eine teilautonome Arbeitsgruppe als *Fertigungsinsel* (Antoni 2010, S. 569 ff.).

Qualitätszirkel sind Gruppen von ungefähr sechs bis zwölf Mitarbeitern, die Schwierigkeiten im Produktionsprozess beseitigen und die Produktqualität verbessern. Der Gruppe stehen Moderatoren zur Verfügung. Diese Rolle übernehmen oft Führungskräfte, zum Beispiel Vorarbeiter oder Meister. Die Gruppe hat die Möglichkeit, Experten einzuladen und deren Hilfe bei der Problemlösung in Anspruch zu nehmen, auch und gerade um die Qualifikationen und Kompetenzen der Gruppenmitglieder zu verbessern (Strasmann 2010, S. 583 ff.).

Noch deutlicher wird dies, wenn der Begriff *Lernstatt* ins Spiel kommt, der sich als Abkürzung für das Lernen in der Werkstatt erklärt und vor dem Hintergrund der Beschäftigung ausländischer Arbeitnehmer entstand. Die Lernstatt diente zunächst dazu, ihr sprachliches und technisches Verständnis anhand konkreter betrieblicher Aufgaben und Abläufe zu verbessern. Heute fungiert die Lernstatt als Qualitätszirkel (Strasmann 2010 b, S. 584 ff.).

Werkstattzirkel sind befristete Kleingruppen, in denen sich fachkundige, erfahrene Beschäftigte unterschiedlicher Hierarchieebenen und Abteilungen zusammenfinden, um betriebliche Probleme zu lösen oder Innovationen zu entwickeln. Eine solche Gruppe wird von einer Führungskraft, etwa einem Meister oder Vorarbeiter, moderiert. Hier werden keine weiteren Experten eingeladen. Andererseits erwerben die Mitglieder durch die Problemlösung und Zusammenarbeit neue Qualifikationen und Kompetenzen (Erkelenz 2010, S. 599 ff.).

Ähnlich verhält es sich mit *Projektgruppen*, die neuartige und komplexe, bereichsübergreifende Problemstellungen bearbeiten. Fachabteilungen stellen die benötigten Spezialisten ab, die einem Projektmanager während der Projektdauer unterstellt sind. Der Lösungsprozess bedingt ein Lernen aller Beteiligten (Erkelenz 2010, S. 599 ff.).

Übungsaufgabe

Sie haben Ihren Mitarbeiter Dieter Dollmann für ein Projekt abgestellt. Der Projektleiter berichtet Ihnen nun, dass Herr Dollmann sich dauernd mit anderen Mitarbeitern anlegt und seine Leistung dadurch stark nachlassen. Sind Sie dafür zuständig oder ist das der Projektleiter? Was machen Sie nun?

Wenn man über die Nachfolgeplanung etwaige Kandidaten ausmacht, ist es ratsam, diese mit den Aufgaben der *Stellvertretung* zu betrauen. Sie könnten entweder das gesamte Aufgabenfeld über die Urlaubzeit bzw. andere Abwesenheitsperioden des Stelleninhabers übernehmen oder dauerhaft einige Teilaufgaben. Damit erwerben sie die erforderlichen Qualifikationen und Kompetenzen im Tagesgeschäft (Stelzer-Rothe 2010, S. 613 ff.).

Sonderaufgaben bieten die Gelegenheit, sich in neuen, über die Routinetätigkeit hinausgehenden Aufgabenstellungen zu versuchen. Als Aufgabenstellung kommen einmalig oder unregelmäßig anfallende Untersuchungen, Planungs- oder Kontrollvorhaben in Frage (Mentzel 2005, S. 196).

Eine *Versetzung* ist eine Änderung des Aufgabenbereichs nach Art, Ort und Umfang der Tätigkeit. Die Betroffenen müssen das hinnehmen, wenn, so § 106 der Gewerbeordnung, die einseitige Weisung nicht durch einen Tarifvertrag (zwischen Arbeitgeberverband und Gewerkschaft), eine Betriebsvereinbarung (zwischen Arbeitgeber und Betriebsrat) oder den Arbeitsvertrag eingeschränkt wird. Gemäß § 95 Absatz 3 des Betriebsverfassungsgesetzes ist die Zustimmung des Betriebsrats erforderlich, wenn die Versetzung voraussichtlich die Dauer von einem Monat überschreitet. Bei einem knappen Personalbestand stopft man mit einer langfristigen Versetzung ein Loch, um ein anderes aufzureißen, denn es kommt ja niemand hinzu. Bei einer kurzfristigen Versetzung mag das nicht so ins Gewicht fallen. Auf jeden Fall erwerben die Betroffenen entweder bei vorbereitenden Maßnahmen oder spätestens am anderen Arbeitsplatz neue Qualifikationen und Kompetenzen (Bröckermann 2009 b, S. 50 ff., 343).

Versetzungen auf höherwertige, anspruchsvollere Positionen nennt man *Beförderungen*.

6.2.4 Kosten, Erfolg und Rentabilität bewerten

An die Planung der Personalentwicklung und ihre Umsetzung sollte sich ein *Controlling* anschließen. Nur durch eine regelmäßige Überprüfung kann festgestellt werden, ob bzw. inwieweit die angestrebten Ziele erreicht wurden (Abb. 6.15).

Personalentwicklungscontrolling		
Kosten	Erfolg	Rentabilität

Abb. 6.15: Personalentwicklungscontrolling (Bröckermann 2009 b, S. 344)

Demnach ist zunächst eine vollständige *Kostenerfassung* vonnöten, die zumindest immer dann, wenn die Führungskräfte die Maßnahmen selbst durchgeführt haben, nicht ohne ihre Hilfe möglich ist. Auf der anderen Seite müssen die Führungskräfte damit rechnen, dass die entstandenen Kosten von ihrem Budget eingehalten werden.

Die *Überprüfung des Erfolgs* richtet sich aus Unternehmenssicht auf die Lern- und vor allem auf die Anwendungserfolge. Man will feststellen, ob es gelungen ist, die erstrebten Qualifikationen und Kompetenzen zu vermitteln. Von einem Erfolg der Personalentwicklung kann aber nur dann gesprochen werden, wenn auch die Erwartungen der Teilnehmer erfüllt wurden, wenn die Vermittlung von Qualifikationen und Kompetenzen gelungen ist und ihren Neigungen und Interessen, ihrer Motivation, entspricht (Becker 2005 b, S. 207 ff., Mentzel 2005, S. 279 ff.).

Ohne eine Überprüfung des Erfolgs der Personalentwicklung fällt es nicht nur schwer, die Investitionen zu rechtfertigen. Man kann auch bei der Planung zukünftiger Personalentwicklungsmaßnahmen Erfolg versprechende nicht von missratenen unterscheiden.

Übungsaufgabe

Vielleicht haben Sie selbst schon ein Seminar besucht. Sind Sie mit dem Seminar zufrieden? Nach welchen Kriterien beurteilen Sie, ob Sie zufrieden sind? Legt Ihr Arbeitgeber andere Kriterien an, wenn ja, welche?

Gleichwohl verzichtet man vielfach auf eine derartige Kontrolle, weil sie in der Tat von vielen Schwierigkeiten beeinträchtigt wird. Selbst wenn die Entwicklungsziele klar definiert sind, unterscheidet sich schon der Lernerfolg verschiedener Teilnehmer an derselben Personalentwicklungsmaßnahme deutlich. Das gilt erst recht für die Umsetzung und die daraus folgenden Anwendungserfolge. Außerdem ist die Umsetzung oft erst zeitversetzt möglich. Dann kann man die Anwendungserfolge aber kaum noch einer Personalentwicklungsmaßnahme zugute halten. Selbst wenn man diese Schwierigkeiten in Kauf nimmt, kann man den Erfolg nicht durch einen einzigen Indikator ausdrücken. Guter Lernerfolg sagt nämlich noch nichts über die Umsetzung aus, und ein guter Lernerfolg, der gut umgesetzt wird, muss noch nicht den Erwartungen der Teilnehmer entsprechen.

Um eine einigermaßen zuverlässige Aussage treffen zu können, muss zwischen dem Lernerfolg, dem Anwendungs- oder Transfererfolg und dem Erfolg aus Teilnehmersicht, der Zufriedenheit, unterschieden werden (ähnlich Regnet 2010, S. 731 ff.).

- Bei manchen Personalentwicklungsmaßnahmen liegt der *Lernerfolg* auf der Hand, etwa bei der planmäßigen Unterweisung. Die Führungskraft kann, wenn sie als Trainer fungiert, den Lernerfolg beobachten, wenn die Mitarbeiter das Vorgeführte nachmachen. In größeren Gruppen kommt man schnell auf die Idee, praktische Übungen und Rollenspiele einzusetzen. Die sind aber recht zeitraubend, wenn alle Teilnehmer eingebunden werden sollen. Ansonsten ist man entweder auf eine im Ergebnis oft unzuverlässige Befragung der Trainer oder auf Prüfungen und Tests angewiesen. Letztere sind beim Teilnehmerkreis meistens unbeliebt, es sei denn, sie verhelfen zu einem allgemein anerkannten Zertifikat.

- Für die Überprüfung sowohl des Lernerfolgs als auch des *Erfolgs aus Teilnehmersicht* eignen sich Teilnehmerbefragungen. Sie können in mündlicher oder besser in schriftlicher Form durchgeführt werden und konzentrieren sich auf Inhalte und Methoden, Trainer und Referenten, die Organisation sowie die Lernerfolge und die Umsetzungsmöglichkeiten aus eigener Sicht.

- Personalentwicklung kann sich für ein Unternehmen nur dann auszahlen, wenn sie sich als *Anwendungserfolg* niederschlägt. Einen Hinweis darauf kann der Vergleich einer Beurteilung der Mitarbeiter vor und nach einer Maßnahme geben, aber auch eine mündliche oder schriftliche Befragung der jeweiligen Führungskräfte. Besser geeignet sind Mitarbeitergespräche und Kennzahlenvergleiche. Wenn geeignete Kennzahlen zu Ausbringungsmengen, Umsätzen oder Ähnlichem aber noch nicht zur Verfügung stehen, ist der Aufwand alleine für die Überprüfung des Anwendungserfolgs von Personalentwicklungsmaßnahmen meistens zu hoch.

Die Einschätzung der *Rentabilität* werden die Führungskräfte in der Regel der Unternehmensleitung und dem Personalwesen überlassen. Rentabilität ist das Verhältnis des Periodenerfolges als Differenz von Ertrag und Aufwand zu anderen Größen. Mit der Überprüfung der Rentabilität der Personalentwicklung versucht man, den Erfolg der Investition Personalentwicklung zu messen (Becker 2005 b, S. 219 ff., Mentzel 2005, S. 292 ff.).

7 Kooperieren

Abb. 7.1: Führungsaufgabe »Kooperieren« (eigene Darstellung)

7.1 Mit Gruppen arbeiten

Personalführung ist eine soziale – gemeint ist auf die Menschen bezogene – Beeinflussung zur Erfüllung gemeinsamer Aufgaben. Angesichts dieser Definition ist Personalführung nur denkbar, wenn eine Person zumindest zeitweise eine andere Person beeinflusst. Personalführung ist also ein Prozess der Kooperation in Gruppen, ein *Management by Participation*, in dem die Beteiligten unterschiedliche, vielleicht sogar wechselnde Rollen wahrnehmen (Kapitel »Kompetent führen«, Wunderer 2009, S. 26 ff.).

Folglich ist es unabdingbar, dass Führungskräfte *teamfähig* sind, dass sie, mit anderen Worten, die Gedanken anderer akzeptieren und kooperativ weiterentwickeln. Wie sie diese Führungskompetenz im Arbeitsalltag verwirklichen können, zeigen die folgenden Ausführungen.

Unter einer Gruppe versteht man eine Reihe von Personen, die in einer bestimmten Zeitspanne häufig miteinander Umgang haben, die also unmittelbar miteinander in Verbindung treten können. Der moderne Begriff *Team* meint grundsätzlich dasselbe, wird aber kaum für Gruppen verwendet, die sich aus sozialen Gründen zusammenfinden, sondern eher für aufgabenorientierte Gruppen (Rechtien 2003, S. 105, Homans 1960, S. 29).

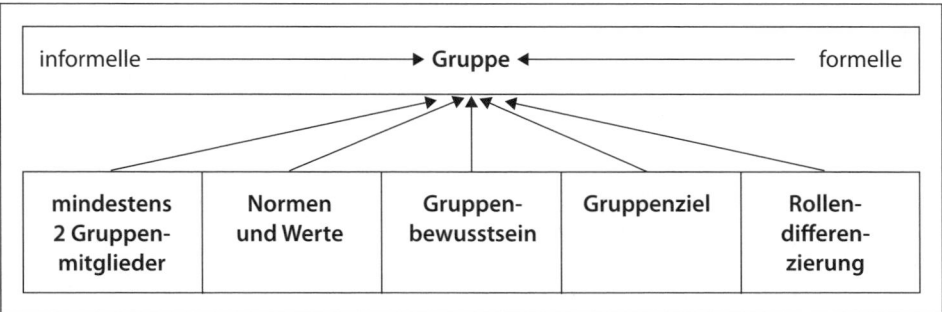

Abb. 7.2: Formelle und informelle Gruppe (eigene Darstellung)

Diese Definition ist zwar weitestgehend akzeptiert, aber doch sehr allgemein gehalten. Eine genauere Begriffsbestimmung, wie sie in Abb. 7.2 wiedergegeben wird, erschließt sich jedoch erst nach einer Erläuterung.

Übungsaufgabe

Acht Personen stehen an einer Bushaltestelle und warten auf den nächsten Bus. Im alltäglichen Sprachgebrauch würde man diese Personen als Gruppe bezeichnen, aber handelt es sich wirklich um eine Gruppe?

Als *Arbeitsgruppen* oder *formelle Gruppen* bezeichnet man solche, die in Unternehmen dauerhaft oder zeitlich begrenzt gebildet werden, beispielsweise Abteilungen, teilautonome Gruppen, Qualitätszirkel, Lerngruppen, Werkstattzirkel und Projektgruppen. In Unternehmen bestehen solche formellen Gruppen meist aus einer Führungskraft und ihren Mitarbeitern (Kapitel »Fordern und fördern«).

Die Mitglieder von Arbeitsgruppen halten sich nicht immer an die formellen Vorgaben. Man spricht miteinander, leistet sich gegenseitig Hilfe, tauscht die Arbeit und gerät in Konflikte. Außerdem kennt man sich vielleicht seit der gemeinsamen Ausbildung, durch die Arbeit an einem Projekt, weil man im selben Ort wohnt oder zusammen in die Kantine geht. Innerhalb der Arbeitsgruppe und darüber hinaus bilden sich *informelle Gruppen* (Abb. 7.3).

Abb. 7.3: Formelle Gruppen (Schlosserei, Dreherei, Montage, Lager), informelle Gruppe in einer formellen Gruppe (—) und informelle Gruppe (- - -), die formelle Gruppen überlappt (nach Golas 1997, S. 39)

Welche informellen Gruppen können Sie in Ihrem Arbeitsumfeld ausmachen, und welchen gehören Sie an?

Mayo, Roethlisberger und Dickson entdeckten in den sogenannten *Hawthorne-Experimenten*, dass die Leistung einer Arbeitsgruppe relativ unabhängig von den Arbeitsbedingungen ist. Entscheidend ist vielmehr die Tatsache, dass der Mensch nicht nur als isoliertes Individuum denkt, fühlt und handelt, sondern auch als Mitglied von formellen und insbesondere informellen Gruppen (Mayo 1933, S. 1 ff., Roethlisberger/ Dickson 1939, S. 1 ff., Ulich 2005, S. 39 ff.).

Ein Beispiel mag das verdeutlichen. Hans Hurtig arbeitet im Akkord, der so ausgestaltet ist, dass er bei 600 Einheiten pro Tag einen durchschnittlichen Lohn erhält. Er fertigt aber 700 Einheiten pro Tag und bekommt Ärger mit seinen Kollegen, die die gleiche Tätigkeit verrichten. Sie befürchten, dass die Verantwortlichen angesichts Hurtigs guter Leistung demnächst mehr als 600 Einheiten pro Tag für einen durchschnittlichen Lohn fordern werden. Sie üben solange Druck auf Hurtig aus, bis er nur noch 600 Einheiten pro Tag erstellt. Lars Lau fertigt am benachbarten Arbeitsplatz nur 500 Einheiten. Auch er bekommt Ärger mit den Kollegen, weil sie es kommen sehen, dass ihr Meister die schlechte Gruppenleistung bemängeln wird (ähnlich Golas 1997, S. 41).

Führungskräfte sind deshalb gut beraten, positive wie auch negative Entwicklungen daraufhin zu hinterfragen, ob sie auf die Kooperation in Gruppen zurückzuführen sind. Das fordert ihnen *Verständnisbereitschaft* ab. Sie müssen sich nicht nur in ihre Mitarbeiter hineinversetzen, sondern die Gedanken ihrer Mitarbeiter darüber hinaus akzeptieren.

- Die Grundlage der Verständnisbereitschaft ist die genaue Kenntnis des Arbeitsplatzes und der Arbeitsaufgaben. Wie im Kapitel »Planen« ausgeführt, ist es dafür unumgänglich, sich die anliegenden Arbeiten von den Mitarbeitern erläutern zu lassen oder sogar zeitweilig selbst zu übernehmen, soweit man dazu fachlich überhaupt in der Lage ist.
- Selbst dann wird man als Führungskraft sicherlich nie alles in Erfahrung bringen, was die Mitarbeiter bewegt. Der bereits an anderer Stelle empfohlene *Jour fixe*, eine turnusmäßige Mitarbeiterbesprechung an einem bestimmten Wochentag zu einer festen Stunde innerhalb der Arbeitszeit, bietet jedoch die Chance, eine vertrauensvolle, offene Beziehung zueinander aufzubauen, in der man sich vieles sagt. Diese Chance baut man aus, wenn man das, was man in diesen Besprechungen erfahren hat, in spontanen, offenen Einzelgesprächen weiter ergründet (Kapitel »Kommunizieren« und »Motivieren«).

Mit der obigen Definition der Gruppe als einer Reihe von Personen wird deutlich, dass eine Gruppe *zumindest zwei Personen* umfassen muss.

- Davon abgesehen stellt sich die Frage, welche Personenzahl sich für eine Gruppe empfiehlt. Miller kommt zu dem Ergebnis, dass die optimale Gruppengröße fünf bis neun Personen umfasst. Gruppen mit mehr als neun Mitgliedern tendieren zur Instabilität durch die Aufspaltung in Untergruppen oder Cliquen. Allerdings kann man als Führungskraft die Anzahl der Mitarbeiter, für die man Verantwortung trägt, die sogenannte *Führungsspanne*, nicht beliebig selbst steuern. Wenn man mehr als neun Mitarbeiter führen muss, kann man die Gruppe aber proaktiv selbst in Untergruppen aufteilen, um den Überblick zu wahren (Kapitel »Fordern und fördern«, Miller 1956, S. 81 ff., Niermeyer/Postall 2008, S. 63).

- Für Gruppen, die schnelle Entscheidungen treffen müssen, empfiehlt sich eine ungerade Personenzahl, um Patt-Situationen bei Abstimmungen zu vermeiden. Entscheidungen mit großer Tragweite sollten nach Möglichkeit in Gruppen mit gerader Mitgliederzahl getroffen werden, weil sie die Eventualitäten sorgfältiger abwägen als Gruppen mit ungerader Mitgliederzahl (Glueck 1976, S. 86).

- Homogene Gruppen, die aus Menschen des gleichen Alters mit ähnlicher Ausbildung und ähnlichen Ansichten bestehen, sind vorteilhaft, wenn Routineaufgaben bewältigt werden sollen. Heterogene Gruppen sind im Vorteil, wenn es um eine schnelle Problemerkennung, die Umsetzung von Erkenntnissen und die Entwicklung tragfähiger Lösungsalternativen geht. Das hat zwei Gründe: Erstens wird durch die Unterschiedlichkeit der Druck zur Übereinstimmung, zum »Group Think«, gemildert, die den Kreativitätsvorteil von Gruppen zunichtemachen kann. Zweitens wird auch das Gegenteil verhindert, der als »Risky Shift« bezeichnete Risikoschub. Grundsätzlich kann eine Gruppe höhere Risiken eingehen als jeder Einzelne für sich, weil die Verantwortung bei allen und damit letztlich bei niemandem liegt. Wenn die Gruppenmitglieder aber recht unterschiedlich sind, mögen sie den anderen Mitgliedern diese Verantwortung nicht so umfänglich zugestehen (Institut für Beschäftigung und Employability 2007, S. 33, Kapitel »Ziele vereinbaren«, Regnet 2007, S. 15 ff.)

Übungsaufgabe

Sie haben sicherlich schon gemeinsam mit anderen eine kreative Aufgabe oder eine Routineaufgabe bearbeitet. Wie viele Mitglieder hatte die Gruppe? Waren sie sich ähnlich, was das Alter und die Ausbildung angeht? Waren die gerade oder ungerade Personenzahl und die Ähnlichkeit oder Verschiedenheit förderlich?

Gruppenmitglieder unterscheiden sich nicht selten durch ihre Herkunft, ihr Alter und ähnliche Merkmale, wodurch sich auch unterschiedliche *Normen und Werte* ergeben. Eine Voraussetzung für die Existenz einer Gruppe ist aber ein gewisser Vorrat an gemeinsamen Normen und Werten. Mit Normen meint man die formellen, geschriebenen Regeln, die vom Unternehmen vorgegeben werden, zum Beispiel ein betriebliches Alkohol- oder Rauchverbot, aber auch die informellen, ungeschriebenen Regeln, die Gruppen sich selbst geben, etwa gemeinsam in die Kantine zu gehen. Ein Wert ist ein gemeinsames Interesse, ein Ordnungs- und Orientierungskonzept, also eine Vorstellung von dem, was eine oder mehrere Personen schätzen, beispielsweise das Einstehen für die anderen Gruppenmitglieder (Wilpert 2007, S. 645).

Führungskräfte müssen einerseits darauf pochen, dass die formellen Normen eingehalten werden. Das ist eine Daueraufgabe, die im täglichen Miteinander nicht vergessen werden darf. Andererseits müssen sie daran arbeiten, dass die Gruppe akzeptable informelle Normen und Werte aufbaut. Das kann zu den verschiedensten Anlässen geschehen, etwa in der regelmäßigen Mitarbeiterbesprechung (»Jour fixe«), in spontanen, offenen Gesprächen, aber vor allem bei informellen Treffen wie beim Betriebssport, einem gemeinsamen Ausflug, einer Feier oder einem Jubiläum. Die Bedeutung dieser informellen Treffen darf man also nicht unterschätzen, auch nicht für das Gruppenbewusstsein (Pinnow 2008, S. 227 f.).

Eine Gruppe muss sich selbst als Gruppe definieren. Notwendig ist also ein *Gruppenbewusstsein*. Wenn man zusammen im Aufzug fährt ist das sicher nicht so. Wenn der Aufzug aber stecken bleibt, sich alle umschauen und realisieren, wer das Schicksal mit ihnen teilt, entsteht ein Gruppenbewusstsein.

Jede Gruppe muss im Sinne dessen, was im Kapitel »Ziele vereinbaren« thematisiert wird, ein *Ziel* haben.

Übungsaufgabe

Beschreiben Sie die Menschen in Ihrem Arbeitsumfeld als Typen, beispielsweise Nesthäkchen, Jasager und Außenseiter. Treffen Sie solche Typen von Menschen auch privat überall?

Schließlich bedarf eine Gruppe für ihre Existenz einer *Rollendifferenzierung*. Damit ist nicht gemeint, dass alle nur Theater spielen. Die Gruppenmitglieder übernehmen vielmehr bei ihren Bemühungen, das Ziel zu erreichen, unterschiedliche Aufgaben. Die Rollen werden ihnen einerseits zugewiesen, indem man ihnen eine Stelle zuteilt. Andererseits entwickeln sich die Rollen je nach Aufgabe, Situation, Kenntnissen, Fertigkeiten und Verhaltensweisen der Gruppenmitglieder.

Die Definition des Begriffs Rolle klingt zunächst abstrakt: Unter einer *Rolle* wird die Summe der Erwartungen an den Inhaber einer bestimmten Position verstanden. Die Definition wird verständlich, wenn man die einzelnen Elemente erklärt (Wunderer 2009, S. 294).

- Die Position ist ein Ort in einem Gefüge sozialer Beziehungen. Sie ließe sich in formellen Gruppen anhand des Stellenbesetzungsplans ermitteln (Kapitel »Planen«).
- Erwartungen sind die Rechte und Pflichten, die der Inhaber einer sozialen Position, beispielsweise die Führungskraft, im Verhältnis zu anderen Personen hat, etwa im Verhältnis zu Mitarbeitern.
- Die Mitarbeiter üben auf ihre Führungskräfte Druck aus, die besagten Erwartungen zu erfüllen, und umgekehrt. Diesen Druck bezeichnet man als Sanktion.
- Können oder wollen die Führungskräfte oder Mitarbeiter die Erwartungen nicht erfüllen, entstehen Konflikte, von denen noch die Rede sein wird.

Damit ist aber noch nicht geklärt, welche konkreten Rollen die Beteiligten übernehmen.

In der Literatur finden sich umfangreiche Listen von *Mitarbeiterrollen*, beispielsweise in der Professional Role-Motivation Theory von Miner: Anreicherung von Wissen, selbstständiges Handeln, Status und Akzeptanz, Hilfe anbieten sowie Einsatz und Verpflichtung. Birkenbihl weist noch auf weitere Rollen hin: Rangniedrigste, Nesthäkchen, Jasager und Gefolgsleute sowie Außenseiter. Belege dafür, dass diese Mitarbeiterrollen immer und in jedem Fall in jeder Gruppe vertreten sind, gibt es nicht (Birkenbihl 1993, S. 5 ff., Miner 1978, S. 739 ff., 1988, S. 1 ff., 1993, S. 1 ff.).

Übungsaufgabe

Gibt es in Ihrem Arbeitsumfeld einen Menschen, der sich oft und intensiv um alle anderen kümmert? Wenn ja, wie macht dieser Mensch das?

Mit der Rollentheorie der Führung unternimmt man den Versuch, zumindest die *Führungsrollen*, die Rollen der Führungskräfte im Rahmen der Personalführung, zu präzisieren (Lukasczyk 1960, S. 179 ff.).

- Aufgabenorientierte Führungskräfte, die »Tüchtigen«, verschreiben sich der sogenannten *Lokomotionsfunktion*. Sie widmen sich mit *Problemlösungsfähigkeit* und *Fleiß* der Bewältigung der jeweiligen Aufgabe, das heißt kompetente Führungskräfte stellen sich konzentriert und beharrlich komplizierten Problemen. Dafür sind sie formell als Führungskräfte durch das Unternehmen autorisiert. Deshalb spricht man in diesem Zusammenhang auch von formeller (Personal-)Führung.
- Daneben findet man eine informelle (Personal-)Führung. Mitarbeiter, die in keiner Weise vom Unternehmen autorisiert sind und eher unbewusst, neben ihrer Arbeitsaufgabe, daran arbeiten, die *Kohäsion*, den Zusammenhalt der Gruppe, zu gewährleisten. Man bezeichnet sie als sozio-emotionale Führungskräfte oder einfach als die »Beliebten«.

Eigenschaften von Gruppen	Praktische Umsetzung
- Formelle Gruppen werden in Unternehmen dauerhaft oder zeitlich begrenzt gebildet, z. B. Abteilungen. - Informelle Gruppen bilden sich innerhalb einer Arbeitsgruppe und darüber hinaus.	- Man muss erkennen, inwiefern die Mitarbeiter als Gruppenmitglieder denken, fühlen und handeln. - Dafür muss man ihre Arbeit aus eigener Anschauung kennen. - Man sollte turnusmäßige Mitarbeiterbesprechung ansetzen. - Man sollte spontan offene Einzelgespräche führen.
- Die optimale Gruppengröße umfasst fünf bis neun Personen.	- Größere Gruppen sollte man in Untergruppen aufteilen. - Für schnelle Entscheidungen ist eine ungerade Mitgliederzahl vorteilhaft. - Für Entscheidungen mit großer Tragweite ist eine gerade Mitgliederzahl vorzuziehen. - Homogene Gruppen bildet man für Routineaufgaben. - Heterogene Gruppen bildet man für die Entwicklung von Alternativen.
- Es gibt formelle Normen, z. B. ein betriebliches Alkoholverbot, sowie - informelle Normen und Werte, z. B. füreinander einstehen.	- Man muss überall darauf pochen, dass formelle Normen eingehalten werden. - Informelle Normen und Werte kann man bei informellen Treffen bilden.
- Gruppenbewusstsein	- Dieses Bewusstsein kann man bei formellen und informellen Treffen bilden.
- Die Mitarbeiterrollen variieren von Gruppe zu Gruppe. - Es gibt zwei Führungsrollen: der »Tüchtige« und der »Beliebte«.	- Typisierungen sind nicht hilfreich. - Beide Rollen müssen besetzt sein. - Die Führungskraft ist in ihrer formellen Rolle der »Tüchtige«. - Die Führungskraft hat eine Chance, zum »Beliebten« zu werden, kann aber darauf nicht spekulieren.

Abb. 7.4: Gruppen führen (eigene Darstellung)

Meist sind die Rollen auf zwei Personen verteilt. Die Wissenschaft spricht hier vom Divergenzansatz. Die Führungskraft in ihrer formell autorisierten Rolle als der »Tüchtige« hat zwar eine Chance, zum »Beliebten«, das heißt quasi informell bestätigt zu werden. Das ist aber eine Konstellation, auf die man nicht spekulieren kann.

Wie wichtig diese beiden Führungsrollen sind, zeigt sich, wenn ein Mitarbeiter das Unternehmen verlässt, der als »Beliebter« bis dahin für den Zusammenhalt der Abteilung gesorgt hat. Die Gruppe ist dann, was diesen Aspekt angeht, hoffnungslos ohne Führung, obwohl es einen Abteilungsleiter gibt. In derartigen Fällen darf man es als Führungskraft nicht versäumen, beispielsweise auf einer Abschiedsfeier, die Verdienste des ausgeschiedenen Mitarbeiters gerade für den Zusammenhalt zu würdigen. Damit verdeutlicht man allen den Verlust und stößt zugleich einen Prozess zur neuerlichen Besetzung der Rolle an.

Abb. 7.4 fasst die Empfehlungen für die Führung von Gruppen zusammen.

7.2   Führen mit Stil

Wie man als Führungskraft seine Führungsrolle ausfüllt, hat sicherlich etwas mit der Situation zu tun, in der man sich befindet. Deshalb klingt die Aufforderung überzeugend, dass Führungskräfte sich an die jeweilige Situation anpassen müssen. Sie sollten nicht immer gleich sondern je nach Situation anders führen. Diese Aufforderung stammt aus den sogenannten Situations- und Verhaltenstheorien der Führung und wird kaum hinterfragt (Aschauer 1970, S. 78 f., Wunderer/Grunwald 1980, S. 135).

> **Übungsaufgabe**
>
> Sind oder kennen Sie eine Führungskraft, die je nach Situation anders führt? Wenn ja, beschreiben Sie einige situative Unterschiede.

Hier muss man recht feinsinnig zwischen Führungsverhalten und Führungsstil unterscheiden.

- Unter *Führungsverhalten* wird das aktuelle Verhalten einer Führungskraft in einer konkreten Führungssituation verstanden. Wie alle Menschen verhalten sich Führungskräfte dauernd in irgendeiner Weise, mal so, wie sie es häufig tun, mal aber auch völlig untypisch, mal angemessen und mal unangemessen. Was sie im Privatleben tun, interessiert hier nicht, sondern nur das, was in Ausübung ihrer Führungsaufgabe geschieht.
- Beobachtet man eine Führungskraft über einen längeren Zeitraum, wird man in ihrem Führungsverhalten gewisse Gemeinsamkeiten erkennen. Diese Gemeinsamkeiten machen ihren *Führungsstil* aus. Ein Führungsstil ist also ein Verhaltensmuster für Führungssituationen, das an einer einheitlichen Grundeinstellung einer Führungskraft zu ihren Aufgaben orientiert ist. In kurzen Worten ist der Führungsstil die Art und Weise, in der eine Führungskraft ihre Mitarbeiter im Allgemeinen führt.

Nimmt man es ganz genau, so gibt es mindestens ebenso viele Führungsstile wie Führungskräfte. Die Wissenschaft hat aus dieser Vielzahl *Typologien* entwickelt.

Kompetente Führungskräfte sind *entscheidungsfähig*. Sie akzeptieren, dass alle Menschen, auch sie selbst, Fehler machen, sie lernen aus den Fehlern und bringen

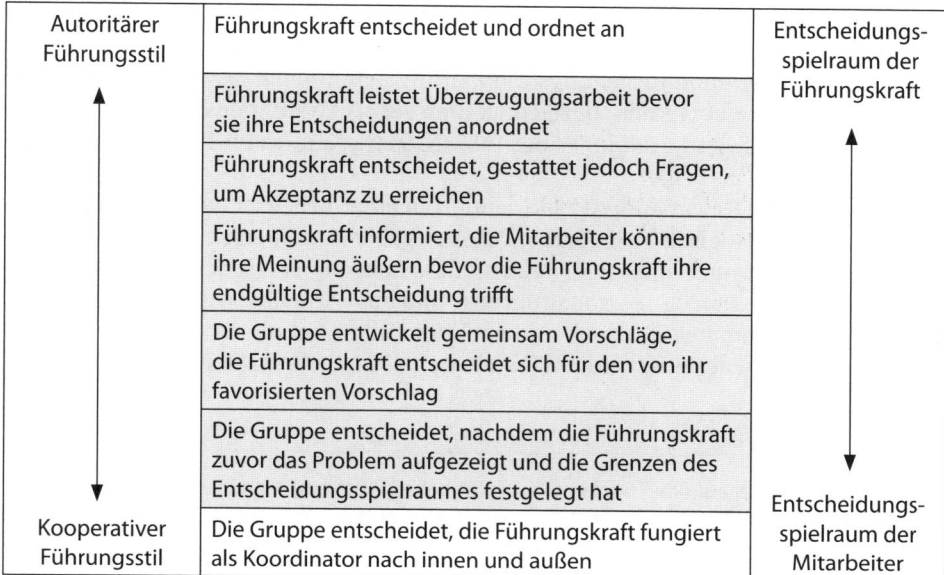

Abb. 7.5: Typisierung von Führungsstilen nach dem Entscheidungsspielraum (nach Tannenbaum/Schmidt 1958, S. 96)

den Mut für neue Entscheidungen auf. So wundert es nicht, dass man Führungsstile nach dem Entscheidungsspielraum der Beteiligten normiert, etwa im Entscheidungsbaum von Vroom und Yetton. Noch bekannter ist die Typisierung von Tannenbaum und Schmidt, die die Extremwerte als autoritären und kooperativen Führungsstil bezeichnen. Die Grauzone zwischen den beiden Extremwerten ist breit gefächert. Derartige Typologien bezeichnet man als eindimensional, weil sie lediglich auf ein Kriterium, den Entscheidungsspielraum, Bezug nehmen (Abb. 7.5, Tannenbaum/Schmidt 1958, S. 96, Vroom/Yetton 1973, S. 1 ff.).

Übungsaufgabe

Wenn eine Führungskraft alleine entscheidet, was ist daran für die Mitarbeiter unangenehm und was angenehm?

Wie im Kapitel »Ziele vereinbaren« erläutert, sollten Führungskräfte, wenn eben möglich, nicht alleine entscheiden, sondern mit ihren Mitarbeitern Ziele für die Arbeitsaufgaben absprechen, die sich mit deren persönlichen Zielen vertragen. Ein durchgängig autoritäres Führungsverhalten, also ein autoritärer Führungsstil, würde das ausschließen und ist demnach nicht zu empfehlen.

Kompetente Führungskräfte sind sowohl *kooperationsfähig* als auch *ergebnisorientiert*. Sie pflegen produktive Beziehungen und sorgen zugleich dafür, dass Gewolltes und Gewünschtes erreicht wird. Zu diesen Einsichten kamen Halpin und Winer, Fleishman sowie weitere Forscher in den sogenannten Ohio-State-Studien bereits vor geraumer Zeit. Eine andere Quelle sind die Michigan-Studien von Likert, Katz und Kahn. Die beiden Forschergruppen stellen die einseitige Orientierung der Führungsstiltypologien am Entscheidungsspielraum in Frage. Mit ihren Untersuchungen wiesen sie nach, dass Führungsstile sich eher und eindeutiger anhand ihrer Ausprägung der Aufgaben- und Beziehungsorientierung beschreiben lassen. Weil hier zwei Kriterien angewendet werden, bezeichnet man sie als zweidimensionale Typologien (Fleishman 1973, S. 1 ff., Halpin/Winer 1957, S. 95 ff., Katz/Kahn 1966, S. 1 ff., Likert 1961, S. 1 ff., 1967, S. 1 ff.).

Da Führungskräfte auf andere zielorientiert in einer Arbeitssituation Einfluss nehmen, kommt man logisch zwingend auf die Aufgaben- und Beziehungsorientierung. Als Führungskraft muss man sicherstellen, dass Leistungen erbracht werden, das ist die *Leistungsdimension* der Personalführung, und dass Arbeitszufriedenheit herrscht, das ist die *Humandimension*, wobei je nach Situation mal die eine, mal die andere Dimension mehr Beachtung verdient (Neuberger 2002, S. 42 ff., Steinle 1978, S. 39 ff.).

> **Übungsaufgabe**
>
> Versuchen Sie sich auf einer Skala von eins bis zehn selbst einzuschätzen: Wie aufgabenorientiert arbeiten Sie und wie beziehungsorientiert? Besprechen Sie Ihre Einschätzung mit einem guten Freund. Teilt er Ihre Einschätzung?

Ein weitere zweidimensionale Typologie von Führungsstilen hat in den letzten Jahren beachtliche Forschungsaktivitäten ausgelöst (Krüger 2006, S. 111 ff., Rosenstiel 2006, S. 151 f., Wiedmann 2006, S. 116 f.).

- Der Mitarbeiter bietet etwas an, etwa seine Leistung und Kooperationsbereitschaft, und erhält dafür von seiner Führungskraft das, was ihm wichtig ist, beispielsweise Lob oder Förderung. An die Grenzen stößt dieser *transaktionale Führungsstil*, wenn von den Mitarbeitern außergewöhnliche Leistungen erbracht werden sollen.
- In diesen Fällen wird der *transformationale Führungsstil* empfohlen. Die Führungskraft verwandelt (transformiert) die Mitarbeiter durch ihre Ausstrahlungskraft (Charisma), durch schöpferische Ideen (Inspiration), Ermunterung (intellektuelle Stimulierung) oder individuelle Wertschätzung so, dass sie sich selbstlos für bestimmte Personen oder Ziele engagieren, ohne eine Gegenleistung zu erwarten.

Die Wirkung des transformationalen Führungsstils wurde in der Zwischenzeit vielfach nachgewiesen, wobei diese Wirkung besonders intensiv in solchen Situationen zu sein scheint, die Verunsicherung auslösen. Damit hat man es als Führungskraft hoffentlich nicht allzu oft zu tun. Andererseits ist es immer angebracht, fleißigen Mitarbeitern seine Wertschätzung zu verdeutlichen, sie durch schöpferische Ideen zu ermuntern und ihnen gerade dabei eine gerechte Gegenleistung für ihren Einsatz zu gewähren.

Mehrdimensionale Typologien verwenden mehr als zwei Kriterien zur Beschreibung von Führungsstilen, wie beispielsweise die situative Führungstheorie von Hersey und Blanchard. Diese Ansätze werden dadurch präziser, unterliegen aber zugleich auch der Gefahr der Unübersichtlichkeit. Eine der anschaulichen mehrdimensionalen Typologien ist das 3-D-Programm von Reddin. Er unterscheidet drei Dimensionen: die Aufgabenorientierung, die Beziehungsorientierung und die Effektivität. Seiner Ansicht nach gibt es vier Grundstile, die durch den Grad ihrer Aufgabenorientierung und Beziehungsorientierung gekennzeichnet sind. Alle vier können effektiv sein, und

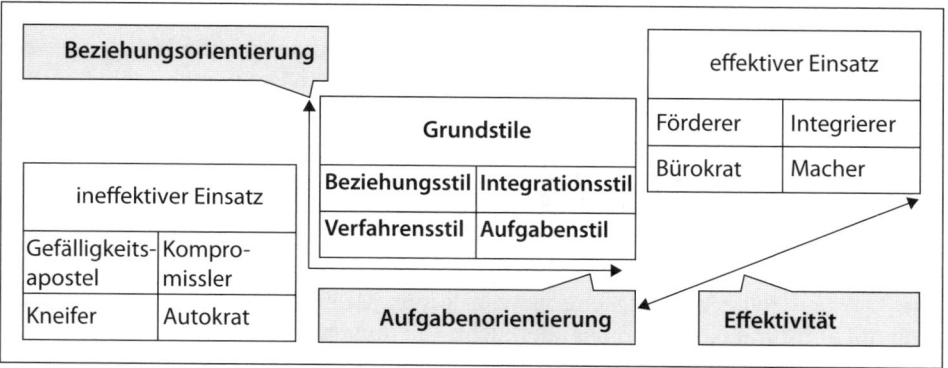

Abb. 7.6: Typisierung von Führungsstilen nach drei Kriterien (nach Reddin 1977, S. 28)

zwar in Abhängigkeit von der spezifischen Situation, in der sie angewandt werden (Abb. 7.6, Hersey/Blanchard 1977, Reddin 1977, S. 25 ff., 58 ff., 94 ff.).

Die dritte Dimension im 3-D-Programm von Reddin kann nicht so recht überzeugen, denn fast alles kann man effektiv bewältigen – oder auch nicht. Andererseits gibt es für Führungskräfte in der Tat weit mehr zu tun, als zu entscheiden, auf die Leistung zu achten und Beziehungen zu pflegen. Angesichts des umfangreichen Aufgabenspektrums wird die Frage, wann Personalführung erfolgreich ist, von Unternehmen zu Unternehmen bzw. von Situation zu Situation unterschiedlich beantwortet. So vielgestaltig und verwirrend wie die Antworten sind dann auch die mehrdimensionalen Typologien von Führungsstilen.

Übungsaufgabe

Haben Sie das neue Jahr schon einmal mit guten Vorsätzen begonnen? Welche Vorsätze waren das? Welchen Vorsätzen sind Sie treu geblieben?

Gemeinsam ist allen Typologien die Aufforderung, Führungskräfte sollten ihren Führungsstil je nach Situation ändern. Gemeint ist nicht das Führungsverhalten, dass man ja ohnehin im Rahmen des eigenen Führungsstil auf die Situation ausrichten kann. Als kooperative Führungskraft wird man sicherlich strikte Anweisungen geben, wenn man damit bei einem Gebäudebrand Leben retten kann. Aber ein situationsgemäßer Führungsstil – wenn man ein wenig darüber nachdenkt, kommt man schnell zu dem Ergebnis, dass das weder wünschenswert noch praktikabel ist.

Eine Führungskraft, die mal diesen und mal jenen Stil pflegt, wäre der *Alptraum aller Mitarbeiter*. Im ersten Quartal autoritär und leistungsorientiert, im zweiten kooperativ und beziehungsorientiert, was sollte ein Mitarbeiter davon halten? Er würde wahrscheinlich im zweiten Quartal aufatmen, aber nicht aus tiefstem Herzen, da er befürchten müsste, dass die Führungskraft unvermittelt wieder auf das Verhalten aus dem ersten Quartal schwenkt.

Praktikabel ist eine Änderung des Führungsstils ebenfalls nicht. Das betont Fiedler mit seinem Kontingenzmodell effektiver Führung. Er belegt durch seine Untersuchungen, dass jede Führungskraft ihren eigenen Führungsstil hat, und zwar stabil und langfristig. Fiedler meint damit nicht, dass eine Führungskraft sich nicht unterschiedlich verhalten könnte, denn ein Führungsstil beschreibt ja nur die Gemeinsamkeiten im Verhalten. Er meint auch nicht, dass der Führungsstil absolut unveränderlich sei, weil man durchaus etwas Neues lernen kann. Der Führungsstil ist vielmehr – im übertragenen Sinne – mit der Haarfarbe vergleichbar. Wir können unser Haar zwar färben, aber das Original schimmert durch. Die wirkliche Haarfarbe verändert sich im Laufe des Lebens Tag für Tag ein wenig in Richtung grau. Nur tiefe Erschütterungen könnten eine plötzliche, radikale Veränderung hervorrufen, aber das ist selten.

Fiedler hält folglich nicht viel von Seminaren, in denen Führungsstile eingeübt werden sollen. Sie seien bestenfalls informativ, denn man könne dort seinen eigenen Führungsstil und seine Wirkung einschätzen lernen. Ändern könne man seinen Führungsstil aufgrund eines Seminar aber nicht. Um immer die Führungskraft vor Ort zu haben, deren Führungsstil der Situation entspricht, setzt Fiedler vielmehr darauf,

- entweder die *Situation anzupassen*, so dass die vorhandene Führungskraft mit ihr zurecht kommt, oder
- wenn das nicht machbar ist, *die Führungskraft auszutauschen* (Fiedler 1967, S. 36, Wunderer/Grunwald 1980, S. 270).

Die zweite Alternative erinnert sehr an das Trainergeschäft in der deutschen Fußballbundesliga. Auch Vorstände von Aktiengesellschaften und unsere politische Führung werden ausgewechselt. Diese Alternative ist aber für Führungskräfte oft nicht beglückend. Es mag zwar sein, dass ein Wechsel der Stelle oder des Arbeitgebers angebracht und erfolgreich ist. Das ist aber nicht immer so, und man möchte es als Führungskraft doch lieber selbst steuern.

> **Übungsaufgabe**
>
> Warum wählen wir alle vier oder fünf Jahre ein neues Parlament, manchmal vom Wunsch nach einer neuen Regierung beseelt?

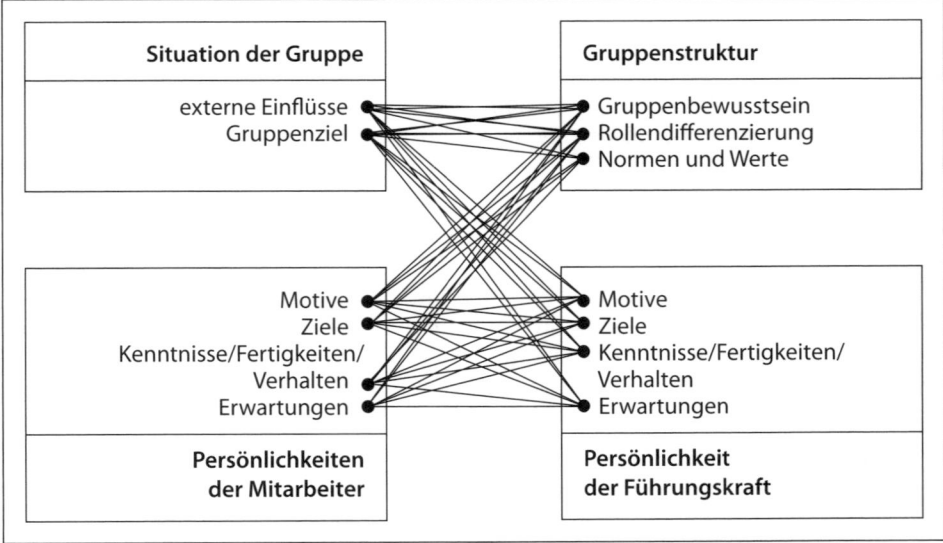

Abb. 7.7: Interaktionstheorie (nach Hofstätter 1973, S. 349)

Die Alternative, die Situation zu ändern, ist da schon sympathischer. Daran kann man als Führungskraft zweifellos arbeiten, indem man zum Beispiel um mehr Mitarbeiter kämpft, die Personalentwicklung forciert und einzeln oder in Projekten die Zukunft der Abteilung positiv beeinflusst.

Außerdem kann man sich nachdrücklich in die *Gruppendynamik* einbringen, den Prozess der wechselseitigen Beeinflussung, der sich die Mitglieder einer Gruppe unterziehen. Genau diese Wechselwirkungen betont die Interaktionstheorie der Führung, die Gibb nachhaltig prägte. Er versteht Personalführung als eine soziale Interaktion, als wechselseitig aufeinander bezogenes Handeln von Führungskräften und Mitarbeitern: Sobald Menschen aufeinander treffen, wirken sich die Aktionen der einen auf die der anderen aus und umgekehrt (Abb. 7.7, Gibb 1969, S. 205 ff., Rechtien 2003, S. 103 ff.).

Die Interaktionstheorie ist aber noch diffiziler als die Abbildung es vermuten lässt, denn eigentlich müsste jedes Gruppenmitglied aufgeführt werden und eigentlich sind die Faktoren facettenreich und dynamisch. Im Ergebnis ergibt sich so ein dichtes

Theoretischer Hintergrund	Praktische Umsetzung
▪ Ein Führungsstil ist autoritär, kooperativ oder in der Grauzone dazwischen angesiedelt.	▪ Kompetente Führungskräfte sind entscheidungsfähig. ▪ Sie sollten nach Möglichkeit nicht autoritär alleine entscheiden.
▪ Ein Führungsstil ist aufgaben- und beziehungsorientiert ausgeprägt.	▪ Kompetente Führungskräfte sind sowohl kooperationsfähig als auch ergebnisorientiert.
▪ Man kann transaktional (Leistung gegen Leistung) oder transformational (inspirierend) führen.	▪ Man sollte Mitarbeitern seine Wertschätzung verdeutlichen und sie durch schöpferische Ideen ermuntern.
▪ Es gibt mehr als zwei Kriterien zur Beschreibung eines Führungsstils.	▪ Führungskräfte haben weit mehr zu tun, als zu entscheiden, auf die Leistung und Beziehungen zu achten.
▪ Angeblich können und sollen Führungskräfte ihren Führungsstil je nach Situation ändern.	▪ Das ist weder wünschenswert, noch praktikabel.
▪ Überzeugender ist, das jede Führungskraft ihren Führungsstil hat.	▪ Man muss sich im Rahmen des eigenen Führungsstils um ein Verhalten bemühen, das auf die Situation abgestimmt ist.
▪ Als erste Alternative folgt daraus, dass man die Führungskräfte je nach Situation austauscht.	▪ Ein Wechsel der Stelle oder des Arbeitgebers kann angebracht und erfolgreich sein, sollte aber selbst gesteuert werden.
▪ Die zweite Alternative ist die Anpassung der Situation. ▪ Dabei gilt: Sobald Menschen aufeinander treffen, wirken sich die Aktionen der einen auf die der anderen aus und umgekehrt.	▪ Man kann als Führungskraft an der Situation arbeiten, zum Beispiel einzeln oder in Projekten die Zukunft der Abteilung positiv beeinflussen. ▪ Man sollte Selbstständigkeit und Verantwortlichkeit vorleben. ▪ Man muss die eigenen Ziele, Motive und Einstellungen überdenken und mit den Mitarbeitern darüber reden.

Abb. 7.8: Führen mit Stil (eigene Darstellung)

Geflecht von Abhängigkeiten und Beziehungen. Ganz ähnliche Gedanken finden sich in zwei weiteren theoretischen Konzepten,

■ im *Management by Systems*, das allerdings nicht die Personal-, sondern die Unternehmensführung betrifft, und

■ in der *systemischen Führung*, einem theoretischen Ansatz, der nicht die Führungskraft in den Fokus stellt, sondern die Zusammenhänge zwischen den Einflussfaktoren und den handelnden Menschen (Pinnow 2008, S. 160).

Immerhin veranschaulichen diese Konzepte, dass Führungskräfte sich nachdrücklich in Führungsprozesse einbringen und damit Wirkung erzielen können. Man ist als Führungskraft dazu aufgefordert, Selbstständigkeit und Verantwortlichkeit vorzuleben, wie es im Katalog der Führungskompetenzen unter der Bezeichnung *Projektmanagement* heißt. Konkret bedeutet das, man sollte sich aus den unterschiedlichsten Anlässen selbst hinterfragen, die eigenen Ziele, Motive und Einstellungen überdenken und mit den Mitarbeitern darüber reden. Das kann dazu führen, dass alle Beteiligten ihr Verhalten ändern. Damit ändern sich sowohl die Situation als auch – Schritt für Schritt ein wenig – der Führungsstil (Kapitel »Kommunizieren«).

Abb. 7.8 fasst die Empfehlungen zum Führungsverhalten zusammen.

7.3   Vertrauen schaffen

Gute Kooperation bedarf einer längerfristigen, verlässlichen Beziehung. Die sollten Führungskräfte aufbauen, wie es die in diesen Zusammenhang eher missverständlich benannte Führungskompetenz *Akquisitionsstärke* fordert. Und das funktioniert nur auf der Basis von gegenseitigem *Vertrauen*. Zwar kann man auch mit Menschen kooperieren, wenn man ihnen nicht so recht über den Weg traut, beispielsweise wenn es um eine rationale Entscheidung geht. Grundsätzlich sind Kooperation und Vertrauen aber eng miteinander verknüpft. Das Gelingen von Führungsbeziehungen hängt entscheidend davon ab, inwieweit die Führungskraft eine Vertrauensbasis schaffen kann, denn Vertrauen gibt jene Sicherheit, in der Einfluss erst möglich wird (Steinle/Ahlers/Gradtke 2000, S. 208 ff., Weibler 2001, S. 191).

> **Übungsaufgabe**
>
> Gibt es Menschen, mit denen Sie zusammenarbeiten müssen, obwohl Sie ihnen nicht vertrauen? Wenn ja, wie verhalten Sie sich ihnen gegenüber?

Vier Faktoren sind dafür verantwortlich, ob und in welchem Umfang Vertrauen entstehen kann (Abb. 7.9, Weibler 2001, S. 189 ff.).

■ Die *Vertrauensbereitschaft* eines Menschen ist eine Veranlagung, die sich schon im frühen Kindesalter ausbildet und danach vergleichsweise stabil bleibt. Als Führungskraft hat man folglich keinen nennenswerten Einfluss auf die Vertrauensbereitschaft der Mitarbeiter.

■ Die *Vertrauenswürdigkeit* eines Menschen hängt ab von der Ähnlichkeit etwa in Bezug auf das Alter, das Geschlecht, den Beruf, die soziale Stellung und ähnliche Aspekte, von der Sachkunde, der Integrität und Loyalität, einer offenen Kommunikation und schließlich der Gutwilligkeit im Sinne des Fehlens destruktiver Absichten.

Vertrauensbereitschaft: stabile Veranlagung		Vertrauen	
Nicht beeinflussbar		Kalkülbasiert: nüchterne, rationale Variante	
Vertrauenswürdigkeit: Ähnlichkeit, Verhalten, guter Wille			
Sachkunde, Integrität, Reputation zeigen und kommunizieren	schafft	Mitarbeiter integrieren und Vertrauensangebote machen	
Bisherige Zusammenarbeit: gelungene Kooperation		Wissensbasiert: Verhalten wird berechenbar	
Beständige Arbeitsbeziehung aufbauen		Entwickelt sich durch eine gemeinsame Vorgeschichte	
Systemvertrauen: Sicherheit		Identifikationsbasiert: Ideal	
Einfluss auf den gute Ruf des Unternehmens nehmen		Man respektiert und unterstützt sich gegenseitig	

Abb. 7.9: Vertrauen schaffen (nach Weibler 2001, S. 196 ff.)

Destruktive Absichten werden Führungskräfte wohl kaum haben. Die Ähnlichkeiten könnten sie im Rahmen der Personalauswahl beeinflussen. Die Mitglieder einer Arbeitsgruppe »aus einem Guss« würden sich in der Tat als vertrauenswürdig erachten. Freilich wäre eine solche Arbeitsgruppe nur eingeschränkt kreativ. Deshalb ist davon abzuraten. Führungskräfte können jedoch ihre Sachkunde, Integrität, Reputation und Kommunikationsfähigkeit in die Gruppe einbringen – soweit sie darüber verfügen – und damit ihre Vertrauenswürdigkeit unter Beweis stellen (Kapitel »Ziele vereinbaren« und »Kommunizieren«).

- Vertrauen ist nicht nur die Voraussetzung für eine gelungene Kooperation, sondern zugleich auch das Ergebnis erfolgreicher *bisheriger Zusammenarbeit*.
  Da Führungskräfte in einer beständigen Arbeitsbeziehung zu ihren Mitarbeitern stehen, ist diese Voraussetzung für Vertrauen natürlicherweise erfüllt. Aus dem Rahmen fallen lediglich neue Führungskräfte und Mitarbeiter. Sie müssen auf die Zeit setzen.
- Der gute Ruf einer Institution, anerkannte Zertifikate, vorgeschriebene Prozeduren, Sicherheitsgarantien, wie ein festgelegter Beschwerdegang und Haftungsregelungen, können *Systemvertrauen* schaffen.
  Gemeint ist der gute Ruf des Unternehmens, auf den man als einzelne Führungskraft nur einen sehr eingeschränkten Einfluss hat.

Übungsaufgabe

Wem vertrauen Sie vollständig? Warum ist das so? Wie viele Menschen haben Sie genannt?

Wenn Vertrauen entstanden ist, kann es von unterschiedlicher Qualität sein (Abb. 7.9, Osterloh/Weibel 2006, S. 49 ff., Spieß/Rosenstiel 2010, S. 74, Weibler 2001, S. 200 ff.):
- *Kalkülbasiertes Vertrauen* ist eine nüchterne und rationale Variante. Sie spielt beim erstmaligen Aufeinandertreffen zweier sich bislang Unbekannter eine hervorragende Rolle. Beide werden Überlegungen anstellen, ob der andere tatsächlich das tun wird, was er im Vorfeld verspricht. In einer längeren Arbeitsbeziehung ist kal-

külbasiertes Vertrauen immerhin besser als gar kein Vertrauen und eine Basis, auf der man aufbauen kann.

Wenn man als Führungskraft eine Gruppe übernimmt oder einen neuen Mitarbeiter integriert, empfehlen sich Vertrauensangebote, in der Hoffnung, dass sie auf Dauer erwidert werden. Beispielsweise teilt man einem Mitarbeiter mit einem gehörigen Vertrauensvorschuss eine heikle Aufgabe zu. Arbeitet man schon länger als Führungskraft der Gruppe, können die bisherige Zusammenarbeit und die eigene Vertrauenswürdigkeit kalkülbasiertes Vertrauen erzeugen. Die Mitarbeiter werden zu der Überzeugung gelangen, dass man tatsächlich zu dem steht, was man verspricht (Knoblauch 2004, S. 116 f.).

- *Wissensbasiertes Vertrauen* setzt eine gemeinsame Vorgeschichte voraus, die Informationen bietet, aufgrund derer man das Verhalten des anderen besser vorhersehen kann.

  Diese Qualität des Vertrauens kann sich auf lange Sicht dadurch entwickeln, dass man miteinander Erfahrungen macht. Dadurch wird es den Mitarbeitern möglich, das Verhalten ihrer Führungskraft einzuschätzen.

- *Identifikationsbasiertes Vertrauen*, die höchste Stufe des Vertrauens, beruht auf einer gemeinsamen Entwicklung, die die beiden genannten Qualitäten beinhaltet. Man respektiert und unterstützt sich gegenseitig. Insbesondere weiß jeder, welches Verhalten beim anderen Vertrauen fördert.

  Hier wird quasi das Vertrauensideal beschrieben, das man als Führungskraft sicherlich anstrebt, aber nicht in jedem Fall herbeiführen kann. Man respektiert und unterstützt sich gegenseitig.

Der Gewinn durch *bestätigtes Vertrauen* wird für selbstverständlich gehalten. Der Verlust durch *missbrauchtes Vertrauen* wird hingegen sofort und intensiv erlebt, darf aber nicht dazu führen, entweder zukünftig auf eine vertrauensvolle Zusammenarbeit zu verzichten oder einfach wegzusehen. Sprenger empfiehlt eine »Ethik der zweiten Chance« mit den »Regeln...

1. Kooperiere! Biete immer zunächst Kooperation an!
2. Wenn sie erwidert wird, stelle die Kooperation auf Dauer!
3. Wenn nicht, bestrafe sofort und unnachsichtig! Sei provozierbar!
4. Sei versöhnlich! Biete nach einer gewissen Zeit wieder Kooperation an!
5. Wenn die Kooperation nicht erwidert wird, breche die Zusammenarbeit ab!« (Sprenger 2006, S. 84)

7.4   Konflikte schlichten

Nun darf man als Führungskraft leider nicht davon ausgehen, dass mit der Schaffung einer Vertrauensbasis alles Notwendige getan sei. Trotzdem wird es zu Konflikten kommen, denn Konflikte liegen in der Natur des Menschen. Ein konfliktfreies Zusammenleben kann es nicht geben (Thiel 2003, S. 50).

7.4.1   Konfliktlösungsfähigkeit unter Beweis stellen

Für gewöhnlich macht man Führungskräften nicht nur die Analyse, sondern auch die Beilegung von Konflikten zur Aufgabe. Kompetente Führungskräfte verfügen über

Konfliktlösungsfähigkeit. Sie ermöglichen die Kooperation, indem sie Konflikte schlichten (Wunderer 2009, S. 480 ff.).

Konflikte sind Spannungssituationen, in denen mehrere Parteien, die voneinander abhängig sind, mit Nachdruck versuchen, unvereinbare Handlungspläne zu verwirklichen, und sich dabei ihrer Gegnerschaft bewusst sind (Glasl 2004, S. 14 ff., Regnet 2001, S. 26 ff., Schwarz 2010, S. 36).

Insofern liegen die *Konfliktursachen* in allen Lebensbereichen und damit auch in allen Bereichen der Personalführung: in der Kommunikation, im Entgelt und in Fehlzeiten, in Zielvereinbarungen und Planungen, in der Delegation und Förderung, in der Kooperation und in Beurteilungen. Ursächlich sind jedoch nicht nur objektive Gegebenheiten. Ein Konflikt entsteht erst, wenn starke Emotionen im Spiel sind, die die Wahrnehmung, Gefühle, Einstellungen und Verhaltensweisen beeinflussen (Hugo-Becker/Becker 2000, S. 108 f.).

Übungsaufgabe

Beschreiben Sie einen Konflikt in Ihrem privaten oder beruflichen Umfeld, der Ihnen gerade in den Sinn kommt.

Konflikte sind vom Grundsatz her keine Meinungsverschiedenheiten, obwohl aus ihnen Konflikte erwachsen können. Bei Meinungsverschiedenheiten steht lediglich eine subjektive Bewertung gegen eine andere. Man kann einen Konflikt auch nicht mit einer Aggression gleichsetzen, einem Angriff, der sich gegen andere Menschen, Gegenstände oder das eigene Ich richtet. Es ist durchaus möglich, dass es zu einer Aggression kommt, obwohl kein Konflikt vorliegt, etwa beim Vandalismus (Jiranek/ Edmüller 2007, S. 15, Regnet 2007, S. 9).

Man unterscheidet *innere Konflikte* – innerhalb einer Person – und äußere, *soziale Konflikte* zwischen zwei oder mehr Personen oder Gruppen, sogenannte Mehrpersonenkonflikte.

7.4.2 Innere Konflikte verarbeiten

Innere Konflikte können Folgen für die Arbeitsgruppe haben. Wenn ein Mitarbeiter einen Konflikt in sich trägt, wird sich unter Umständen sein Verhalten ändern und seine Leistung kann nachlassen (Abb. 7.10).

Hier geht es folglich zum Teil um ein Phänomen, das im Kapitel »Ziele vereinbaren« als »*persönliche Mitarbeiterziele*« angesprochen wird. Sie sollten so eingebunden werden, wie es in Abb. 4.11 verdeutlicht wird.

Der innere Konflikt hat aber unter Umständen keinen unmittelbaren Bezug zur Arbeit und wirkt sich trotzdem dort aus. Das wäre so, wenn ein Mitarbeiter schlechte Erfahrungen mit seinem Zahnarzt gemacht hat und aktuell unter starken Zahnschmerzen leidet. Beide Alternativen, die sich ihm bieten, wird er als schlecht bewerten, und vielleicht einige Tage schlecht gelaunt mit einer dicken Backe zur Arbeit kommen. Wenn sich derartige Konstellationen ergeben, muss die zuständige Führungskraft versuchen, dem Betroffenen im Gespräch bei der Entscheidung zu helfen.

Annäherungs-Annäherungskonflikte
Entscheidung zwischen gleichwertigen Alternativen, die man nicht gleichzeitig erreichen kann.
Beispiel: Beruflicher Aufstieg versus Selbstständigkeit.

Annäherungs-Vermeidungskonflikte
Entscheidung, die Gutes und Schlechtes verspricht.
Beispiel: Ein Auslandseinsatz ist gut für die Karriere, bringt aber familiäre Probleme mit sich.

Vermeidungs-Vermeidungskonflikte
Entscheidung zwischen Alternativen, die man alle als schlecht bewertet.
Beispiel: Man ist in einer beruflichen Sackgasse, aber der Arbeitsmarkt bietet nichts Besseres.

Abb. 7.10: Natur innerer Konflikte (nach Regnet 2007, S. 5 f.)

Übungsaufgabe

Wo standen Sie schon vor dem Problem, sich zwischen gleichwertigen Alternativen entscheiden zu müssen? Welche Entscheidung mussten Sie treffen, obwohl Sie sich nicht sicher waren, »dass das gutgeht«?

7.4.3 Soziale Konflikte beilegen

Soziale Konflikte erzeugen Stress, sie rufen Krisen hervor und können zu einer kaum kontrollierbaren Auseinandersetzung eskalieren. Zudem sind soziale Konflikte kraftraubend und führen zu geringerer Leistungsfähigkeit, was letztlich sogar das gesamte Unternehmen in Gefahr bringen kann. Soziale Konflikte bergen aber auch Entwicklungschancen, denn sie geben Denkanstöße, weisen auf Probleme hin und verhindern so den Stillstand. Ferner machen soziale Konflikte auf Unterschiede aufmerksam, was Integrationsprozesse ins Rollen bringt und das Leben interessanter macht (Berkel 2008, S. 94, Haeske 2003, S. 90 f.).

Sowohl die negativen als auch die positiven Aspekte von sozialen Konflikten haben für Führungskräfte einen Aufforderungscharakter. Sie sollen *soziale Konflikte beilegen* (Abb. 7.11).

Im Sinne der *Vorbeugung* empfehlen sich sogenannte strukturelle Maßnahmen. Man kann vielen sozialen Konflikten dadurch beikommen, dass man Ratschlägen zur Kommunikation, Motivation, Zielsetzung, Personalplanung, Delegation, Personalentwicklung, Kooperation und Beurteilung folgt, wie sie sich etwa in diesem Buch finden. Dies bedeutet aber nicht, dass soziale Konflikte ein für alle Mal verhindert würden. Das wäre angesichts der Entwicklungschancen, die sie bieten, auch nicht wünschenswert. Sie werden lediglich weniger wahrscheinlich (Berkel 2008, S. 83 ff.).

Übungsaufgabe

Von welchem Konflikt, den Sie bewältigt haben, können Sie sagen, dass er sich für Sie gelohnt hat? Warum ist das so?

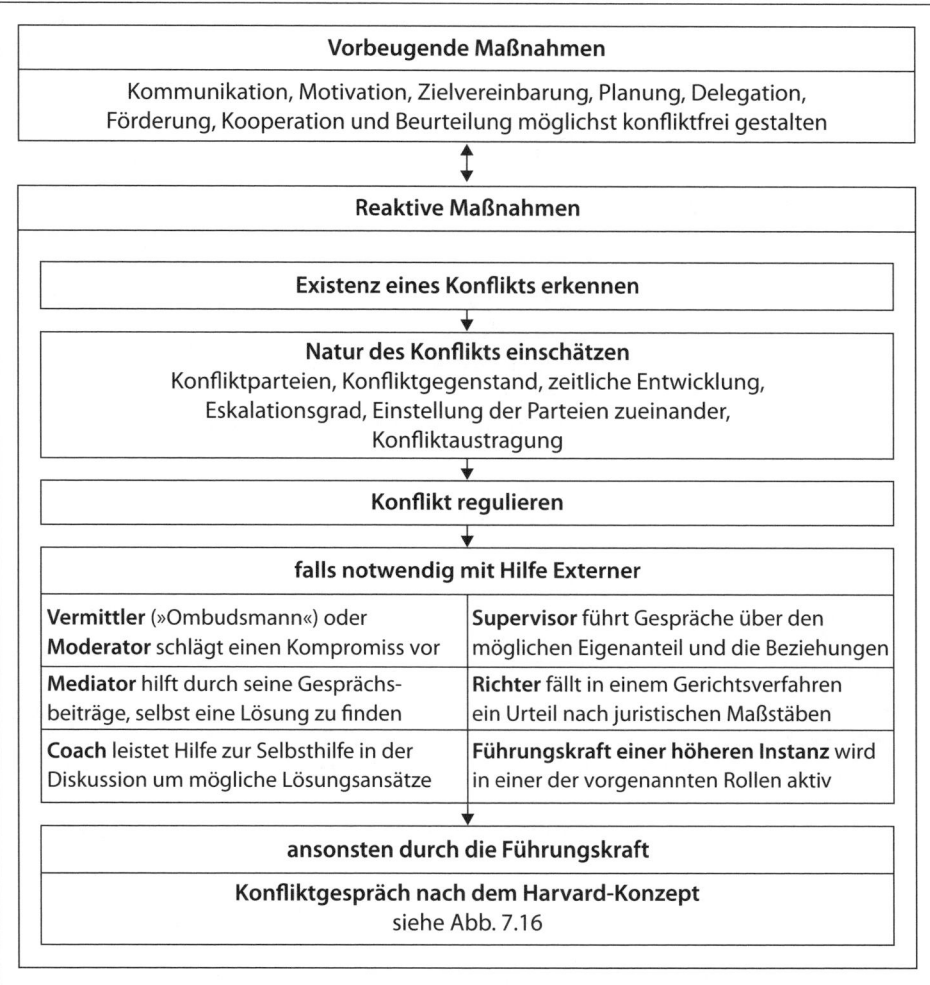

Abb. 7.11: Soziale Konflikte beilegen (eigene Darstellung)

Ist ein sozialer Konflikt bereits ausgebrochen, muss man zunächst um seine *Existenz* wissen. Dazu ist es notwendig, dass man als Führungskraft ständig mit den Mitarbeitern kommuniziert, etwa in regelmäßigen Mitarbeiterbesprechungen (»Jour fixe«) und in spontanen, offenen Gesprächen.

Nun steht man vor der Aufgabe, die *Natur des* sozialen *Konflikts* zu analysieren (Glasl 2003, S. 126 ff.).

Man muss ergründen, wer inwiefern zu den *Konfliktparteien* zählt, also wer in welcher Rolle am sozialen Konflikt beteiligt ist. Besteht ein Konflikt zwischen einzelnen Mitarbeitern, zwischen Gruppen oder trägt ein Dritter einen Konflikt für andere aus? Bestimmt eine sogenannte Schlüsselperson das Konfliktgeschehen (Glasl 2004, S. 116 ff.)?

Nun geht es darum zu erkennen, was *Gegenstand des* sozialen *Konflikts* ist. Das ist den Beteiligten nicht unbedingt bewusst, weil sie infolge der Eskalation und aufgewühlt durch Wut, Angst oder Hass einen weit reichenden Dissens entwickelt haben.

Man bittet sie, getrennt voneinander festzuhalten, worum es bei ihrem Konflikt geht, sich das wechselseitig vorzutragen und darüber zu diskutieren. Dabei stellt sich heraus, welche Konfliktgegenstände

- sich decken,
- nur für eine Partei problematisch sind,
- für die andere Seite noch gar nicht existiert haben,
- sehr bedeutsam und
- eher unbedeutend sind (Glasl 2004, S. 106 ff.).

Danach sollte der soziale Konflikt in der zeitlichen Abfolge, also der *Konfliktverlauf* analysiert werden (Schwarz 2010, S. 79 ff.).

- Der Ursprung des Konflikts liegt in der Vergangenheit. Man ermittelt, wann er erstmalig aufgetreten ist und spürbar war.
- Es folgt die Betrachtung der Gegenwart. Wie ist der aktuelle Stand? Welche Themen bestimmten den Konflikt?
- Auch der Blick in die Zukunft ist hilfreich. Die Konfliktparteien sollen sich verdeutlichen, was geschehen könnte, wenn sich eine Seite durchsetzt, und was, wenn der Dissens fortdauert.

Im Ergebnis kann man festhalten, ob und inwieweit der soziale *Konflikt eskaliert* ist (Abb. 7.12).

---

1. **Verhärtung:** Man vertritt Standpunkte und bildet Parteien. Die Auseinandersetzung führt zu Spannungen.
2. **Debatte und Polemik:** Die Konfrontation wird mit schärferen Mitteln fortgeführt, um den eigenen Standpunkt durchzusetzen.
3. **Taten statt Worte:** Man ist der Meinung, dass Reden nicht mehr hilft. Keine Partei will mehr nachgeben.
4. **Images und Koalition:** Der Gegner wird zum Feind. Man wirbt Anhänger an.
5. **Gesichtsverlust:** Öffentliche und direkte Angriffe zielen darauf, die Ehre des Feindes zu besudeln.
6. **Drohstrategien:** Die Parteien setzen auf erpresserische, extreme Drohungen und Ultimaten, um aufeinander Einfluss auszuüben.
7. **Begrenzte Vernichtungsschläge:** Der Feind muss ausgelöscht werden, auch wenn man selbst ein wenig Schaden nimmt.
8. **Zersplitterung:** Man will die Existenzgrundlage des Feindes mit dem Ziel vernichten, ihn zu zerstören.
9. **Gemeinsam in den Abgrund:** Es geht um die Vernichtung des Feindes, selbst zum Preis der Selbstvernichtung.

Abb. 7.12: Eskalation sozialer Konflikte (nach Glasl 2003, S. 127 und Glasl 2004, S. 235 ff.)

Übungsaufgabe

Vergegenwärtigen Sie sich eine aktuelle politische Auseinandersetzung zwischen Regierung und Opposition. Worüber streiten sich die Parteien? Wie hat sich die Auseinandersetzung im Zeitablauf entwickelt? Ist sie eskaliert?

Beide Personen/ Gruppen bereiten getrennt vor:	**Partei A:** ■ So sehen wir uns (A) selbst ■ So sehen wir Partei B	**Partei B:** ■ So sehen wir uns (B) selbst ■ So sehen wir Partei A
Gemeinsames Treffen, Austausch der Bilder, keine Diskussion:	**Partei A präsentiert an B:** ■ So sehen wir (A) die Partei B ■ B stellt nur Verständnisfragen ■ A beantwortet die Fragen konkret (Das Selbstbild wird nicht präsentiert) **Partei B präsentiert an A:** ■ So sehen wir (B) die Partei A ■ A stellt nur Verständnisfragen ■ B beantwortet die Fragen konkret (Das Selbstbild wird nicht präsentiert)	
Beide Personen/ Gruppen besprechen wieder getrennt:	**Partei A** vergleicht das Fremdbild mit dem Selbstbild: Können wir uns erklären, inwiefern wir selbst durch unser eigenes Verhalten dieses Bild bei B bewirkt haben?	**Partei B** vergleicht das Fremdbild mit dem Selbstbild: Können wir uns erklären, inwiefern wir selbst durch unser eigenes Verhalten dieses Bild bei A bewirkt haben?
Gemeinsames Treffen, Austausch der gefunden Erklärungen, keine Diskussion:	**Partei A präsentiert an B:** ■ So erklären wir uns unseren Anteil am Entstehen des Fremdbildes bei B ■ B stellt Verständnisfragen ■ A beantwortet die Verständnisfragen ■ B spricht aus, inwieweit die Erklärungen von A zutreffend sind **Partei B präsentiert an A:** ■ So erklären wir uns unseren Anteil am Entstehen des Fremdbildes bei A ■ A stellt Verständnisfragen ■ B beantwortet die Verständnisfragen ■ A spricht aus, inwieweit die Erklärungen von B zutreffend sind	

Abb. 7.13: Einstellung der Konfliktparteien zueinander ermitteln (nach Glasl 2003, S. 129)

Für die Beilegung eines sozialen Konflikts ist die *Einstellung der Konfliktparteien zueinander* von großer Bedeutung. In Unternehmen geht es dabei nicht nur um die Weisungsbefugnisse: Kann der eine dem anderen Aufgaben zuteilen oder arbeitet man in einer Arbeits- oder Projektgruppe miteinander? Es geht auch darum, ob die Konfliktparteien in einer direkten oder indirekten, engen oder losen Beziehung zueinander stehen: Haben die Betroffenen abgegrenzte Aufgabenbereiche oder ist der eine für etwas zuständig, das der andere nach ihm weiter verarbeiten muss? Die Konfliktparteien sollten ihre Beziehung selbst beschreiben und ihre gegenseitigen Erwartungen austauschen (Abb. 7.13, Glasl 2003, S. 128 ff., Schwarz 2010, S. 50 ff.).

Schließlich wird ermittelt, wie der soziale *Konflikt ausgetragen* wird, also ob die Konfliktparteien der Meinung sind, dass eine Konfrontation unumgänglich ist, und ob sie noch Möglichkeiten sehen, zu einer Übereinstimmung zu gelangen. Dazu eignen sich folgende Fragen: Wie beurteilen die Konfliktparteien die Gesamtsituation? Haben Konflikte für die Parteien eine positive oder negative Funktion? In welcher

Form der Auseinandersetzung	Konflikt nicht umgehbar, Ausgleich unmöglich	Konflikt umgehbar, Ausgleich unmöglich	Konflikt umgehbar oder nicht, Ausgleich möglich	Interesse am Streitgegenstand
Aktiv	Machtprobe	Rückzug	Problemlösung	Stark
	Urteil eines Dritten	Isolation	Teilen des Streitwertes	
Passiv	Zufallsurteil	Indifferenz / Ignoranz	Friedliche Koexistenz	Schwach

Abb. 7.14: Austragung von sozialen Konflikten (nach Blake/Shepard/Mouton 1964, S. 13 und Regnet 2007, S. 36)

Höhe entstehen Kosten, wie hoch wird der eigene Nutzen und der Nutzen für die Gegenpartei sein? Wie beurteilen die Parteien ihre bisherigen Versuche, den Konflikt selbst oder mit Hilfe eines Dritten zu lösen? Haben beide Parteien die gleichen Einstellungen zum Konflikt, oder leugnet vielleicht eine Partei den Konflikt, während die andere ihn provoziert (Abb. 7.14, Glasl 2004, S. 152 f.)?

Danach sollte man die Natur des sozialen Konflikts einschätzen können. Dabei kann die Aufstellung in Abb. 7.15 hilfreich sein.

Konstruktive Konfliktverläufe sind in der Regel das Produkt eines gegenseitigen Verhandelns und Aushandelns. Dabei gibt jeder einen Teil seiner Handlungsfreiheit im Interesse einer Lösung auf. Im Kompromiss, durch den man neue Lösungsmöglichkeiten findet, wird die Konfrontation aufgehoben. Dabei ist ein *Eingreifen der Führungskraft* sogar *verzichtbar*.

Konfliktgegenstand	Form der Auseinandersetzung	Merkmale der Konfliktparteien
Wert und Zielkonflikt: Die Beteiligten haben unterschiedliche Werte oder Ziele (siehe weiter oben und Kapitel »Ziele vereinbaren«)	**Echter oder verschobener Konflikt:** Der Streit wird offen angesprochen oder auf ein anderes Thema verlagert	**Konfliktbereitschaft und Konfliktfähigkeit:** Man versucht, Konflikte zu vermeiden, oder man spricht sie direkt an
Bewertungskonflikt: Der Nutzen eines Vorgehens wird unterschiedlich eingeschätzt	**Latenter oder manifester Konflikt:** Der Konflikt ist bereits bewusst oder noch verborgen	**Konfliktpotenzial:** Machtstreben, Dominanz, Aggressivität und Misstrauen fördern einen Konflikt
Verteilungskonflikt: Es geht um knappe Ressourcen, rare Projekte und begehrte Stellen	**Heiße oder kalte Austragung:** Die Auseinandersetzung läuft emotional oder formal ab	**Asymmetrisch oder symmetrisch:** Konflikte zwischen hierarchischen Ebenen oder auf gleicher Ebene
Beziehungskonflikt: Die Parteien verstehen einander nicht mehr, sie verletzen einander	**Eskalationsgrad:** siehe Abb. 7.12	
	Konfliktaustragung: siehe Abb. 7.14	

Abb. 7.15: Natur sozialer Konflikte (nach Regnet 2007, S. 7)

Manchmal sitzen die Betroffenen Konflikte aus, ignorieren sie oder sprechen sie aus Sorge vor den Folgen nicht an. Es kommt sogar vor, dass sich Konflikte scheinbar ohne weiteres Zutun erledigen. Ebenso häufig beeinflussen Konflikte aber unterschwellig die weitere Zusammenarbeit. Folglich sollten Führungskräfte *auch verborgene Konflikte beilegen* und alle Konflikte, ob verborgene oder offene, *in einem möglichst frühen Stadium* ansprechen (Höher/Höher 2004, S. 169 f.).

Übungsaufgabe

Welche politische Auseinandersetzung der letzten Jahre zwischen Regierung und Opposition hat sich tatsächlich ohne weiteres Zutun erledigt, welche wirkt unterschwellig nach?

Konflikte werden nicht nur von Führungskräften beigelegt. Konflikte können auch von Führungskräften – wie von allen anderen Mitgliedern einer Arbeitsgruppe oder Abteilung – hervorgerufen werden. Selbst wenn das nicht so ist, sind die Führungskräfte doch vielfach in die sozialen Konflikte einbezogen und verfolgen dann zwangsläufig ihre eigenen Interessen. Ab und an sprengen soziale Konflikte auch den Rahmen des Verantwortungsbereichs einer Führungskraft oder sie sind stark eskaliert. Immer dann sollte man *externe Hilfe* als sogenanntes formelles Konfliktmanagement erwägen (Abb. 7.11, Berkel 2008, S. 97).

Wenn die Mitarbeiter ohnehin das Urteil eines Dritten suchen, an der Problemlösung interessiert oder bereit sind, den Streitwert zu teilen, wenn der Konflikt nicht verschoben, konfliktfähigen Mitarbeitern bewusst und noch nicht zu weit eskaliert ist, sind die Chancen ihrer Führungskraft gut, den Konflikt selbst zu regulieren, und zwar in einem *Konfliktgespräch* (Abb. 7.16).

Ein Konfliktgespräch bedarf einer intensiven *Vorbereitung* durch die Führungskraft. Man beginnt mit der Festlegung des Termins, des Zeitrahmens und eines Raums mit einer ungestörten, angenehmen Atmosphäre. Danach werden die Konfliktparteien eingeladen. Schließlich muss man sich die Natur des Konflikts vergegenwärtigen (Jiranek/Edmüller 2007, S. 312 ff.).

Bei der *Durchführung* des Gesprächs sollten nur die Konfliktparteien und die Führungskraft anwesend sein. Wäre das nicht so, hätten alle unter Umständen im Sinn, nur ja nicht vor anderen das Gesicht zu verlieren. Nach einer Begrüßung sollte die Führungskraft offen, aktiv, konzentriert, gezielt und verantwortlich kommunizieren, nicht immer sprechen, die Konfliktparteien inspirieren, den Willen zum Zuhören zeigen, Ablenkungen fernhalten, sich auf den Anwesenden einstellen, Geduld haben, die Selbstbeherrschung behalten und Fragen stellen.

Zunächst beschreibt man die Natur des Konflikts, so wie man ihn als Führungskraft wahrnimmt. Für den weiteren Verlauf hat sich das *Harvard-Konzept* bewährt, das Fisher im Rahmen einer Forschungsarbeit an der Harvard-Universität entwickelt hat. Er stellte fest, dass manche ihre Position auf Kosten ihres Gegenübers durchsetzen, während sie anderen Zugeständnisse machen. Fishers »Harvard Negotiation Project« zeigt einen dritten Weg auf, das sachbezogene Verhandeln: Man bleibt hart in der Sache, aber zugleich nachgiebig gegenüber den Menschen (Fisher/Ury/Patton 2004, S. 91 ff., 122 ff., 258 f., Wunderer 2009, S. 501 f.).

■ Man sollte *Menschen und Probleme getrennt voneinander behandeln*. In jedem sozialen Konflikt stehen sich Menschen gegenüber, die eigene Interessen und unterschiedliche Wurzeln haben. Deshalb kann die gestörte Beziehung zueinander im

Vorbereitung	Durchführung	Aufbereitung
▪ Termin und ▪ Zeitrahmen festlegen ▪ Geeigneten Raum wählen ▪ Atmosphäre herstellen ▪ Einladen ▪ Natur des Konflikts vergegenwärtigen	▪ Anwesend sind nur die Konfliktparteien und die Führungskraft ▪ Begrüßung ▪ Regeln: offen, aktiv, konzentriert, gezielt und verantwortlich kommunizieren, nicht immer sprechen, beruhigen und inspirieren, Willen zum Zuhören zeigen, Ablenkungen fernhalten, auf die Konfliktparteien einstellen, Geduld und Selbstbeherrschung zeigen, Fragen stellen ▪ Natur des Konflikts beschreiben ▪ Harvard-Konzept anwenden: 1. Menschen und Probleme getrennt voneinander behandeln 2. Nicht Positionen, sondern Interessen in den Vordergrund rücken 3. Entscheidungsmöglichkeiten finden, die für beide Seiten von Vorteil sind 4. Einigung auf neutrale Beurteilungskriterien ▪ Entscheidung treffen ▪ Verabschiedung	▪ Ergebnisprotokoll erstellen ▪ Ggf. schriftliche Vereinbarung ▪ Kontrolle der Zusagen der Konfliktparteien

Abb. 7.16: Konfliktgespräche führen (eigene Darstellung)

Vordergrund stehen. Das behindert die Arbeit am eigentlichen Sachproblem. Um diese Barriere zu beseitigen, fordert man die Konfliktparteien auf, sich in die Lage der Gegenseite zu versetzen (Fisher/Ury/Patton 2004, S. 19 ff.).

▪ Für die Konfliktregulierung ist es essenziell, *nicht Positionen, sondern Interessen in den Vordergrund* zu rücken. Konzentriert man sich nur auf die Positionen der Konfliktparteien, wird man schwerlich zu einer Lösung kommen. Erfährt man jedoch mehr über die Hintergründe, die beiderseitigen Nöte, Wünsche, Sorgen und Ängste, die die Positionen begründen, kann eine Einigung erzielt werden, mit der beide Seiten zufrieden sind (Fisher/Ury/Patton 2004, S. 19 ff., 71 ff.).

▪ Man muss *Entscheidungsmöglichkeiten* finden, *die für beide Seiten von Vorteil sind.* All zu oft glauben die Betroffenen, die richtige Lösung schon zu kennen. Sie möchten diese Lösung auf Biegen und Brechen durchsetzen. Es ist besser, gemeinsam nach verschiedenen Lösungen suchen, aus denen man wählen kann.

▪ Dann muss man allerdings eine *Einigung auf neutrale Beurteilungskriterien* finden. Gemeint sind objektive Maßstäbe, die nicht von den Interessen der Konfliktparteien abhängig sind.

Wenn die Parteien sich auf eine Lösung geeinigt haben, wird man das Gespräch durch eine freundliche Verabschiedung beenden.

Nach dem Konfliktgespräch erstellt man ein Ergebnisprotokoll, in dem man die Einigung festhält. Gegebenenfalls ist sogar eine schriftliche Vereinbarung vonnöten, in der Konsequenzen bei Nichteinhaltung festgelegt sind (Regnet 2007, S. 89 ff.).

7.4.4 Mobbing eindämmen

Mobbing ist ein sozialer Konflikt, der wegen seines spezifischen Verlaufs besonderer Erwähnung bedarf (Zuschlag 2001, S. 21 ff.).

> **Übungsaufgabe**
>
> Vielleicht sind Sie schon einmal gemobbt worden, vielleicht kennen Sie einen Menschen, der gemobbt worden ist. Was ist demnach Mobbing?

Leymann, einer der maßgeblichen Mobbingforscher, führte Interviews mit Mobbing-Opfern durch, um Handlungen zu isolieren, mit denen der Begriff Mobbing beschrieben werden kann. Ergebnis dieser Befragungen war das »Leymann Inventory of Psychological Terrorization«, das 45 *Mobbinghandlungen* fünf Kategorien zuordnet (Leymann 1993 b, S. 273):

- Angriffe auf die Möglichkeiten, sich mitzuteilen,
- Angriffe auf die sozialen Beziehungen,
- Auswirkungen (gemeint sind sicherlich Angriffe) auf das soziale Ansehen,
- Angriffe auf die Qualität der Berufs- und Lebenssituation sowie
- Angriffe auf die Gesundheit.

Leymann zufolge liegt Mobbing am Arbeitsplatz vor, wenn eine Person von einer oder mehreren Mobbinghandlungen belästigt wird, und zwar mindestens einmal in der Woche während mindestens eines zusammenhängenden halben Jahres. Zudem müssen hinter den Handlungen destruktive Absichten stecken, so dass sie als negativ empfunden werden. Dabei sollte man die Handlungen eher als Regelbeispiele und den *Zeitrahmen* als Orientierungsgröße verstehen (Leymann 1993 b, S. 272).

Leymann fand ferner heraus, wie sich das Mobbing in der Regel entwickelt (Abb. 7.17, Leymann 1993 a, S. 58 ff.).

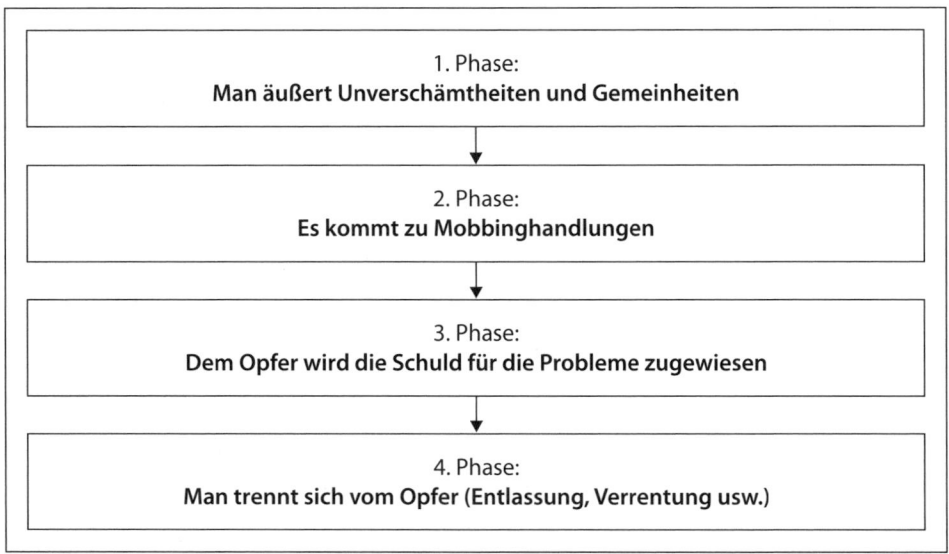

1. Phase:
Man äußert Unverschämtheiten und Gemeinheiten

2. Phase:
Es kommt zu Mobbinghandlungen

3. Phase:
Dem Opfer wird die Schuld für die Probleme zugewiesen

4. Phase:
Man trennt sich vom Opfer (Entlassung, Verrentung usw.)

Abb. 7.17: Mobbing (nach Leymann 1993 a, S. 59)

Anders als der Laie vermutet, kann jeder zum *Mobbing-Opfer* werden. Es kann keinesfalls nur psychisch anfällige oder schwierige Personen treffen. Persönlichkeitsveränderungen sind in der Regel eher Folgen und nicht Ursachen des Mobbing. Die *Mobbing-Täter* zeichnen sich gleichfalls nicht durch besondere Persönlichkeitsmerkmale aus. Es handelt sich vielmehr um Menschen, die im Verlaufe des Mobbing aktiv ihre schlechtesten Seiten hervorkehren oder zu passiven Mitläufern werden, denn auch das ist kennzeichnend: Mobbing ist nur möglich, wenn die Kollegen die Täter schalten und walten lassen.

Übungsaufgabe

Inwiefern sind die Führungskräfte schuld am Mobbing?

Für die Entstehung und Entwicklung von Mobbing gibt es mehrere *Ursachen* (Leymann 1993 a, S. 61, 133, 140, 278, Neuberger 1999, S. 67):

- Dazu zählen vor allem sowohl die Überforderung
- als auch die Unterforderung am Arbeitsplatz, aber auch
- die Bürokratie,
- steile Hierarchien und
- strikte Normen. Dabei ist nicht die Befolgung und Durchsetzung von strikten Normen ausschlaggebend, sondern ihre Einseitigkeit, Unfairness, Undurchschaubarkeit oder Auslegungsbreite.
- Leymann ist bei seinen Interviews geschildert worden, dass es in Gruppen immer einen Sündenbock gibt, der für Fehler verantwortlich gemacht wird. Für die anderen Gruppenmitglieder ergibt sich daraus ein Gefühl der Erleichterung. Sie können sich abreagieren und für alle Fehler einen Schuldigen präsentieren. An einem Sündenbock hält man fest, um sich nicht selbst eines Tages in dieser Rolle wiederzufinden.
- Gerade neue Mitarbeiter laufen Gefahr, gemobbt zu werden. Sie befinden sich notgedrungen in einer sozial herausragenden Stellung. Eine Andersartigkeit, eine bessere Qualifikation und Kompetenz oder besonderer Fleiß, kann dann leicht das Mobbing anfachen.
- Leymann stellte fest, dass ein frühes Eingreifen von Führungskräften das Mobbing in nahezu jedem Fall verhindert hätte. Deshalb sieht er in der Untätigkeit der Führungskräfte den wichtigsten Grund für die Entstehung von Mobbing.

Übungsaufgabe

Sie sind sicherlich Mitglied vieler Gruppen, denn Sie haben einen Freundeskreis, sind einer Abteilung zugeordnet und vielleicht auch in einem Verein aktiv. Gibt es in diesen Gruppen Personen, denen die Rolle des Sündenbocks zugeschoben wird? Wie kommen diese Leute zu der Rolle? Sind die Sündenböcke selbst an ihrer Rolle schuld?

Zusammengenommen deutet viel darauf hin, dass es sich beim Mobbing eigentlich nicht um einen Konflikt zwischen Personen handelt, sondern eher um einen verborgenen, aber bohrenden Konflikt in einer Gruppe, der quasi von den Mobbing-Tätern und dem Mobbing-Opfer ausgetragen wird. Genau das führt aber dazu, dass der ursprüngliche soziale Konflikt fortdauert. In der Praxis zeigt es sich immer wieder, dass das Mobbing selbst dann kein Ende findet, wenn das Mobbing-Opfer das Unternehmen verlassen hat. Wenn der ursprüngliche Konflikt nicht an die Person gekoppelt war, die nun nicht mehr da ist, übernehmen andere die Rollen von Täter, Mitläufern und Opfer (Esser 2003, S. 397 f.).

Bei der *Regulierung des Mobbing* sollte man in erster Linie auf die Vorbeugung setzen, also strukturelle Maßnahmen.

Die *Vorbeugung* ist gemäß § 12 des Allgemeinen Gleichbehandlungsgesetzes eine Verpflichtung (Abb. 7.18, Heidenreich 2007, S. 111 ff., Stührenberg 2003, S. 218 ff.).

- Man sollte Unter- und Überforderung vermeiden,
- die Gesundheit fördern,
- den zeitlichen Spielraum für zu erledigende Arbeiten vergrößern,
- Kommunikationsmöglichkeiten in Form von Pausenräumen oder Betriebsfesten schaffen und
- überhaupt öfter und regelmäßig miteinander reden.
- Dem Mobbing von neuen Mitarbeitern kann man konkret mit einer fundierten Einarbeitung Paroli bieten.
- Den irrigen Annahmen, wer gemobbt würde, sei selbst Schuld, und Mobbing würde im eigenen Unternehmen nie vorkommen, sollte man durch Information und Aufklärung begegnen.
- Man kann etwa eine Betriebsvereinbarung (zwischen Arbeitgeber und Betriebsrat) zum Umgang mit Mobbing, Tätern und Opfern initiieren (Menke/Stührenberg 2003, S. 62 ff.).
- Empfehlenswert ist es schließlich, einen Ansprechpartner für das Mobbing zu benennen, der nach einschlägigen Schulungen als Fachmann eine erste Anlaufstelle sein kann.

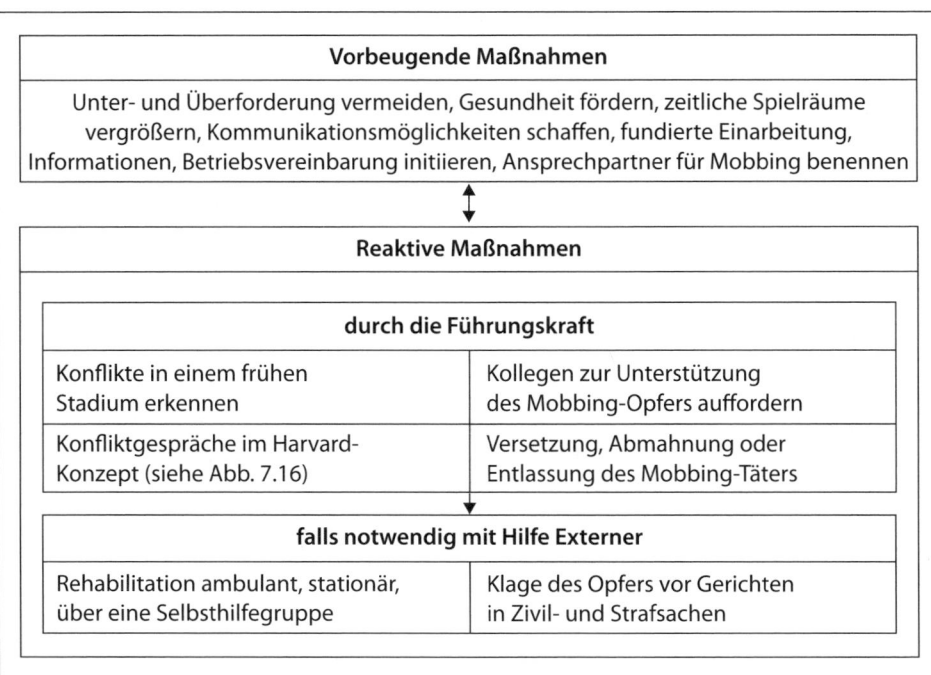

Abb. 7.18: Mobbing eindämmen (eigene Darstellung)

Wenn es zum Mobbing kommt, weil in Gruppen soziale Konflikte verschoben werden, muss man im Sinne *reaktiver Maßnahmen* dafür sorgen, dass diese Konflikte ausgetragen werden können (Abb. 7.18, Heidenreich 2007, S. 91 ff., Neuberger 1999, S. 113 ff.).

- Führungskräfte sollten sich bemühen, Konflikte möglichst schon in einem sehr frühen Stadium zu erkennen.
- Gerade in puncto Mobbing ist es notwendig, dass es Mitarbeitern möglich ist, ihre Führungskraft anzusprechen. Kompetente Führungskräfte sollten die Konfliktparteien folglich nicht nur ermutigen, ihren Konflikt selbst zu bearbeiten. Sie müssen auch für Konfliktgespräche zur Verfügung stehen. Damit zeigen sie sich *loyal* in dem Sinne, dass sie persönliche Probleme akzeptieren und sich ihrer annehmen. Ein Konfliktgespräch sollten nicht nur mit dem Täter und dem Opfer stattfinden, sondern, am besten danach, mit der gesamten Gruppe einschließlich der Mitläufer, um dem sozialen Konflikt beizukommen, der das Mobbing ausgelöst hat (Abb. 7.16).
- Den Mobbing-Opfern empfiehlt man, den Tätern zu verdeutlichen, dass man ihre Handlungen nur bis zu einem gewissen Punkt duldet, aber andererseits auch für eine Versöhnung zu haben ist.
- Scheitert dieser Ansatz, muss die Führungskraft einerseits die Kollegen zur Unterstützung des Mobbing-Opfers auffordern. Andererseits muss man den Tätern deutlich zu verstehen geben, dass das Unternehmen diese Art der Konfliktaustragung nicht duldet.
- Tritt auch dann keine Besserung ein, kann man eine Versetzung des Mobbing-Täters in Betracht ziehen, oder man spricht Abmahnungen und schließlich eine Entlassung aus. Für Abmahnungen und Entlassungen ist es jedoch erforderlich, dass man dem Täter rechtswidrige Handlungen nachweisen kann.

> **Übungsaufgabe**
>
> Führen Sie einige Mobbinghandlungen an, die rechtswidrig sind. Welche dieser Handlungen werden wohl unter Zeugen stattfinden, die später bereit sind, vor Gericht auszusagen?

Manchmal ist eine Lösung des Problems auf Unternehmensebene leider nicht zu erreichen. Mitarbeiter, die am Arbeitsplatz belästigt werden, haben gemäß § 14 des Allgemeinen Gleichbehandlungsgesetzes dann das Recht, ihre Tätigkeit ohne Verlust des Arbeitsentgelts einzustellen, weil der Arbeitgeber keine oder offensichtlich ungeeignete Maßnahmen zur Unterbindung getroffen hat. Das macht es für die Betroffenen leichter, Hilfe von anderer Seite in Anspruch zu nehmen. Eine *Rehabilitation* kann ambulant, stationär oder über eine Selbsthilfegruppe erfolgen. Die Führungskraft oder ein sogenanntes Mobbingtelefon können Hilfe bei der Ermittlung der richtigen Ansprechpartner leisten. Wenn man dem Täter rechtswidrige Handlungen nachweisen kann, ist auch eine *Klage* des Opfers vor Gerichten in Zivil- und Strafsachen möglich (Zuschlag 2001, S. 177 ff., Wisskirchen 2006, S. 1499).

7.5   Emotionen respektieren

Zuweilen tendiert man dazu, über all den Problemfeldern die Gefühle der Menschen, die sich bei der Arbeit zusammenfinden, also ihre Emotionen zu vergessen (Küpers/Weibler 2005, S. 17 ff., Wiedmann 2006, S. 153 ff.).

7.5.1 Zuneigung zulassen

Zum Glück sind Emotionen oft angenehm. Diese Gefühle sind aber auch so vielfältig, dass man sie kaum aufzählen kann (Kiefer 2002, S. 49 ff.).

> **Übungsaufgabe**
>
> Mögen Sie eine Arbeitskollegin oder einen Arbeitskollegen besonders? Haben Sie sich schon im Arbeitsumfeld verliebt? Wie ist das abgelaufen? Sind dadurch Probleme bei der Arbeit entstanden, wenn ja, welche?

Gelegenheit macht Liebe, lautet der erste Satz in einem Bericht, mit dem Leue ein angenehmes Gefühl thematisiert, das Führungskräften einiges Kopfzerbrechen macht (Leue 2010, S. 13).

In der Tat finden viele Paare am Arbeitsplatz zueinander. Das ist unvermeidlich und nahezu zwangsläufig so. Wer die Arbeit nicht zu Hause erledigt, verbringt als Vollzeit-Beschäftigter fast mehr Zeit am Arbeitsplatz als zu Hause, wenn man den Schlaf von der Freizeit abrechnet. Außerdem lernt man im Arbeitsumfeld viele Menschen recht gut kennen, weil man sich einerseits ohnehin begegnet und andererseits in den verschiedensten Situationen erlebt.

Zuneigung und Liebe im Arbeitsumfeld haben durchaus *Vorteile*. Der graue Arbeitsalltag wird rosarot, man weiß, was den Partner beruflich bewegt, und sieht sich auch in stressigen Zeiten.

Keine Rose ist ohne Dornen. Der Wunsch, gemeinsam Urlaub zu nehmen, ist kaum zu realisieren, wenn man sich wechselseitig vertreten soll, wie das in kleineren Unternehmen oft der Fall ist. Paare, die häufig gemeinsam auftreten, schränken die Beziehungen zum Kollegenkreis ein. Das ist für die Karriere nicht förderlich. Je enger Paare zusammenarbeiten, umso mehr Probleme können sich ergeben, beispielsweise in Banken, die für viele Vorgänge das Vier-Augen-Prinzip praktizieren: Die Mitarbeiter sollen sich gegenseitig kontrollieren, können das aber kaum gewährleisten, wenn sie einander zugetan sind. Ähnlich verhält es sich, wenn ein Partner Geschäftsinformationen hat, von denen der andere eigentlich nichts wissen sollte. Und schließlich können Zuneigung und Liebe generell die Konzentration auf die Arbeitsaufgaben behindern, weil man sich öfter begegnet.

All das verunsichert Führungskräfte. Einige Unternehmen haben den falschen Weg beschritten, mit dieser Verunsicherung umzugehen. Leue zitiert aus einer »Ethikrichtlinie«: »Sie dürfen nicht mit jemanden ausgehen oder in eine Liebesbeziehung mit jemandem treten, wenn Sie die Arbeitsbedingungen dieser Person beeinflussen können oder der Mitarbeiter Ihre Arbeitsbedingungen beeinflussen kann.« (Leue 2010, S. 13) Derartige Richtlinien verstoßen gegen das allgemeine Persönlichkeitsrecht und sind deshalb juristisch nicht haltbar. Sie sind zudem weder sinnvoll noch akzeptabel, nicht sinnvoll, weil sich Menschen trotzdem während der Arbeit verlieben und das geheim halten werden, und nicht akzeptabel, weil man nicht verlangen kann, dass Menschen ihr Naturell am Werkstor abgeben.

Als Führungskraft muss man zunächst *um die Zuneigung wissen*. Dafür muss man Vertrauen schaffen, wie das in diesem Kapitel beschrieben wird, und man muss regelmäßig miteinander kommunizieren, beispielsweise bei regelmäßigen Mitarbeiterbesprechungen (»Jour fixe«) und spontanen, offenen Gesprächen. In diesen Gesprä-

> ▪ »Ethikrichtlinien« sind weder sinnvoll noch akzeptabel.
> ▪ Man muss Vertrauen schaffen und regelmäßig miteinander kommunizieren, um von der Zuneigung zu erfahren.
> ▪ Man sollte dem Paar raten, sich offen zueinander zu bekennen, die Beziehungen zu den Kollegen nicht zu vernachlässigen und sich auf die Arbeit zu konzentrieren.
> ▪ Wenn es problematisch wird, die Arbeitsaufgaben korrekt zu erledigen, hilft nur der Wechsel in verschiedene Abteilungen.
> ▪ Zumindest überdenken muss man das auch, wenn ein Partner die Führungskraft des anderen ist.

Abb. 7.19: Zuneigung zulassen (eigene Darstellung)

chen kann man dem Paar mit aller Vorsicht den *Rat geben*, sich offen zueinander zu bekennen, aber die Zuneigung und die Arbeit nicht zu vermengen. Ein wenig Händchenhalten kann ja nicht schaden. Trotzdem sollten die Beziehungen zu den Kollegen nicht vernachlässigt werden, und während der Arbeitszeit darf die Konzentration auf die Arbeit nicht dauerhaft eingeschränkt sein (Abb. 7.19).

Wenn es problematisch wird, die Arbeitsaufgaben korrekt zu erledigen, wie beim Vier-Augen-Prinzip, hilft nur der Wechsel in verschiedene Abteilungen. Zumindest überdenken muss man das auch, wenn ein Partner die Führungskraft des anderen ist (Abb. 7.19).

7.5.2   Ängste nehmen

Es sind nicht nur angenehme Gefühle, die Menschen in ihrer Arbeitswelt bewegen. Die unangenehmen Gefühle sind ebenso vielfältig wie die angenehmen. Das sicherlich angesichts seiner Folgen bedeutsamste unangenehme Gefühl ist die Angst (Kittner 2003, S. 5 ff., Klein/Kolb 2008, S. 7 ff.).

Angst ist eine Emotion, ein subjektives, häufig unbewusstes Gefühl der Bedrohung, das eine Situation signalisiert, die der Einzelne als gefährlich einstuft. Diese Definition ist recht nüchtern. Trotzdem meinen viele Menschen, Angst sei etwas Krankhaftes. Das ist aber ein grundlegendes Missverständnis. Eine seelische Erkrankung ist nur die sogenannte Angstneurose, die krankhaft übersteigerte Angst, beispielsweise vor kleinen Räumen. Sie hat nur wenig mit der Angst gemeinsam, die jedem Menschen tagtäglich begegnet (Bröckermann 1989, S. 82 ff., Fröhlich 1982, S. 15 ff.).

Übungsaufgabe

Wer oder was in Ihrem Arbeitsumfeld macht Ihnen aktuell Angst, bzw., wenn Angst Ihnen das falsche Wort zu sein scheint, wo entsteht Druck, wer oder was stresst Sie?

Ängste sind keine Phänomene am Rande. Ängste sind auch nicht nur eine Angelegenheit der jeweils anderen, sondern seltsam vertraute, doch äußerst unliebsame Erscheinungen auch *im Führungsprozess*. Sowohl Führungskräfte als auch Mitarbeiter bekommen es zuweilen mit der Angst zu tun (Abb. 7.20, Bröckermann 1989, S. 22 ff., ähnlich Orthmann 1999, S. 69 ff., Panse/Stegmann 1998, S. 43 ff.).

Versagensängste	Angst vor Verantwortung
	Angst vor Kontrollen
	Angst vor Vertrauen
	Angst vor Männern / Frauen
	Leistungsangst
	Angst vor Vereinsamung
Existenzängste	Angst um das berufliche Überleben
	Angst vor dem Tod

Abb. 7.20: Ängste (eigene Darstellung)

Zu den Ängsten, die uns – nicht alle und nicht ständig – im Arbeitsleben befallen, zählen *Versagensängste* (Bröckermann 1989, S. 93 ff., Kittner 2003, S. 26 ff.).

■ Wer Verantwortung übernimmt, den kann die Angst beschleichen, die ihm zugefallene Aufgabe nicht bewältigen zu können. Man könnte scheitern und müsste dann mit negativen Konsequenzen rechnen.

■ Führungssituationen sind schwerlich kontrollierbar und daher von Zeit zu Zeit beängstigend. Führungskräfte beurteilen ihre Mitarbeiter zwar, können sich aber trotzdem nicht sicher sein, dass die Mitarbeiter auf sie hören.
Zudem wecken sowohl Kontrollen bzw. Beurteilungen als auch die Vielfalt der Beziehungen Ängste. Man weiß nicht, wie eine Beurteilung ausfallen wird, und sorgt sich, in Konflikt mit anderen zu geraten.

■ Manchmal schöpfen Kollegen Verdacht gegeneinander, trauen Führungskräfte ihren Mitarbeitern nicht und beargwöhnen Mitarbeiter ihre Führungskräfte. Man hält sich zurück, denn Vertrauen kann enttäuscht werden.

■ Es kommt vor, dass Männer Frauen als Bedrohung empfinden. Frauen erobern manche Männerdomäne.
Frauen fürchten sexuelle Nachstellungen, übergangen, gefoppt und drangsaliert zu werden.

■ Die Einsicht, dass man Leistungsreserven schwerlich wecken kann, und der permanente Leistungswettbewerb rufen eine Leistungsangst hervor. Immerhin 39 Prozent der deutschen Arbeitnehmer empfinden ihre Arbeit als zu anstrengend (ama/ TNS Opinion 2007, S. 8).

■ Von Zeit zu Zeit beschleicht Menschen, die mit beiden Beinen im Berufsleben stehen, die Angst vor der Vereinsamung. Sie befürchten, durch ihre Arbeitsleistung, etwa die vielen Überstunden, in eine Isolation zu geraten.

Ebenso bedeutsam sind die *Existenzängste* (Bröckermann 1989, S. 137 ff., Kittner 2003, S. 23 ff.).

■ Ruhestand, Schließung, Insolvenz und Entlassung, dies sind beängstigende Fragen des beruflichen Überlebens. Gerade in wirtschaftlich schweren Zeiten wird es schwer, wieder Fuß zu fassen.

■ Alle Beschäftigten stehen vor dem Problem, sich im täglichen Geschäft zu behaupten. Sie haben bisweilen Angst, die Arbeit bringe sie um.

Wenn Sie bei der Arbeit Angst haben, wenn Sie, freundlicher ausgedrückt, gestresst sind oder Druck bekommen, wie gehen Sie damit um?

Die Ängste werden in aller Regel nicht aufgearbeitet, sondern auf einer unbewussten Schiene abgewehrt. Man arbeitet vermeintlich Sachfragen ab, ist aber in Wirklichkeit in einer Abwehrhaltung. Wenn man diese *Angstabwehr* verstehen will, kommt man zwangsläufig auf psychoanalytische Ansätze (Abb. 7.21, Bröckermann 1989, S. 78 f., 151 ff., ähnlich Panse/Stegmann 1998, S. 111 ff.).

Unangenehme Umstände wie die Angst werden durch vorgeschobene rationale Erklärungen beschönigt. Menschen sprechen in dieser Abwehrhaltung kaum von sich selbst, sondern lieber in der dritten Person, beispielsweise: »Man könnte schon die Stelle verlieren, aber in so einer Situation muss das Unternehmen Personal abbauen.« Mit diesen sogenannten *Rationalisierungen* kann man den Ängsten sogar positive Seiten abgewinnen.

Außerdem *verdrängt* man das Wissen, die Erfahrungen und die Gefühle aus dem Bewusstsein, die auf die eigene Angst oder Schuld hinauslaufen. Dann kann man sich die eigenen Ängste beim besten Willen nicht vergegenwärtigen.

Identifikation ist ein psychischer Vorgang, durch den sich ein Mensch einen Aspekt eines anderen einverleibt und sich nach dem Vorbild des anderen umwandelt. Man erkennt in einem anderen Menschen zum Beispiel eine Sorglosigkeit, die man bei sich selbst vermisst, und verbündet sich dann unbewusst mit dieser Person, um diese Sorglosigkeit zu teilen. Aus der Identifikation erwächst aber auch Aggression, wenn man die eigene Angst unbewusst zum Anlass nimmt, sich rücksichtslos zu verhalten, weil man dem, der sie verursacht, Rücksichtslosigkeit unterstellt.

Eine *Identifikation mit dem Aggressor* kann sich einstellen, wenn eine Person eine andere einseitig ihrem Willen unterwirft. Statt mit der Angst zu leben, die durch diese Aggression ausgelöst wird, heißt man das Verhalten des Aggressors gut. Man verwandelt sich damit unbewusst von der bedrohten in die bedrohende Person. Im Ergebnis entsteht eine Art Anpassung, denn wer sich anpasst, der ist von Feinden oder denen, die er für Feinde hält, nur schwer auszumachen.

Eine *Übertragung* ist dadurch gekennzeichnet, dass Wünsche, Hoffnungen und Ängste der Vergangenheit auf die Gegenwart oder eigene Ängste auf andere bezogen werden. Man gaukelt sich vor, man selbst sei nicht betroffen, sondern die anderen.

Rationalisierung	»Ich habe Stress«
Verdrängung	»Ich habe keine Angst«
Identifikation	»Ich setze mich durch«
Identifikation mit dem Aggressor	»Ich passe mich an«
Übertragung	»Du hast Angst«
Grundannahmen	»Wir brauchen den Chef«
	»Petra und Peter schaffen das«
	»Die anderen haben Schuld«

Abb. 7.21: Angstabwehr (eigene Darstellung)

Bion erachtet eine Gruppe als ein eigenständiges Wesen, dessen Organe die einzelnen Mitglieder sind. Das klingt nur so lange befremdlich, wie man nicht in sich hineinhorcht. Ist es nicht so, dass wir uns beispielsweise spät abends im Freundeskreis lautstark und fröhlich gemeinsam auf den Heimweg machen, aber alleine eher still und nachdenklich? Wir sind in der Gruppe anders als allein, weil wir in der Gruppe eine Aufgabe übernehmen. Bion stellt ferner fest, dass sich Gruppen oft so verhalten, als ob allen Mitgliedern eine von drei denkbaren *Grundannahmen* gemeinsam wäre (Bion 1971, S. 106 ff.):

1. Bisweilen teilen verängstigte Gruppenmitglieder die Grundannahme der Abhängigkeit. Sie benehmen sich dann, als sei es Sinn und Zweck ihrer Zusammenkunft, durch eine Führungskraft gestützt zu werden, »dann wird alles wieder gut«.
2. Wenn eine Gruppe in der Grundannahme der Paarbildung arbeitet, verhalten sich ihre verängstigten Mitglieder, als bestünde die Triebfeder ihrer Zusammenkunft darin, dass sich zwei Gruppenmitglieder zusammentun. Dabei teilt man die Erwartung, diese beiden könnten einen Geniestreich vollbringen und der Angst den Boden entziehen.
3. Wenn Gruppenmitglieder die Empfindung in die Tat umsetzen, sie müssten gemeinsam gegen etwas kämpfen oder vor etwas Reißaus nehmen, so teilen sie die Grundannahme, die Bion »Kampf und Flucht« nennt. Dann ist es beispielsweise eine andere Abteilung, die Probleme verursacht und bekämpft werden muss (Bion 1971, S. 111 f.).

> **Übungsaufgabe**
>
> Schuld sind eigentlich immer die anderen? Können Sie sich an eine Begebenheit erinnern, wo Sie fest davon überzeugt waren, sich aber hinterher herausstellte, dass Sie nicht frei von Schuld waren?

Damit hat es noch nicht sein Bewenden. Die genannten Strategien der Angstabwehr wecken ihrerseits Ängste, etwa wenn man sich aus Angst rücksichtslos gibt, dann aber befürchtet, dass man dadurch vereinsamt. Man fällt also in eine Verhaltensform einer früheren Entwicklungsstufe zurück. Das nennt man *Regression* (Bröckermann 1989, S. 243 ff.).

So entsteht ein Geflecht von Ängsten, unbewusster Angstabwehr und neuerlichen Ängsten aller Beteiligten, die sich gegenseitig bedingen. Dieses Geflecht legt eine Art Schleier über die Sachfragen. Man ist zwar davon überzeugt, man arbeite Sachfragen ab, dreht sich aber nur im Kreise: Das Unternehmen »Schwarz« wird vom Unternehmen »Weiß« übernommen. Die Mitarbeiter bei »Schwarz« haben Angst, an andere Standorte versetzt oder entlassen zu werden. Einige finden das gut (Identifikation mit dem Aggressor), was für viele noch beängstigender klingt. Andere beschimpfen »Angsthasen« (Übertragung). Die vermeintlichen »Angsthasen« werden rabiat. Und alle glauben, sie seien damit befasst, die Übernahmemodalitäten auszuarbeiten.

Solchen Verstrickungen kann man sich nicht entziehen. Man kann sie aber in Gesprächen und Besprechungen thematisieren und ihnen damit auf den Grund gehen. Wenn allen Beteiligten klar wird, wen welche Ängste bewegen und wie diese Ängste die aktuelle Situation beeinflussen, kann man eben diese *Ängste* und Angstabwehrmechanismen ergründen und *aufarbeiten* (Abb. 7.22, Bröckermann 1989, S. 307 ff., Kittner 2003, S. 54 ff.).

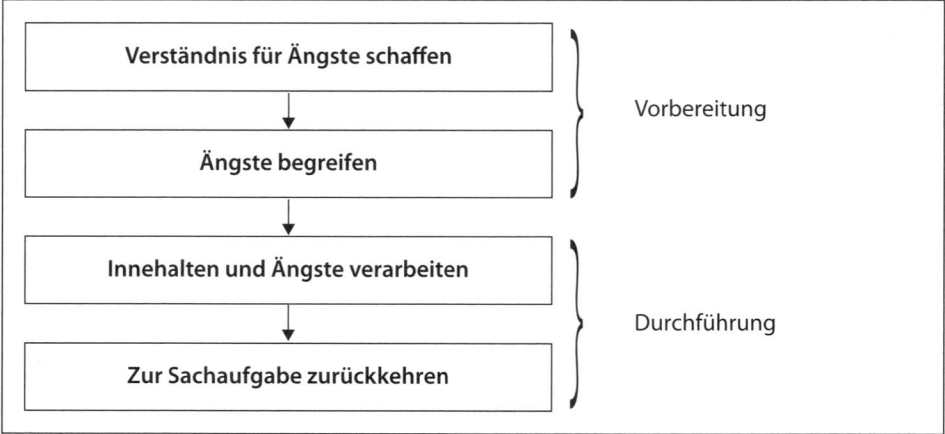

Abb. 7.22: Ängste aufarbeiten (eigene Darstellung)

Nun wäre es fatal, wenn man seine Kollegen und Führungskräfte ohne weiteres mit Äußerungen wie »Ich habe Angst« konfrontieren würde. Derartige Äußerungen würden angesichts der vorherrschenden Praxis der Angstabwehr auf Unverständnis und Ablehnung stoßen. Zunächst muss man ein Verständnis für die Existenz von Ängsten schaffen und der Aufarbeitung die Wege ebnen. So hat etwa der Betriebsrat eines großen Konzerns angesichts einer Reorganisation ein Papier in Umlauf gebracht, das unter den Überschriften »Was geschieht mit mir?« und »Was kann ich tun?« eben diese Aufarbeitung anregt. Initiator eines solchen Vorstoßes kann jede Person oder Personengruppe sein. Außerdem wäre es von Vorteil, wenn sich im Rahmen der Personalentwicklung auch ein Angebot findet, das hilft, Ängste zu begreifen.

Ist das Verständnis vorhanden, kann man gelegentlich innehalten, wenn man den Verdacht hat, dass Ängste und Angstabwehr im Spiel sind. In diesem Fall ist die Arbeit an und mit den Ängsten vorrangig. Man muss in Gesprächen und Besprechungen ergründen, wie man miteinander umgeht und was der Anstoß dafür ist. Erst nach der Aufarbeitung der emotionalen Verstrickungen kann die Arbeit an den anstehenden Aufgaben wieder aufgenommen werden, dann aber ohne verfälschende Abwehrbemühungen und sicherlich effektiver als zuvor.

8 Beurteilen

Führungskräfte müssen *beurteilen*, ob und wie ihre Mitarbeiter ihre Aufgaben erfüllt haben.

Abb. 8.1: Führungsaufgabe »Beurteilen« (eigene Darstellung)

8.1 Leistung und Arbeitsverhalten einschätzen

Da weder Anerkennung noch Kritik ohne eine abgeschlossene Meinungsbildung über das Arbeitsverhalten und die Arbeitsleistung möglich sind – Letzteres bezeichnet man als *Management by Results* –, wird das Personal in Unternehmen ständig beurteilt, und das zumeist von den unmittelbaren Führungskräften (Becker 2005 a, S. 373 ff., Bröckermann 2009 b, S. 157 ff.).

Beurteilungen werden in zunehmendem Maße in Tarifverträgen berücksichtigt. Die Tarifpartner, also die Arbeitgeber(verbände) und Gewerkschaften, fordern Verfahren, die auf einheitlichen, *objektiven Kriterien* beruhen. Dieselbe Forderung ergibt sich aus dem Allgemeinen Gleichbehandlungsgesetz, wonach der Arbeitgeber Diskriminierungen aus Gründen der Rasse oder der ethnischen Herkunft, des Geschlechts, der Religion oder Weltanschauung, einer Behinderung, des Alters oder der sexuellen Identität verhindern oder beseitigen muss. Subjektive Einschätzungen sind demnach tabu.

Viele Unternehmen setzen leistungsbezogene Lohn- und Gehaltsbestandteile zur Förderung einer größeren Leistungsgerechtigkeit und zur Schaffung monetärer Leistungsanreize ein. Die Ermittlung zuverlässiger Grundlagen für eine leistungsbezogene *Entgeltfindung* ist ohne Beurteilungen unmöglich (Kapitel »Motivieren«).

Wer viel leistet, soll auch viel verdienen. Wie beurteilen Sie diese Aussage angesichts der Diskussion um die Entgelte von Managern?

In den meisten Unternehmen hat sich die Einsicht durchgesetzt, dass die Belegschaft das wichtigste *Potenzial* darstellt, das bestmöglich zu nutzen und zu pflegen ist. Beurteilungen leisten hier gute Dienste.

- Die Mitarbeiter werden durch Hinweise auf ihr Verhalten, ihre *Stärken und Schwächen* befähigt, ihre Qualifikationen und Kompetenzen besser einzusetzen (Kapitel »Kommunizieren«). Beurteilungen können ein Ansporn zu einem bewussten Leistungsverhalten sein. Die Bedeutung der Beurteilung für die Entgeltbemessung kann diese Motivation wesentlich verstärken, aber möglicherweise auch andere wichtige Ziele wie Kooperation und Arbeitsfreude gefährden.
- Beurteilungen dienen der Ermittlung des *Entwicklungsbedarfs* des Unternehmens und der einzelnen Mitarbeiter sowie der Erfolgskontrolle durchgeführter Maßnahmen. Man stellt fest, wie gut die Mitarbeiter ihre Aufgabenstellung auf ihrem derzeitigen Arbeitsplatz erfüllen, wer in der Lage ist, in absehbarer Zeit weitergehende Aufgabenstellungen zu übernehmen, welche Aktivitäten gegebenenfalls erforderlich sind und welchen Erfolg sie hatten (Kapitel »Fordern und fördern«).

Regelmäßige Beurteilungen eröffnen den Mitarbeitern die Möglichkeit, ihre Leistung und Fähigkeiten, Motive und Einstellungen sowie ihre Verdienstaussichten selbst besser einzuschätzen und ihre *Laufbahn* danach auszurichten. Im Rahmen einer individuellen Beratung und Förderung durch die Führungskräfte können sie ihre eigenen Ziele mit den Unternehmenszielen koordinieren.

Und die Führungskräfte sehen sich aufgrund von Beurteilung gezwungen, sich mit ihren *Führungsaufgaben* auseinander zu setzen. Um für die Zukunft etwaige Missverständnisse und Missstände zu vermeiden, um auch im Vergleich mit anderen Führungskräften besser abzuschneiden, wird es als Folge von Beurteilungen häufig in vielen Bereichen zu Korrekturen der Verhaltensweisen kommen.

Form	Beurteiler	Beurteilte
Personalauswahl	Personalwesen, Führungskräfte, Betriebsrat, Kollegen	Bewerber
Selbstbeurteilung	Beschäftigter	Beschäftigter
Kollegenbeurteilung	Kollegen	Kollege
Vorgesetztenbeurteilung	Mitarbeiter	Führungskraft
Mitarbeiterbeurteilung	Führungskraft	Mitarbeiter
Beurteilung durch Externe	externe Fachleute	Beschäftigte, Bewerber
360-Grad-Beurteilung	alle Kontaktpersonen plus Selbstbeurteilung	Beschäftigte

Abb. 8.2: Zuständigkeiten bei Beurteilungen (Bröckermann 2009 b, S. 167)

Allerdings ist die Führungskraft nicht immer und in jedem Fall der Beurteiler. Praktiziert werden auch die in Abb. 8.2 ersichtlichen Konstellationen.

Im Folgenden steht die Mitarbeiterbeurteilung im Fokus, mit der die unmittelbare Führungskraft die Arbeitsleistung und das Arbeitsverhalten eines Mitarbeiters kontrolliert und würdigt.

8.2 Beurteilungen durchführen

Zu den Führungskompetenzen zählt das *Beurteilungsvermögen*: Führungskräfte sollen die Fähigkeit haben, Menschen und Beziehungen differenziert, gemeint ist angemessen und unparteiisch, wahrzunehmen. Diese Fähigkeit können sie unter Beweis stellen, wenn sie der Richtschnur aus Abb. 8.3 folgen. Dann ist zugleich sichergestellt, dass die besagten Beurteilungsabsichten im Sinne der Führungskompetenz *Beharrlichkeit* aktiv, konsequent und dauerhaft verfolgt werden.

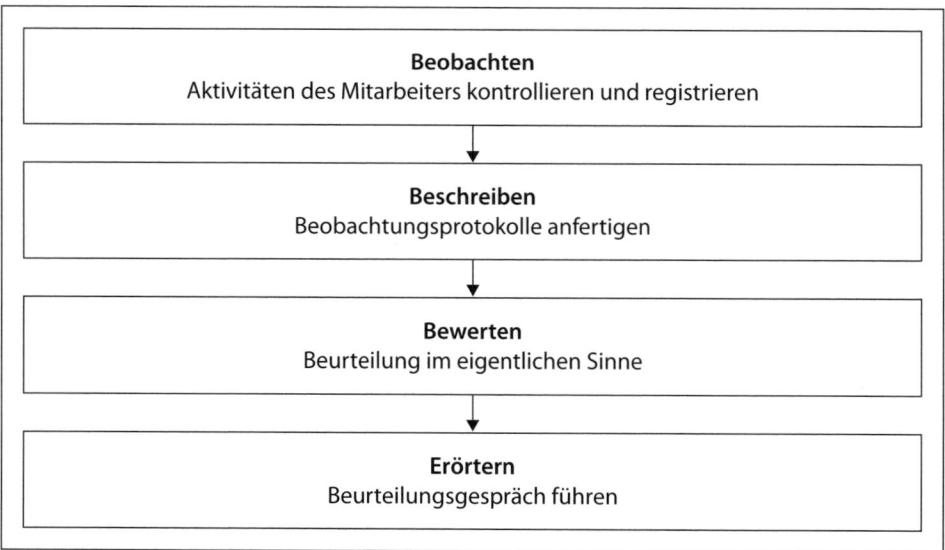

Abb. 8.3: Beurteilen (nach Bröckermann 2009 b, S. 177 und Fisseni/Preusser 2007, S. 138 ff.)

8.2.1 Beobachten

Bei der Beobachtung tauschen sich die Führungskraft und der Mitarbeiter keinesfalls wechselseitig aus. Vielmehr kontrolliert und registriert die Führungskraft die Aktivitäten des Mitarbeiters, also beispielsweise seine Arbeitsverrichtungen, seine Reaktionen oder die Entstehung und Veränderungen seiner Meinungen bei Diskussionen. (Kiefer/Knebel 2004, S. 60 ff.).

> **Übungsaufgabe**
>
> Wenn wichtiger Besuch kommt, sind alle freundlich und eifrig. Wie kommt das?

Für eine Beurteilung sind nicht alle Aktivitäten von Interesse. Die Beobachtung richtet sich auf die *regelmäßige Arbeitsleistung* und das *regelmäßige Arbeitsverhalten*. Durch die Beobachtung dürfen weder die Mitarbeiter zu einer intensiveren Arbeitsleistung als üblich veranlasst werden, noch darf es zu einem Versagen unter Stressbelastung kommen. Außerdem ist der Sinn der Beobachtung keineswegs eine systematische Fehlersuche. Positive und negative Erscheinungen sind gleichermaßen zu registrieren. Erst die spätere Gegenüberstellung einer Vielzahl von Einzelbeobachtungen erlaubt es, ein endgültiges Urteil zu fällen. Alles andere wäre ein Verstoß gegen das Postulat der Sachlichkeit, das heißt die Führungskompetenz, sich auf den Sachzusammenhang zu konzentrieren.

Sachlichkeit ist immer dann im Ansatz gewährleistet, wenn man die Vorgaben einhält, die der Beurteilungsbogen bzw. das Beurteilungsverfahren hinsichtlich der Fragen machen, in welcher Form, in welchem Turnus, was, wie differenziert, durch wen, bei wem, mit welchem Zeithorizont beobachtet werden soll. Es handelt sich um Spielregeln, die helfen sollen, ein höheres Maß an Objektivität zu erreichen. Aber auch bei Anwendung differenziertester Verfahren basieren sowohl die Beobachtung als auch der gesamte Beurteilungsvorgang letztlich auf subjektiven Wertungen.

8.2.2 Beschreiben

Die Beschreibung darf nicht mit der Bewertung verwechselt werden. Eine Beschreibung dient ausschließlich dazu, Ordnung in die Einzelbeobachtungen zu bringen (Mentzel 1997, S. 85).

> **Übungsaufgabe**
>
> Beschreiben Sie, soweit man das kann, die Leistung und das Verhalten eines Nachrichtensprechers im Fernsehen, nachdem Sie die Nachrichten etwa eine Woche gesehen haben.

Für die Beobachtung bzw. die Beobachtungszeiträume sollen nämlich *Beobachtungsprotokolle* angefertigt werden. Sie verhindern, dass die Führungskraft die Beobachtungen später aus dem Gedächtnis reproduzieren muss. Bei diesem Abrufen aus dem Gedächtnis ist die Gefahr groß, dass man wichtige Beobachtungsdetails falsch einschätzt oder einfach etwas vergessen hat. Gefordert sind eine möglichst wertungsfreie Wiedergabe der Beobachtungen und eine Systematisierung in Bezug auf die Beurteilungskriterien und -merkmale. Dadurch werden Tendenzen feststellbar, die eine Bewertung ermöglichen (Mentzel/Grotzfeld/Haub 2008, S. 157).

In der Praxis stellt man Führungskräften gerne Auflistungen der *Beobachtungskriterien* mit verbalen Beschreibungen zur Verfügung (Abb. 8.4).

Ferner empfiehlt es sich, für jedes Beobachtungskriterium *Beobachtungsmerkmale* zu definieren und den Führungskräften ebenfalls an die Hand zu geben (Abb. 8.5).

Wenn Führungskräfte diese Werkzeuge vermissen, sollten sie sie einfordern. Notfalls muss man sie selbst erstellen. Allerdings ist der Aufwand dafür recht hoch. Auf der Grundlage des Anforderungsprofils, genauer der Anforderungskriterien und -merkmale, muss man Verhaltensweisen für typische Arbeitssituationen beschreiben, die Erfolg versprechend sind. Aus diesen Verhaltensweisen leitet man Beobachtungskriterien und -merkmale ab (Bröckermann 2009 b, S. 102 f., Kapitel »Planen«).

Ausbildungsverhalten

Einstellung zur Mitarbeit und Ausbildung
Stellt der Auszubildende von sich aus Fragen, wenn ihm am Arbeitsplatz Arbeitsabläufe oder Zusammenhänge unklar sind?
…

Sorgfalt und Genauigkeit
Vergisst der Auszubildende die ihm übertragenen Arbeiten auszuführen; kontrolliert er unaufgefordert seine eigene Arbeit?
…

Lernverhalten und Lerngeschwindigkeit
Benötigt der Auszubildende mehrmalige Erklärungen, bis er den Sachverhalt verstanden hat; vergisst er bereits Erklärtes?
…

Sozialverhalten

Auftreten
Vernachlässigt der Auszubildende sein Äußeres; passt er sein Äußeres den jeweiligen Erfordernissen an?
…

Sprachliche Gewandtheit
Ist der Auszubildende in der Lage, sich schriftlich verständlich auszudrücken, führen unklare Formulierungen oft zu Missverständnissen?
…

Verhalten gegenüber Mitarbeitern
Zeigt der Auszubildende Bereitschaft zur Teamarbeit; übernimmt er bei Zusammenarbeit mit anderen eine aktive, konstruktive Rolle?

Ausbildungsergebnis

Erworbene Kenntnisse und Fertigkeiten
Hat der Auszubildende die im Ausbildungsrahmenplan vorgesehenen Kenntnisse und Fertigkeiten erworben?
…

Abb. 8.4: Beobachtungskriterien für Auszubildende (nach Knebel 1995, S. 48 f.)

Beobachtungskriterium	Inwieweit geht der Mitarbeiter auf die Bedürfnisse des Kunden ein?
Beobachtungsmerkmale	▪ baut positive Atmosphäre auf ▪ hört aktiv zu ▪ hält Blickkontakt ▪ achtet die Person des anderen ▪ lässt den Kunden ausreden ▪ zeigt seinem Gesprächspartner Wertschätzung

Abb. 8.5: Beispiel für ein Beobachtungskriterium und zugeordnete Merkmale (nach Bröckermann 2009 b, S. 103)

8.2.3 Bewerten

Bei der Bewertung, also der Beurteilung im eigentlichen Sinne, sollte die Führungskraft als Beurteiler *fachliche Anerkennung* unter Beweis stellen, mit anderen Worten die Führungskompetenz, das eigene Wissen praktisch umzusetzen. Nur wer weiß, wie Arbeitsaufgaben erledigt werden können, kann die Erledigung durch den Mitarbeiter einschätzen. Für dieses Wissen ist es unumgänglich, sich den Arbeitsvollzug immer wieder erläutern zu lassen oder sogar zeitweilig selbst zu übernehmen, soweit man dazu fachlich überhaupt in der Lage ist.

> **Übungsaufgabe**
>
> Sie beobachten, dass einer Ihrer Mitarbeiter im Büro still am Schreibtisch sitzt. Sein Blick ist zum Fenster gerichtet. Ab und zu macht er seine Augen zu. Was schließen Sie daraus?

Man muss demnach einen geeigneten *Beurteilungsmaßstab* an die systematisch beschriebenen Beobachtungen anlegen. Der Beurteilungsbogen leistet hier regelmäßig Hilfe für die Formulierung oder er fordert eine Kennzeichnung von Aussagen bzw. Erfüllungsgraden (Abb. 8.6, Mentzel 2005, S. 77 f.).

Leistungsmenge ist der quantitative Umfang der Arbeit	Beurteilungsmerkmal hat **geringe mittlere große** Bedeutung	min. → max. 1 2 3 4 5
	Zutreffendes einkreisen	Punktzahl einkreisen

Abb. 8.6: Beispiel für einen Beurteilungsmaßstab (nach Mentzel 1997, S. 97)

Anders ist das nur bei den sogenannten freien Beurteilungen. Sie haben den Charakter eines Gutachtens, bei dem die Führungskraft frei entscheidet, was wichtig und erwähnenswert ist. Hier muss man sich auf die Eignung für eine ganz bestimmte Aufgabenstellung konzentrieren und einen Vergleich des beobachteten Verhaltens mit der Betriebsnorm ziehen (Bröckermann 2009 b, S. 160, 178).

8.2.4 Erörtern

Führungskräfte sollten sich bei der Bewältigung ihrer Führungsaufgaben an einer *normativ-ethischen Einstellung* ausrichten. Diese Führungskompetenz, die es ihnen abverlangt, selbstverantwortlich Werte zu verwirklichen, können sie insbesondere bei der Beurteilung in die Tat umsetzen. Man muss sich verdeutlichen, dass alle Beschäftigten, egal welcher Hierarchiestufe, verantwortungsbewusste, mündige Partner im Betrieb sind und auch als solche behandelt werden wollen. Folglich müssen die Führungskräfte die Ergebnisse mit den beurteilten Mitarbeitern einzeln durchsprechen.

> **Übungsaufgabe**
>
> Stellen Sie sich vor, dass Sie ein Hotel betreiben, das in einem Internet-Forum von einer »Lady Baba« und einem »Peter Fun« – aus Ihrer Sicht unberechtigt – schlecht beurteilt wird. Welche Wünsche haben Sie hinsichtlich der Ausgestaltung dieses Forums?

Das gilt nicht nur für Mitarbeiterbeurteilungen, sondern analog auch für Beurteilungen durch Externe. Bei allen anderen Beurteilungen sind besondere Regelungen notwendig:

- Vorgesetztenbeurteilungen erfolgen grundsätzlich anonym, um negative Sanktionen für die Mitarbeiter auszuschließen. Das Ergebnis kann den beurteilten Führungskräften dann ebenso anonym zugeleitet werden oder es sollte ihnen von ihren jeweiligen Vorgesetzten präsentiert werden.
- Aus den gleichen Gründen wird in der Regel so auch mit Kollegenbeurteilungen und
- 360-Grad-Beurteilungen verfahren.
- Im Anschluss an Selbstbeurteilungen sollte ein Gespräch stattfinden, da das Urteil nicht der Weisheit letzter Schluss sein muss. Im Gespräch können Fehlurteile relativiert werden. Da hier Beurteiler und Beurteilter ein und dieselbe Person sind, kann das Gespräch mit der Führungskraft, aber auch mit einem Kollegen respektive einem in Beurteilungen erfahrenen Personalverantwortlichen stattfinden.

Die Notwendigkeit und die Chancen eines Beurteilungsgesprächs hat auch der Gesetzgeber erkannt (Hossiep/Bittner/Berndt 2008, S. 35 ff.):

- § 81 des Betriebsverfassungsgesetzes legt die *Unterrichtungs- und Erörterungspflicht* des Arbeitgebers fest. Unter anderem besagt diese Vorschrift, dass der Arbeitgeber mit den Arbeitnehmern erörtern muss, wie ihre Kenntnisse und Fähigkeiten im Rahmen der betrieblichen Möglichkeiten den künftigen Anforderungen angepasst werden können. Zu diesem Gespräch können die Arbeitnehmer ein Betriebsratsmitglied hinzuziehen.
- Nach § 82 des Betriebsverfassungsgesetzes können einzelne Arbeitnehmer verlangen, dass mit ihnen die Beurteilung ihrer Leistung sowie die Möglichkeiten ihrer *beruflichen Entwicklung* im Betrieb erörtert werden. Auch zu diesem Gespräch können sie ein Mitglied des Betriebsrats hinzuziehen. Das Betriebsratsmitglied unterliegt absoluter Schweigepflicht über den Inhalt des Gesprächs, sofern ihn nicht der betroffene Arbeitnehmer davon entbindet.

- Nach § 83 des Betriebsverfassungsgesetzes haben die Arbeitnehmer außerdem das Recht, Einsicht in ihre *Personalakte* zu nehmen. In aller Regel beinhaltet die Personalakte auch die Beurteilungen.
- In den §§ 84 bis 86 des Betriebsverfassungsgesetzes ist das *Beschwerderecht* der Arbeitnehmer geregelt. Sie haben das Recht, sich bei den zuständigen Stellen des Betriebes zu beschweren, wenn sie sich benachteiligt, ungerecht behandelt oder in sonstiger Weise beeinträchtigt fühlen. Sie können auch hier ein Betriebsratsmitglied zur Unterstützung oder Vermittlung hinzuziehen. Hieraus dürfen ihnen keine Nachteile entstehen. Können Betriebsrat und Arbeitgeber sich nicht einigen, so kann der Betriebsrat eine sogenannte Einigungsstelle anrufen. Ergänzende Vereinbarungen über Einzelheiten können durch Tarifverträge (zwischen Arbeitgeberverband und Gewerkschaft) oder Betriebsvereinbarungen (zwischen Arbeitgeber und Betriebsrat) geregelt werden.

Übungsaufgabe

Warum sieht der Gesetzgeber vor, dass Mitarbeiter zu diversen Gesprächen mit Ihrem Vorgesetzten und Personalverantwortlichen ein Betriebsratsmitglied hinzuziehen können?

Allein diese Rechtsvorschriften sind schon Grund genug für die *Offenheit und Transparenz* von Beurteilungen, die folglich mit einem Beurteilungsgespräch ausklingen sollten (Abb. 8.7, ähnlich Oechsler 2006, S. 430 ff., Wichmann 2004, S. 35 f.).

Ein Beurteilungsgespräch will gut *vorbereitet* sein, und zwar sowohl vom Beurteiler, also im Rahmen der üblichen Mitarbeiterbeurteilung der unmittelbaren Führungskraft, wie auch vom beurteilten Mitarbeiter.

- Der Mitarbeiter kann sich nur dann vernünftig vorbereiten, wenn er rechtzeitig, unter Umständen sogar schriftlich eingeladen wurde. Er sollte sich seine eigene Einschätzung seiner Leistungen und Verhaltensweisen sowie seine Erwartungen und Vorstellungen für die Zukunft vergegenwärtigen.
- Der Führungskraft fällt die Aufgabe zu, den Gesprächstermin festzulegen und die Einladung auszusprechen. Man muss genügend Zeit einplanen, das heißt in der

Vorbereitung	Durchführung	Aufbereitung
▪ Termin und Zeitrahmen festlegen ▪ Einladen ▪ Einschätzung seitens des Beurteilten anregen ▪ Geeigneten Raum wählen ▪ Atmosphäre herstellen ▪ Beurteilung vergegenwärtigen	▪ Unter vier Augen ▪ Begrüßung ▪ Regeln: offen, aktiv, konzentriert, gezielt und verantwortlich kommunizieren, nicht immer sprechen, beruhigen und inspirieren, Willen zum Zuhören zeigen, Ablenkungen fernhalten, auf den Gesprächspartner einstellen, Geduld und Selbstbeherrschung, Fragen stellen ▪ In Abschnitte aufteilen: Ermunterung, Zielorientierung, Befund, Rückäußerungen, Vereinbarungen ▪ Verabschiedung	▪ Ergebnisse festhalten ▪ Eigene Zusagen umsetzen ▪ Kontrolle der Zusagen des Gesprächspartners

Abb. 8.7: Beurteilungsgespräche führen (Bröckermann 2009 b, S. 179)

Regel ungefähr eine halbe bis eine Stunde. Im Einzelfall kann auch wesentlich mehr Zeit notwendig sein. Schließlich ist ein geeigneter Raum auszuwählen, der es ermöglicht, das Gespräch frei von Störungen und unbeobachtet in einer angenehmen Atmosphäre zu führen. Vor allem muss sich die Führungskraft die Beurteilung selbst vor Augen führen und überlegen, welche Ergebnisse besonders wichtig sind und auf welche Details es dem Mitarbeiter besonders ankommen könnte (Kiefer/Knebel 2004, S. 108 ff.).

> **Übungsaufgabe**
>
> Manche Menschen scheuen davor zurück, Ihr Recht einzuklagen. Sie wollen keine Auseinandersetzung vor Gericht. Warum ist das so?

Um Vertraulichkeit und Offenheit zu gewährleisten, sollte das Gespräch nach Möglichkeit unter vier Augen *durchgeführt* werden, es sei denn, der Mitarbeiter wünscht die Teilnahme eines Betriebsratsmitglieds. Bei Meinungsverschiedenheiten könnte der Vorgesetzte auf der nächsten Hierarchiestufe hinzugezogen werden. Besser wäre es jedoch, auch die Meinungsverschiedenheiten unter vier Augen zu klären. Das Beurteilungsgespräch soll auf gleicher Augenhöhe und mit der Absicht geführt werden, gemeinsam zu einem tragfähigen Ergebnis zu kommen. Trotzdem steuert die Führungskraft den Gesprächsablauf, da sie die Beurteilung verantwortet. Wie bei allen Gesprächen sollte man offen, aktiv, konzentriert, gezielt und verantwortlich kommunizieren, nicht immer sprechen, den Gesprächspartner inspirieren, den Willen zum Zuhören zeigen, Ablenkungen fernhalten, sich auf den Gesprächspartner einstellen, Geduld haben, die Selbstbeherrschung behalten und schließlich Fragen stellen. Um zu vermeiden, dass etwas vergessen wird, empfiehlt es sich, das Gespräch in Abschnitte aufzuteilen (Kapitel »Kommunizieren«, ähnlich Kiefer/Knebel 2004, S. 117 ff., Oechsler 2006, S. 430 ff.).

- Für die erste Phase, die *Ermunterung*, kann man voraussetzen, dass der Mitarbeiter einerseits gespannt, andererseits oft angespannt oder gar verkrampft ist. Immerhin will sich ein anderer ein Urteil über die eigene Person erlauben, und nur selten wird das Bild, das er von sich selbst hat, mit dem der Führungskraft völlig übereinstimmen. Der Mitarbeiter steht dem zuweilen mit einer gewissen Hilflosigkeit und dem Gefühl des Ausgeliefertseins gegenüber. Eine Beurteilung kann jedoch nur dann Erfolg versprechen, wenn der Mitarbeiter bereit ist, sich dem Verfahren zu unterziehen. Dann und nur dann kann man ihn von der Notwendigkeit bestimmter Arbeitsaufgaben überzeugen und ihm Maßnahmen verständlich machen, von denen er persönlich betroffen ist. Beurteilungsgespräche müssen also, wie gesagt, die notwendige Offenheit und Transparenz gewährleisten. Deshalb ist es wichtig, den Mitarbeiter von Anfang an spüren zu lassen, dass es nicht um eine Verurteilung geht, sondern um die Vorbereitung auf die Zukunft. Wenn man Mitarbeiter beurteilt, muss man folglich eine Atmosphäre gewährleisten, die als freundlich, sachlich und entkrampft erlebt werden kann. Deshalb ist es wichtig, gleich zu Beginn des Gesprächs einen möglichst positiven Kontakt aufzubauen und während des gesamten Ablaufs beizubehalten, selbst wenn die Beurteilung einen negativen Tenor hat. Dieses Ziel erreicht man, indem man Fairness, Rücksicht und Gerechtigkeit gewährleistet. Das ist leichter gesagt als getan. Es mag aber schon helfen, wenn man nicht auf seine höhergestellte Position pocht und wenn man einen angenehmen Gesprächseinstieg findet.

- Zu den Führungskompetenzen zählt die *Konsequenz*. Führungskräfte sollten Ziele entschlossen verfolgen. Die Plattform dafür bietet die zweite Phase des Beurteilungsgesprächs, die *Zielorientierung*. Hier versucht die Führungskraft, einen Konsens über die letztmals festgesetzten Arbeitsinhalte und Ziele herzustellen. Dabei wird geklärt, welche Ziele erreicht wurden und welche leistungshemmenden oder leistungsfördernden Faktoren auftraten. Dem Mitarbeiter soll klar werden, dass die Beurteilung kein Selbstzweck, sondern die Basis für die zukünftige Arbeit ist. Wenn er dies erkannt und auch akzeptiert hat, wird er auch negative Einzelurteile eher akzeptieren können. Die beiden ersten Phasen werden regelmäßig nicht viel länger als fünf bis zehn Minuten dauern.

- Die dritte Phase, der *Befund*, beinhaltet die Information über die Beurteilungsergebnisse sowie die Erörterung der erbrachten Leistungen und der gezeigten Verhaltensweisen anhand der einzelnen Beurteilungskriterien. Hier geht es einerseits um Anerkennung und Bestätigung guter Leistungen und geschätzter Verhaltensweisen, andererseits um Kritik und Ursachenforschung angesichts ungenügender Leistungen und bemängelter Verhaltensweisen. Dafür ist *Belastbarkeit* gefordert. Man muss unter schwierigen Bedingungen Fehlreaktionen vermeiden. In diesem Sinne sind Führungskräfte gehalten, nicht in einen Monolog zu verfallen, sondern Stärken und Schwächen zu diskutieren. Zur Orientierung sollte man das Gesamturteil vorab mitteilen und die Arbeitsschwerpunkte, Probleme und Ergebnisse im Beurteilungszeitraum hervorheben. Bei der Besprechung der Beurteilungskriterien und -merkmale ist es angeraten, alle für die Beurteilung relevanten Tatsachen als Begründung anzuführen. Dabei sollte jedes Beurteilungskriterium und -merkmal einzeln durchgesprochen werden, da ansonsten positive oder negative Einzelaspekte verloren gehen könnten. Eine wichtige Entscheidung besteht darin, auf welche Beurteilungsinhalte man Akzente setzt, denn es gibt durchaus Fälle, bei denen der Ausbau der Stärken aufs Ganze gesehen wichtiger ist als das Insistieren auf den Schwächen. Je mehr jemand in einem Gespräch kritisiert wird, desto geringer wird sein Selbstwertgefühl, desto größer wird unter Umständen die Abwehrhaltung und desto schwächer kann sich die Leistung nach dem Gespräch darstellen. Deshalb sollte man nicht unbedingt der Reihenfolge im Beurteilungsbogen folgen, sondern vom Allgemeinen zum Speziellen, von den wichtigen zu den weniger wichtigen und von den gut beurteilten zu den schlecht beurteilten Kriterien und Merkmalen übergehen. Bei Letzteren kann man gegebenenfalls gleich auf Förderungs- und Entwicklungschancen oder andere Verbesserungsmöglichkeiten zu sprechen kommen. Verbesserungen gegenüber der letzten Beurteilung sollten stark hervorgehoben werden. Gegebenenfalls sind eine oder im Verlaufe des Gesprächs auch mehrere Zusammenfassungen in Form von Soll-Ist-Vergleichen oder Stärken-Schwächen-Analysen angebracht. Bei alledem muss man sich vergegenwärtigen, dass man nicht die Person beurteilt, sondern ihre Leistungen und ihr Verhalten.

Übungsaufgabe

Sie bemängeln die Arbeitsleistung eines Mitarbeiter. Er ist empört und will Sie vom Gegenteil überzeugen. Wie verhalten Sie sich, wenn Sie von der Richtigkeit Ihrer Beurteilung überzeugt sind?

- Gewiss sollte ein Beurteilungsgespräch erst geführt werden, wenn man zu einem sicheren Urteil gekommen ist. Dennoch sollte der Mitarbeiter genügend Gelegenheit für Zwischenfragen, Ergänzungen und auch Korrekturen haben. Je weniger es bis dahin gelungen ist, ihn ins Gespräch einzubeziehen, umso wichtiger ist jetzt der Hinweis, dass er gebeten ist, sich zu Wort zu melden. Daran knüpft die vierte Phase an, die Phase der *Rückäußerungen*. Hier kann man wichtige Informationen über Ursachen, aber auch Motive und Möglichkeiten des Mitarbeiters erhalten, die neue oder ergänzende Einsichten verschaffen. Ist es jedoch zuvor gelungen, einen Dialog aufzubauen, dann wird das Gespräch ständig zwischen Befund und Rückäußerung hin und her schwingen. Gerade durch die Möglichkeit, bei einer unangemessenen Beurteilung gegebenenfalls direkt Widerspruch einlegen zu können, werden die Akzeptanz und Glaubwürdigkeit der Beurteilungsergebnisse erhöht. Deshalb sollte man das Urteil revidieren, falls es sich wider Erwarten im Verlauf der Rückäußerungen zeigt, dass etwas unzutreffend beurteilt wurde. Andererseits darf man kontroverse Beurteilungen nicht durch Kompromissversuche ausgleichen. In diesem Fall ist es eher angezeigt, dem Mitarbeiter Zeit zum Nachdenken zu geben und das Angebot eines erneuten Gesprächs zu machen.

■ Das Beurteilungsgespräch sollte, wenn eben möglich, nicht disharmonisch, sondern mit neuen Zielen und Perspektiven enden. So werden in der fünften und letzten Phase Schlussfolgerungen gezogen und *Vereinbarungen* getroffen. Dabei gilt es, die Führungskompetenz *Eigenverantwortung* unter Beweis zu stellen. Führungskräfte müssen bei den Vereinbarungen den eigenen Handlungsspielraum ausnutzen. Das ist der Fall, wenn die Vereinbarungen realistisch die Entfaltung auf dem bestehenden Arbeitsplatz und die Festlegung künftiger Aufgabenstellungen thematisieren. Hier kann das Beurteilungsgespräch zu einem *Zielvereinbarungsgespräch* werden. Ferner sollten Verbesserungs- und Förderungsmöglichkeiten angesprochen werden, gegebenenfalls durch Maßnahmen der Personalentwicklung. Diesen Aspekt bezeichnet man als *Beratungs- und Fördergespräch*. Selbst wenn die Beurteilung in vielen Punkten negativ ist, kann man den Mitarbeiter auf diesem Wege bei der Erfüllung seiner Arbeitsaufgaben unterstützen und ihm Hilfestellung bei der Überwindung von Arbeitsschwierigkeiten geben. Die Führungskraft sollte auf die Erwartungen und Vorschläge des Mitarbeiters eingehen und ihm ihre Einschätzung der Realisierungsmöglichkeiten schildern. Sie darf nichts versprechen, was sie nicht halten kann. Eine Entgelterhöhung oder Maßnahmen der Personalentwicklung müssen beispielsweise in aller Regel zunächst mit dem Personalwesen abgesprochen werden. Die festgelegten Maßnahmen können in die Zielvereinbarungen aufgenommenen werden und sind so bei der nächsten Beurteilung leichter zu überprüfen. Abschließend sollte die Führungskraft ihre Überzeugung äußern, dass bei der nächsten Beurteilung gleichermaßen erfreuliche oder, falls notwendig, bessere Ergebnisse besprochen werden. Hegt man hingegen keine Hoffnung auf Besserung, muss man eine Trennung in Erwägung ziehen (Kapitel »Kommunizieren«, »Ziele vereinbaren« sowie »Fordern und fördern«).

Im Sinne einer fundierten *Aufbereitung* müssen die im Beurteilungsgespräch erzielten Ergebnisse dokumentiert werden. Dabei ist jeweils eine situationsadäquate, in dem betreffenden Unternehmen übliche Form zu wählen. Durchweg erhalten die Beteiligten je eine Ausfertigung des von ihnen nach Beendigung des Gesprächs unterschriebenen Beurteilungsbogens. Das Original wird der Personalakte des Mitarbeiters beigefügt. Ferner muss man, wie bei jedem Gespräch, die eigenen Zusagen umgehend umsetzen und für die Kontrolle der Zusagen des Gesprächspartners sorgen.

8.3 Feedback geben

In etlichen Unternehmen, in denen alle Mitarbeiter regelmäßig beurteilt werden, überarbeitet man die Beurteilungssysteme regelmäßig. Wieso ist das so?

Beurteilungen sind regelmäßig mit *Problemen* behaftet (Bröckermann 2009 b, S. 182 f., Ulmer 2000, S. 57 ff.).

- Mit Beurteilungskriterien und Noten lässt sich die menschliche Persönlichkeit nicht annähernd erfassen. Das gilt auch für die Arbeitsleistung, die ein Mitarbeiter vor dem Hintergrund seines persönlichen Potenzials und seiner momentanen Lebenssituation erbringt.
- Um nur ja keine Leistungsfacette zu übersehen, sind Beurteilungssysteme häufig mit einer Vielzahl von Beurteilungskriterien und -stufen überfrachtet. So kommt es zu Überschneidungen und damit zu Doppelbewertungen.
- Mit der Zeit ergibt sich unaufhaltsam eine Konzentration um den Mittelwert, weil Mitarbeiter mit dauerhaft schlechten Leistungen versetzt oder entlassen und solche mit dauerhaft guten Leistungen befördert werden, bis sie im Vergleich zu ihresgleichen ebenfalls zur Mitte wandern. So unterscheiden sich die Beurteilungswerte aller Mitarbeiter früher oder später nur noch durch Kommawerte, und die Beurteilungsgespräche verlieren ihren Bezugspunkt.
- Obendrein schließen selbst die intensivsten Vorbereitungen und die ausgefeiltesten Beurteilungsverfahren Fehler nicht gänzlich aus. Fehlerhafte Beurteilungen haben falsche, manchmal schwerwiegende Entscheidungen und Konflikte aufgrund dauerhaft gestörter Beziehungen zur Folge.
- Außerdem muss man für die Beschreibung der Beobachtungen und die Formulierung einer Beurteilung einen Zeitbedarf von durchschnittlich ein bis zwei Stunden rechnen. Dazu kommt noch das Beurteilungsgespräch, das mindestens eine halbe bis eine Stunde in Anspruch nimmt. Wenn Beurteilungen regelmäßig durchgeführt werden, muss man folglich mit einer wesentlichen Arbeitsbelastung rechnen.
- Zu guter Letzt lässt die Telearbeit, die immer mehr an Boden gewinnt, eine verhaltensorientierte Beurteilung kaum zu. Hier kommt fast nur eine Kontrolle, ob und inwiefern die Ziele erreicht wurden, in Betracht (Kapitel »Ziele vereinbaren«).

Aus dieser Kritik kann man allerdings nicht schließen, dass man auf jegliche Beurteilung verzichten kann. Die Mitarbeiter benötigen Hinweise auf ihr Verhalten, ihre Stärken und Schwächen. Ihre Führungskräfte müssen einschätzen, ob und welche leistungsbezogenen Entgelte und Personalentwicklungsmaßnahmen angebracht sind. Deshalb raten Brandt und Schache-Keil, auf komplizierte Beurteilungssysteme zu verzichten. Sie setzen vielmehr auf das Management by Objectives und vor allem auf Gespräche und Besprechungen (Brandt/Schache-Keil 2000, S. 76, Kapitel »Ziele vereinbaren«).

Ein Rückgriff auf das sogenannte Johari-Fenster, benannt nach den Vornamen der Urheber Joseph Luft und Harry Ingham, stützt diese Einsicht. Luft und Ingham fordern, dass Menschen sich wechselseitig Rückmeldung, also ein *Feedback*, geben, um die Selbst- und Fremdwahrnehmung zu korrigieren (Abb. 8.8, Luft 1971, S. 22 ff.).

	Dem Selbst bekannt	Dem Selbst nicht bekannt
Anderen bekannt	I Bereich der freien Aktivität	II Bereich des blinden Flecks
Anderen nicht bekannt	III Bereich des Vermeidens oder Verbergens	IV Bereich der unbekannten Aktivität

Abb. 8.8: Johari-Fenster (Luft 1971, S. 22)

In vier Quadranten beschreiben sie das Bewusstsein für unterschiedlichen Verhaltensbereiche eines Menschen:

I. Mit dem Bereich der *freien Aktivität* sind die öffentlich zugänglichen Sachverhalte und Tatsachen gemeint. Das Verhalten ist uns selbst bewusst und für andere wahrnehmbar.

II. Im Bereich des *blinden Flecks* ist das Verhalten für andere sichtbar und erkennbar, uns selbst jedoch nicht bewusst. Es handelt sich also um Verdrängtes und Gewohnheiten.

III. Der Bereich des *Vermeidens oder Verbergens* beinhaltet das, was wir selbst wissen, aber anderen nicht offenbaren, also das »Private«.

IV. Mit dem Bereich der *unbekannten Aktivität* ist das Unterbewusstsein angesprochen, das weder wir selbst noch andere kennen.

Übungsaufgabe

Was wissen Sie über Ihre beste Freundin? Was davon ist öffentlich bekannt? Welche Ticks und Schrullen hat sie?
Was wissen Sie über Ihren Zahnarzt? Was davon ist öffentlich bekannt? Welche Ticks und Schrullen hat er?

Bei Menschen, die sich kaum kennen, ist der Bereich der freien Aktivität naturgemäß sehr klein. Erst nach und nach wächst die Bereitschaft zu mehr Offenheit. Durch Feedback wird der Bereich des Vermeidens oder Verbergens kleiner und der blinde Fleck schrumpft. Das ist die beste Voraussetzung dafür, das Selbstbild, das nicht in allen Aspekten der Realität entspricht, zu korrigieren (Abb. 8.9).

Führungskräfte sollten deshalb einerseits dadurch, dass sie ihren Mitarbeitern ein Feedback geben, andererseits dadurch, dass sie es von ihnen einfordern, eine Vertrautheit schaffen, die hilft, sich selbst und ihre Mitarbeiter besser zu verstehen.

Folglich können gut vorbereitete und mit Bedacht geführte Mitarbeitergespräche und Besprechungen ein Beurteilungssystem mit Kriterien, Merkmalen, Gewichtungen, Faktoren, Punkten und Werten durchaus ersetzen und mithin als Beurteilungen fungieren. Besonders bewährt hat sich auch in diesem Zusammenhang ein *Jour fixe*, eine turnusmäßige Mitarbeiterbesprechung an einem bestimmten Wochentag zu einer festen Stunde innerhalb der Arbeitszeit. In dieser Besprechung kann man –

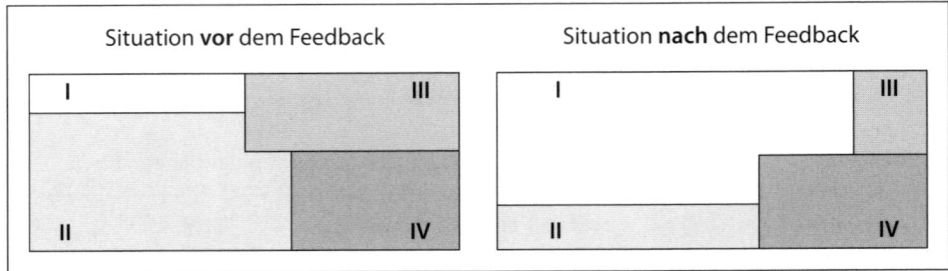

Abb. 8.9: Auswirkungen von Feedback anhand des Johari-Fensters (nach Luft 1971, S. 23 f.)

neben anderen Themen – Stärken, Schwächen und Verhaltensweisen ansprechen, die die gesamte Abteilung etwas angehen. In der Folge müssen sie einerseits durch spontane, offene Gespräche und andererseits regelmäßige *Jahresgespräche* mit jedem Mitarbeiter ergänzt werden. Allerdings muss man dabei mit Bedacht vorgehen. Auch eine ehrliche Rückmeldung kann verletzend sein. Insofern sei auf die Ausführungen zum Beurteilungsgespräch verwiesen. Im Jahresgespräch sollten die Führungskräfte Fragen wie in Abb. 8.10 stellen (Kapitel »Kommunizieren«).

- Was gefällt Ihnen hier, was nicht, was ärgert Sie?
- Was möchten Sie geändert sehen?
- Welche Aufgaben würden Sie lieber abgeben und wohin?
- Welche Aufgaben möchten Sie übernehmen und von wem?
- Wohin möchten Sie sich entwickeln?
- Welche Ihrer Begabungen werden hier nicht genutzt?
- Wo fühlen Sie sich überfordert?
- Welche Fortbildung würde Sie interessieren?
- Welche Fortbildung benötigen Sie dringend?
- Was erwarten Sie von mir?
- Über was möchten Sie sonst noch sprechen?

Abb. 8.10: Fragen im Jahresgespräch (nach Bröckermann 2009 b, S. 183, Grassl 1996, S. 656 f. und Mentzel/Grotzfeld/Haub 2008, S. 27 f.)

8.4 Wahrnehmungsverzerrungen vermeiden

Übungsaufgabe

Manche Eltern stellen amüsiert oder erschrocken fest, dass sie ihren Kindern gegenüber das Verhalten zeigen, das sie bei ihren eigenen Eltern immer kritisiert haben. Wieso sind diese Eltern darüber amüsiert oder erschrocken?

Einerseits steht die Führungskompetenz *Glaubwürdigkeit* außer Frage. Als Führungskraft darf man Standpunkte selbstverständlich nicht durch persönliche Verarbeitungsprozesse verzerren. Andererseits ist man speziell bei Beurteilungen von Mitarbeitern immer auf die eigene Wahrnehmung angewiesen, und die kann gründlich in

Intrapersonelle Einflüsse	Interpersonelle Einflüsse	Situative Faktoren	Vorbereitung + Durchführung
• Selektive Wahrnehmung • Vorurteile und Vermutungen • Statusfehler • Wertesystem und Projektion • Beurteilertypen • Egoismen	• Sympathie und Antipathie • Erster Eindruck • Kontakt-Effekt • Halo-Effekt • Übertragungsfehler • Reihenfolge-Effekt • Andorra-Phänomen • Dominanz	• gegenwärtige Situation • augenblickliche Rolle	• Erfahrung unzureichend • Kriterien unbestimmt

Abb. 8.11: Wahrnehmungsverzerrungen (eigene Darstellung)

die Irre führen. Man unterliegt einer Reihe von subjektiven Einflüssen, die dazu führen, dass man bestimmte Aspekte stärker oder verfremdet betrachtet und andere eher ausblendet. So entstehen Fehleinschätzungen, die man als *Wahrnehmungsverzerrungen* bezeichnen kann (Abb. 8.11, Bronner/Schwaab 2001, S. 40 ff., Kiefer/Knebel 2004, S. 82 ff.).

8.4.1 Bewusste und unbewusste Faktoren erkennen

Intrapersonelle Einflüsse kann man auf die beteiligten Personen zurückführen.
- Aufgrund der persönlichen Situation, der eigenen Interessen, Einstellungen und Bedürfnisse tendiert man bewusst oder unbewusst dazu, aus der Vielzahl der Informationen nur einen begrenzten Ausschnitt auszuwählen und diese wenigen Informationen zur Grundlage des Urteils zu machen. Eine bewusste *selektive Wahrnehmung* praktiziert etwa ein Förderer einer Person, der deren Vorzüge und zugleich die Nachteile der Konkurrenten hervorhebt. Ein Beispiel für eine unbewusste selektive Wahrnehmung gibt Orgon in der Komödie Tartuffe, der den Titelhelden, einen religiösen Heuchler, liebgewonnen hat und wider alle berechtigten Einwände als »armen Mann« bezeichnet.
- Da man als Beurteiler kaum alle Fakten und Zusammenhänge kennt, ist man auf Annahmen angewiesen. Wenn solche Annahmen jedoch die realen Fakten und Zusammenhänge überdecken, bezeichnet man sie als *Vorurteile und Vermutungen*. Sie beruhen auf eigenen Persönlichkeitstheorien, positiven oder negativen Erfahrungen mit anderen Personen, die man als ähnlich einschätzt, bereits vorliegenden Urteilen oder der kritiklosen Übernahme der Aussagen Dritter bzw. der herrschenden Meinung. Die Betroffenen versäumen es, eine tatsächliche Analyse vorzunehmen, wenn sie etwa vom Namen ihres Gegenübers, seiner Sprachgewandtheit oder seines Akzents auf seine Nationalität und darüber auf seine Intelligenz und Leistungsfähigkeit schließen.
- Ein *Statusfehler* liegt vor, wenn Personen, die bereits zu Rang und Namen gekommen sind, allein aufgrund dieser Tatsache tendenziell besser angesehen werden. Ein Statusfehler ist ebenfalls zu verzeichnen, wenn jemand nur deshalb schlechter eingeschätzt wird, weil er seit längerer Zeit keine beruflichen oder persönlichen Fortschritte gemacht hat.

■ Als Beurteiler kann man ferner durch das persönliche *Wertesystem*, das heißt eine *Projektion*, zu einer Fehleinschätzung der anderen kommen. In diesem Fall überträgt man Eigenschaften, Vorstellungen und Erwartungen, die man bei sich selbst wahrnimmt, ungeprüft auf andere. Dadurch wird jeder Ansatz verhindert, sich in die Lage des anderen zu versetzen und gezielt auf ihn einzugehen. Beispielsweise sollte maßgeblich für eine Beurteilung nicht die eigene, vielleicht besonders hervorragende Leistungsfähigkeit sein, sondern die Leistungsfähigkeit eines durchschnittlichen Menschen.

■ Ganz ähnlich verhält es sich mit der Grundeinstellung in Bezug auf andere Menschen. Man kennzeichnet diese Grundeinstellung anhand von *Beurteilertypen*. Der sogenannte *objektive* Beurteiler wägt ab und scheut sich nicht, wo es angebracht ist, die besten oder die schlechtesten Urteile abzugeben. Der *nachsichtige* Beurteiler setzt die Anforderungen zu niedrig, oder er hat nicht den Mut, Schwächere schlechter zu beurteilen. Der *scharfe* Beurteiler hält gute Leistungen für selbstverständlich, so dass bei ihm mittlere und schlechte Beurteilungen vorherrschen. Der *vorsichtige* Beurteiler legt sich nicht fest. Daher tendieren seine Urteile deutlich zur Mitte. Der *extreme* Beurteiler tendiert zu positiven und negativen Extremwerten. Er kennt nur wenige durchschnittliche Beurteilungen (Lohaus 2009, S. 37 ff.).

■ *Egoismen* können die Einschätzung von Personen zur Farce machen. Die Ursachen liegen vornehmlich im intra-, aber auch im interpersonellen Bereich. Es handelt sich zum Beispiel um Begünstigungsabsichten, die sogenannte Protektion, Schädigungsabsichten, Rache und Vergeltungssucht sowie eigene Schwächen, die durch bewusstes Abwerten anderer Personen vertuscht werden sollen.

Übungsaufgabe

Welche Berufsgruppen genießen hohes Ansehen? Was unterstellt man Menschen, die einen solchen Beruf ausüben?

Die Beziehungen zwischen den Beteiligten, die *interpersonellen Einflüsse*, können ebenfalls die Wahrnehmung verzerren.

■ Interpersonelle Einflüsse machen sich häufig als *Sympathie und Antipathie* bemerkbar. Sie wirken aus dem Unbewussten auf das Urteil ein und lassen sich nie völlig ausschließen.

■ Bedeutsam ist auch der *erste Eindruck*. Wer einen fremden Menschen kennenlernt, begibt sich auf unbekanntes Terrain und sucht nach Ähnlichkeiten, um einen Überblick zu gewinnen und um sich Sicherheit in einer unsicheren Situation zu verschaffen. Menschen neigen also ganz allgemein dazu, sich von einem anderen in relativ kurzer Zeit, nach dem ersten Eindruck eben, eine positive oder negative Vorstellung zu machen und an dieser Vorstellung, auch bei gegenteiliger Erfahrung, festzuhalten. Der erste Eindruck wird durch alle fünf Sinne, besonders aber durch das Aussehen, das gesprochene Wort, die Stimmlage, den Akzent, die Sprechgeschwindigkeit, die Haltung, die Gestik und die Mimik geprägt (Lohaus 2009, S. 43).

■ Andererseits haben diverse Untersuchungen bewiesen, dass das Urteil über andere Menschen umso besser ausfällt, je öfter man Kontakt mit ihnen hatte. Dieser *Kontakt-Effekt* beruht wohl darauf, dass die zunächst Fremden durch häufigere Begegnungen vertrauter werden. Sie verlieren mithin ihre zu Beginn leicht beängstigende

Fremdheit. Das kann zwar einen negativen ersten Eindruck abmildern, ihn aber nicht ins Gegenteil verkehren.

- Hinter dem *Halo-Effekt*, auch als Kategorisierung bekannt, steht gleichfalls die Tendenz, unbewusst aus wenigen anfänglichen Beobachtungen ein hypothetisches Gesamtbild zu konstruieren. Von einer einzelnen, auffallend guten oder schlechten Verhaltensweise oder Äußerung schließt man auf den gesamten Menschen. Deshalb die Benennung dieses Effekts nach dem altgriechische Wort Halo, das den Hof um eine Lichtquelle bezeichnet: Ins Auge fällt nur die Lichtquelle (Lohaus 2009, S. 42 f.).

- Der *Übertragungsfehler* bzw. das Einfrieren resultiert aus früheren Erfahrungen und Erlebnissen. Die einmal eingeprägte Verhaltensweise kann nur sehr schwer revidiert werden. Wenn jemand zuvor Versprechen und Zusagen nicht eingehalten hat, wird man ihm Misstrauen entgegenbringen. Nur eine Aussprache kann die Unvoreingenommenheit wiederherstellen.

- Ein weiterer interpersoneller Einfluss macht sich als *Reihenfolge-Effekt* bemerkbar. Damit ist das Phänomen angesprochen, dass Urteile nicht in Bezug auf absolute Dimensionen getroffen werden, sondern in Bezug auf andere Personen. Im Ergebnis werden Menschen besser beurteilt, wenn sie das Glück haben, an einen Tag vorzusprechen, an dem nur tendenziell weniger schätzenswerte Personen auftreten.

- Passt sich eine Person unbewusst der Vorstellung an, die sich ihr Gegenüber von ihr macht, spricht man von einer gegenseitigen Beeinflussung oder prägnanter vom *Andorra-Phänomen*, benannt nach einem Schauspiel von Max Frisch. Der Betreffende schlüpft also in die Rolle, die sein Gegenüber von ihm erwartet. Spricht beispielsweise in Norddeutschland eine Rheinländerin vor, so erwartet man dort von ihr unter Umständen, sie möge eine fröhliche Karnevalistin sein. Diese Erwartungshaltung kann durch subtile Gesten und Bemerkungen ausgedrückt werden. Um gut anzukommen, geht sie möglicherweise auf die Erwartung ein und gibt sich fröhlicher, als sie in Wirklichkeit ist.

- Interpersonelle Einflüsse greifen aber auch, wenn mehrere Personen mit einer Beurteilung befasst sind. Da sie den Verlauf und das Ergebnis gemeinsam diskutieren, kann die bewusste oder unbewusste *Dominanz* einer dieser Personen zu einer Fehleinschätzung führen.

Übungsaufgabe

Warum konzentrieren sich die Parteien bei Wahlkämpfen immer mehr auf die positive Darstellung ihrer Spitzenkandidaten?

Zu den intra- und interpersonellen gesellen sich auch *situative Faktoren*, die zu Fehleinschätzungen führen können.

- Alle Beteiligten unterliegen den Einflüssen der *gegenwärtigen Situation*, die eine nachhaltige Wirkung haben. Ein Raum, der nur wenig Ruhe bietet oder zu heiß bzw. zu kalt ist, Kommunikationspartner, die nicht ganz bei der Sache zu sein scheinen und vieles andere mehr können beide Seiten aus der Ruhe bringen und das Urteil verfälschen.

- Einflüsse außerhalb der gegenwärtigen Situation entziehen sich oft gänzlich der Kenntnis, sind aber möglicherweise entscheidend. Wenn die Beteiligten aus einer gespannten privaten respektive beruflichen Atmosphäre kommen oder etwa erkältet sind, kann das nicht ohne Folgen auf ihr Verhalten und ihr Urteil bleiben. Man nimmt das Gegenüber aber trotzdem nur in der *augenblicklichen Rolle* bzw. Kommunikationssituation wahr und nicht beispielsweise als Witwer, der um seine Frau trauert. So können Verhaltensweisen und Äußerungen oft völlig missverstanden werden.

> **Übungsaufgabe**
>
> Wenn man dringend auf etwas wartet, vergeht die Zeit subjektiv furchtbar langsam. Warum ist das so?

Letztlich können sich Wahrnehmungsverzerrungen aufgrund der mangelhaften *Vorbereitung und Durchführung* einer Beurteilung einschleichen. Hier kommen besonders

- eine unzureichende *Erfahrung* und
- unbestimmte *Kriterien* in Frage.

8.4.2 Zerrbilder auflösen

Lassen sich einige Einflüsse noch recht gut in Grenzen halten, beispielsweise durch die Bestimmung von Auswertungskriterien, Gesprächs- und Beurteilungserfahrung sowie eine angemessene Gesprächssituation, so sind andere, wie etwa Vorurteile, Sympathie und der erste Eindruck, nur schwer beherrschbar. Wahrnehmungsverzerrungen lassen sich deshalb niemals völlig vermeiden. Trotzdem muss man im Sinne der *Glaubwürdigkeit* daran arbeiten, Standpunkte nicht durch persönliche Verarbeitungsprozesse zu verzerren.

Hilfreich ist es zweifellos, wenn man *nicht alleine beurteilt*. Das ist aber bei recht vielen Beurteilungsverfahren nicht vorgesehen. Außerdem wird eine Beurteilung durch mehrere Beteiligte immer noch nicht objektiv. Man macht sich bestenfalls auf den Weg zu mehr Objektivität. Eventuell spitzt man aber unbemerkt gemeinsame Wahrnehmungsverzerrungen zu, beispielsweise Vorurteile.

An sich ist die *Supervision* ein empfehlenswerter Weg, sich die größtenteils unbewussten Fehldeutungen zu verdeutlichen. Sie bezweckt nämlich eine distanzierte Selbstreflexion des beruflichen Alltags. Dafür braucht man einen in dieser Methode geschulten und geübten Berater, den Supervisor, der einen regelmäßigen Gesprächskontakt hält. Mit dem Supervisor spricht man über die Probleme, den möglichen Eigenanteil, die Arbeitsbeziehungen sowie die eigenen Erwartungen und die Erwartungen, die einem entgegengebracht werden. Allerdings muss der Arbeitgeber Flagge zeigen, indem er die Kosten für interne oder externe Supervisoren übernimmt, und das ist, außer im sozialen Bereich, nicht unbedingt üblich (Kapitel »Fordern und fördern«, Stenzel 2010, S. 415 ff.).

Wo Supervision nicht zur Verfügung steht, empfiehlt es sich, von Vertrauten ein *Feedback* einzuholen, die sowohl das Unternehmen als auch die praktizierte Beurteilung aus eigener Anschauung kennen. Das könnten Kollegen oder Führungskräfte sein. Mit ihnen kann man ohne große Vorbehalte über Beurteilungen sprechen und mögliche Wahrnehmungsverzerrungen ergründen.

Und schließlich hilft eine *Selbstbeurteilung*, etwa in Form eines Fragebogens (Abb. 8.12, Crisand/Kramer/Schöne 2003, S. 19).

Selektive Wahrnehmung	
Welche Bemerkungen oder Gesten sind mir bei ihm aufgefallen?	
Vorurteile und Vermutungen	
Kenne ich Personen, die ihm ähnlich sind?	
Welche Erfahrungen habe ich mit diesen Personen gemacht?	
Was denken andere Menschen über ihn?	
Was halte ich generell von »Leuten wie ihm«?	
Statusfehler	
Welche Verdienste oder Mankos hat er?	
Projektion	
Welche meiner Vorstellungen und Erwartungen erkenne oder vermisse ich bei ihm?	
Beurteilertypen	
Schätze ich andere Menschen eher nachsichtig, scharf, vorsichtig oder extrem ein?	
Egoismen	
Spielen bei meinem Urteil über ihn persönliche oder private Interessen eine Rolle?	
Sympathie und Antipathie	
Kann ich ihn gut oder schlecht leiden?	
Erster Eindruck	
Wann und wie habe ich ihn kennengelernt?	
Welchen Eindruck hatte ich beim ersten Kennenlernen?	
Kontakt-Effekt	
Wie oft und wie lange stehe ich mit ihm in Kontakt?	
Halo-Effekt	
Was ist aus meiner Sicht typisch für ihn?	
Übertragungsfehler	
Welche Erfahrungen habe ich früher mit ihm gemacht?	
Reihenfolge-Effekt	
Mit wem vergleiche ich ihn, wie schätze ich diese Person ein?	

Abb. 8.12: Eigene Wahrnehmungsverzerrungen aufdecken (eigene Darstellung)

Andorra-Phänomen	
Was habe ich ursprünglich von ihm erwartet?	
Inwiefern hat er meinen Erwartungen entsprochen?	
Dominanz	
Habe ich mich mit anderen abgestimmt, hat dabei einer das Ergebnis maßgeblich bestimmt?	
Gegenwärtige Situation	
In welcher Situation habe ich mit ihm gesprochen?	
Haben mich meine Lebens- und Arbeitsumstände beeinflusst?	
Augenblickliche Rolle	
Kenne ich seine Lebens- und Arbeitsumstände?	
Wann war er zurückhaltend und wann zwanglos?	
Fazit	
Inwiefern könnte das, was ich den Antworten auf die obigen Fragen entnehme, meine Einschätzung beeinflusst haben?	

Abb. 8.12: Eigene Wahrnehmungsverzerrungen aufdecken (eigene Darstellung) *Fortsetzung*

Die Fragen sollte man sich so ehrlich wie möglich selbst beantworten. Die Antworten werden zunächst keinesfalls weitergereicht, denn hätte man eventuell Mühe, ehrlich zu bleiben. Später kann man darüber entscheiden, ob man einem Vertrauten etwas offenbart, und wenn, dann Wahrnehmungsverzerrungen, die man immer wieder feststellt oder mit denen man besondere Mühe hat.

Literaturverzeichnis

Adams 1963: Adams, J. S., »Towards an Understanding of Inequity«, in: Journal of Abnormal and Social Psychology, Volume 67/1963, S. 422–436.

Adamski 2001: Adamski, B., Project-Guide Arbeitszeitwirtschaft und -management: Grundlagen und Einführungsstrategien, Frechen 2001.

Albs 2005: Albs, N., Wie man Mitarbeiter motiviert: Motivation und Motivationsförderung im Führungsalltag, Berlin 2005.

Alderfer 1969: Alderfer, C. P., »An Empirical Test of a New Theory of Human Needs«, in: Organizational Behavior and Human Performance, Volume 04/1969, S. 142–175.

Alderfer 1972: Alderfer, C. P., Existence, Relatedness, and Growth: Human Needs in Organizational Settings, New York 1972.

ama/TNS Opinion 2007: ama und TNS Opinion (Verfasser unbekannt), »39 Prozent der deutschen Arbeitnehmer«, in: Managerseminare, Heft 07/2007, S. 8.

Andrzejewski 2002: Andrzejewski, L., »Die Angst des Vorgesetzten vor dem Trennungsgespräch«, in: Personalführung, Heft 06/2002, S. 76–84.

Antoni 2010: Antoni, C. H., »Teilautonome Arbeitsgruppe und Fertigungsinsel«, in: Bröckermann, R. und Müller-Vorbrüggen, M. (Herausgeber), Handbuch Personalentwicklung: Praxis der Personalbildung, Personalförderung und Arbeitsstrukturierung, 3. Auflage, Stuttgart 2010, S. 567–579.

Aschauer 1970: Aschauer, E., Führung, Stuttgart 1970.

Atkinson 1964: Atkinson, J. W., An Introduction to Motivation, New York 1964.

Atkinson 1975: Atkinson, J. W., Einführung in die Motivationsforschung, Stuttgart 1975.

Bandler/Grinder 1982: Bandler, R. and Grinder, J., Reframing: Neuro-Linguistic Programming and the Transformation of Meaning, Moab (Utah) 1982.

Bartscher/Huber 2007: Bartscher, T. und Huber, A., Praktische Personalwirtschaft: Eine praxisorientierte Einführung, 2. Auflage, Wiesbaden 2007.

Becker 2005 a: Becker, M., Personalentwicklung: Bildung, Förderung und Organisationsentwicklung in Theorie und Praxis, 4. Auflage, Stuttgart 2005.

Becker 2005 b: Becker, M., Systematische Personalentwicklung: Planung, Steuerung und Kontrolle im Funktionszyklus, Stuttgart 2005.

Becker-Carus 2004: Becker-Carus, C., Allgemeine Psychologie, 1. Auflage, München 2004.

Berkel 2008: Berkel, K., Konflikttraining, 9. Auflage, Frankfurt am Main 2008.

Berne 1967: Berne, E., Games People play, New York 1967.

Berne 1975: Berne, E., Was sagen Sie, nachdem Sie guten Tag gesagt haben?, München 1975.

Berufsgenossenschaft für Gesundheitsdienst und Wohlfahrtspflege 2008: Berufsgenossenschaft für Gesundheitsdienst und Wohlfahrtspflege (www.bgw-online.de, Verfasser unbekannt), »Kündigung: Oft wegen Ärger mit dem Chef«, in: Personalmagazin, Heft 07/2008, S. 24.

Bion 1971: Bion, W. R., Erfahrungen in Gruppen und andere Schriften, Stuttgart 1971.

Birkenbihl 1993: Birkenbihl, V. F., Das erfolgreiche Meeting, Landsberg 1993.

Blake/Shepard/Mouton 1964: Blake, R. R., Shepard, H. A. and Mouton, J. S., Managing Intergroup Conflict in Industry, Houston 1964.

Blickle 2002: Blickle, G., »Mentoring als Karrierechance und Konzept der Personalentwicklung?«, in: Personalführung, Heft 09/2002, S. 66–72.

Blumenschein/Ehlers 2002: Blumenschein, A. und Ehlers, I. U., Ideen-Management: Wege zur strukturierten Kreativität, München 2002.

Bodenmann/Perrez/Schär/Trepp 2004: Bodenmann, G., Perrez, M., Schär, M. u. Trepp A., Klassische Lerntheorien, 1. Auflage, Bern 2004.

Brandenburg/Nieder 2003: Brandenburg, U. und Nieder, P., Betriebliches Fehlzeiten-Management: Anwesenheit der Mitarbeiter erhöhen – Instrumente und Praxisbeispiele, Wiesbaden 2003.

Brandt 2007: Brandt, O., Das betriebliche Vorschlagswesen: Grenzen und Gestaltungspotenzial, München, Mering 2007.

Brandt/Schache-Keil 2000: Brandt, T. und Schache-Keil, F., »Zielvereinbarung kontra Beurteilung?«, in: Personalführung, Heft 12/2000, S. 76–80.

Bröckermann 1989: Bröckermann, R., Führung und Angst, Frankfurt am Main, Bern, New York, Paris 1989.

Bröckermann 2009 a: Bröckermann, R., »Innere Kündigung«, in: Scholz, C.:, Vahlens Großes Personallexikon, München 2009, S. 500.

Bröckermann 2009 b: Bröckermann, R., Personalwirtschaft: Lehr- und Übungsbuch für Human Resource Management, 5. Auflage, Stuttgart 2009.

Bröckermann/Hesse 2000: Bröckermann, R. und Hesse, M., »Wirkungsweisen des Organisationsentwicklungs-Ansatzes zur Fehlzeitenreduktion«, in: Dekan des Fachbereichs Wirtschaft der Fachhochschule Niederrhein (Herausgeber). Mönchengladbacher Schriften zur wirtschaftswissenschaftlichen Praxis Band 5: Jahresband 1999. Aachen 2000, S. 41–49.

Bronner/Schwaab 2001: Bronner, R. und Schwaab, C., »Verzerrungen bei der Mitarbeiter-Beurteilung«, in: Personal, Heft 01/2001, S. 40–45.

Bruggemann/Groskurth/Ulich 1975: Bruggemann, A., Groskurth, P. und Ulich, E., Arbeitszufriedenheit, Bern 1975.

Cohn 1975: Cohn, R. C., Von der Psychoanalyse zur themenzentrierten Interaktion, Stuttgart 1975.

Comelli 2003: Comelli, G., »Qualifikation für Gruppenarbeit: Teamentwicklungstraining«, in: Rosenstiel, L. von, Regnet, E. und Domsch, M. E. (Herausgeber), Führung von Mitarbeitern: Handbuch für erfolgreiches Personalmanagement, 5. Auflage, Stuttgart 2003, S. 415–445.

Comelli/Rosenstiel 2009: Comelli, G. und von Rosenstiel, L., Führung durch Motivation, 4. Auflage, München 2009.

Crisand/Kramer/Schöne 2003: Crisand, E., Kramer, S. und Schöne, M., Personalbeurteilungssysteme: Ziele – Instrumente – Gestaltung, 3. Auflage, Heidelberg 2003.

Csikszentmihalyi 1975: Csikszentmihalyi, M., Beyond boredom and anxiety, San Francisco 1975.

Csikszentmihalyi 1992: Csikszentmihalyi, M., Flow: Das Geheimnis des Glücks, Stuttgart 1992.

Csikszentmihalyi 2000: Csikszentmihalyi, M., Das Flow-Erlebnis, Stuttgart 2000.

Drucker 1954: Drucker, P., The Practice of Management, New York 1954.

Drumm 2005: Drumm, H. J., Personalwirtschaftslehre, 5. Auflage, Berlin, Heidelberg, New York, Tokyo 2005.

Ehrmann 2002: Ehrmann, H., Unternehmensplanung, 4. Auflage, Ludwigshafen 2002.

Erkelenz 2010: Erkelenz, B., »Projektgruppe und Task Force Group«, in: Bröckermann, R. und Müller-Vorbrüggen, M. (Herausgeber), Handbuch Personalentwicklung: Praxis der Personalbildung, Personalförderung und Arbeitsstrukturierung, 3. Auflage, Stuttgart 2010, S. 597–610.

Ernst 2001: Ernst, H., »Empathie: die Kunst, sich einzufühlen – ›Ich verstehe dich!‹«, in: Psychologie heute, Heft 05/2001, S. 20–26.

Erpenbeck/Rosenstiel 2003: Erpenbeck, J. und Rosenstiel, L. von, »Einführung«, in: Erpenbeck, J. und Rosenstiel, L. von (Herausgeber), Handbuch Kompetenzmessung, Stuttgart 2003, S. IX–XL.

Esser 2003: Esser A., »Mobbing«, in: Auhagen, A., E. und Bierhoff, H.-W. (Herausgeber), Angewandte Sozialpsychologie: Das Praxishandbuch, Weinheim, Basel, Berlin 2003, S. 394–408.

Evans 1970: Evans, M. G., »The Effects of Supervisory Behavior on the Path-Goal Relationship«, in: Organizational Behavior and Human Performance, 1970, S. 277–298.

Evans 1995: Evans, M. G., »Führungstheorien: Weg-Ziel-Theorie«, in: Kieser, A., Reber, G. und Wunderer, R. (Herausgeber), Handwörterbuch der Führung, 2. Auflage, Stuttgart 1995, Spalte 1075–1092.

Faßler 1997: Faßler, M., Was ist Kommunikation?, München 1997.

Felfe 2009: Felfe, J., Mitarbeiterführung, Göttingen, Bern, Wien, Paris, Oxford, Prag, Toronto, Cambridge (MA), Amsterdam, Kopenhagen, Stockholm 2009.

Femppel/Zander 2008: Femppel, K. und Zander, E., Praxis der Personalführung: Was Sie tun und lassen sollten, 2. Auflage, München 2008.

Fiedler 1967: Fiedler, F. E., A Theory of Leadership Effectiveness, New York, St. Louis, San Francisco, Toronto, London, Sydney 1967.

Fisher/Ury/Patton 2004: Fisher, R., Ury, W. und Patton, B., Das Harvard Konzept: Sachgerecht verhandeln – erfolgreich verhandeln, 22. Auflage, Frankfurt am Main, New York 2004.

Fisseni/Preusser 2007: Fisseni, H.-J. und Preusser, I., Assessment-Center: Eine Einführung in Theorie und Praxis, Göttingen, Bern, Wien, Toronto, Seattle Oxford, Prag 2007.

Fleishman 1973: Fleishman, E. A., »Twenty Years of Consideration and Structure«, in: Fleishman, E. A. and Hunt, J. G. (Herausgeber), Current Developments in the Study of Leadership, Carbondale 1973, S. 1–37.

Franken 2007 a: Franken, S., »Qualität der Personalführung«, in: Bröckermann, R., Müller-Vorbrüggen, M. und Witten, E. (Herausgeber), Qualitätskonzepte im Personalmanagement: Grundlagen und Fallbeispiele, Stuttgart 2007, S. 225–239.

Franken 2007 b: Franken, S., Verhaltensorientierte Führung: Handeln, Lernen und Ethik in Unternehmen, 2. Auflage, Wiesbaden 2007.

Franken/Steinhausen 2007: Franken, S. und, »Top-Performance der Personalführung: Führungsleitlinien bei ProACTIV«, in: Bröckermann, R., Müller-Vorbrüggen, M. und Witten, E. (Herausgeber), Qualitätskonzepte im Personalmanagement: Grundlagen und Fallbeispiele, Stuttgart 2007, S. 241–253.

Fricke 2010: Fricke, Y., »Job Rotation«, in: Bröckermann, R. und Müller-Vorbrüggen, M. (Herausgeber), Handbuch Personalentwicklung: Praxis der Personalbildung, Personalförderung und Arbeitsstrukturierung, 3. Auflage, Stuttgart 2010, S. 531–538.

Fröhlich 1982: Fröhlich, W. D., Angst: Gefahrensignale und ihre psychologische Bedeutung, München 1982.

Gehle 1950: Gehle, F., »Internationale Tagung über Arbeitsbewertung in Genf«, in: REFA-Nachrichten, Heft 03/1950, S. 32–34.

Gessler 2010: Gessler, M., »Das Kompetenzmodell«, in: Bröckermann, R. und Müller-Vorbrüggen, M. (Herausgeber), Handbuch Personalentwicklung: Praxis der Personalbildung, Personalförderung und Arbeitsstrukturierung, 3. Auflage, Stuttgart 2006, S. 43–62.

Gibb 1969: Gibb, C. A., »Leadership«, in: Lindzey, G. and Aronson, E., Handbook of Social Psychology, Volume 4: Group Psychology and Phenomena of Interaction, Reading u. a. 1969, S. 205–282.

Glasl 2003: Glasl, F., »Konfliktmanagement«, in: Auhagen, A. E. und Bierhoff, H.-W. (Herausgeber), Angewandte Sozialpsychologie: Das Praxishandbuch, Weinheim, Basel, Berlin 2003, S. 123–135.

Glasl 2004: Glasl, F., Konfliktmanagement: Ein Handbuch für Führungskräfte, Beraterinnen und Berater, 8. Auflage, Bern, Stuttgart, Wien 2004.

Glueck 1976: Glueck, W. F., Business Policy: Strategy Formation and Management Action, New York 1976.

Golas 1997: Golas, H. G., Der Mitarbeiter: Ein Lehrbuch für Personalführung, Betriebssoziologie und Arbeitsrecht, 9. Auflage, Berlin 1997.

Goleman 1999: Goleman, D., »Emotionale Intelligenz – zum Führen unerlässlich«, in: Harvard Business Manager, Heft 03/1999, S. 27–36.

Grassl 1996: Grassl, G., »Personalbeurteilung: Die Anerkennung ist wichtiger als perfekte Systeme«, in: Personal, Heft 12/1996, S. 652–657.

Günther 2003: Günther, U., »Basics der Kommunikation«, in: Auhagen, A., E. und Bierhoff, H.-W (Herausgeber), Angewandte Sozialpsychologie: Das Praxishandbuch, Weinheim, Basel, Berlin 2003, S. 17–42.

Gutenberg 1980: Gutenberg, E., Grundlagen der Betriebswirtschaftslehre, Band III, 8. Auflage, Berlin u. a. 1980.

Gutenberg 1983: Gutenberg, E., Grundlagen der Betriebswirtschaftslehre, Band I, 24. Auflage, Berlin u. a. 1983.

Gutenberg 1984: Gutenberg, E., Grundlagen der Betriebswirtschaftslehre, Band II, 17. Auflage, Berlin u. a. 1984.

Haeske 2003: Haeske, U., Konflikte im Arbeitsleben, München 2003.

Halpin/Winer 1957: Halpin, W. and Winer, B. J., »A factorial Study of the Leader Behavior Descriptions«, in: Stogdill, R. M. and Coons, A. E. (Herausgeber), Leader Behavior: Its Descriptons and Measurements, Ohio State University 1957, S. 39–51.

Harris 1975: Harris, T. A., Ich bin o.k., du bist o.k., Reinbek 1975.

Hartmann 2002: Hartmann, G., »Forschungsbericht: Personalbedarfsanalyse«, in: Bröckermann, R. und Pepels, W. (Herausgeber), Handbuch Recruitment, Berlin 2002, S. 30–54.

Hartmann 2010: Hartmann, K., »Moderation und Fachberatung«, in: Bröckermann, R. und Müller-Vorbrüggen, M. (Herausgeber), Handbuch Personalentwicklung: Praxis der Personalbildung, Personalförderung und Arbeitsstrukturierung, 3. Auflage, Stuttgart 2010, S. 397–411.

Heckhausen 1989: Heckhausen, H., Motivation und Handeln, 2. Auflage, Berlin 1989.

Heidenreich 2007: Heidenreich, J., Kostenfaktor Mobbing: Wie Manager Ursachen erkennen und erfolgreich vorbeugen, Weinheim 2007.

Hentze/Brose 1990: Hentze, J. und Brose, P., Personalführungslehre, 2. Auflage, Bern, Stuttgart, Wien 1990.

Hentze/Graf/Kammel/Lindert 2005: Hentze, J., Graf, A., Kammel, A. und Lindert, K., Personalführungslehre, 4. Auflage, Bern, Stuttgart, Wien 2005.

Hersey/Blanchard 1977: Hersey, P. and Blanchard, K. H., Management of Organizational Behavior: Utilizing Human Resources, Englewood Cliffs 1977.

Herzberg/Mausner/Snyderman 1959: Herzberg, F., Mausner, B. M. and Snyderman, B. B., The Motivation to Work, New York 1959.

Herzberg 1966: Herzberg, F., Work and the Nature of Men, Cleveland 1966.

Herzberg 2003: Herzberg, F., »Was Mitarbeiter in Schwung bringt«, in: Harvard Business Manager, Heft 04/2003, S. 50–62.

Heyse/Erpenbeck 2004: Heyse, V. und Erpeneck, J., Kompetenztraining: 64 Informations- und Trainingssysteme, Stuttgart 2004.

Hofstätter 1973: Hofstätter, P., Einführung in die Sozialpsychologie, 5. Auflage, Stuttgart 1973.

Höher/Höher 2004: Höher, P. und Höher, F., Konfliktmanagement: Komflikte kompetent erkennen und lösen, Bergisch Gladbach 2004.

Höhn 1986: Höhn, R., Führungsbrevier der Wirtschaft, 12. Auflage, Bad Harzburg 1986.

Hölzerkopf 2005: Hölzerkopf, G., Führung auf den Punkt gebracht: Praktische Handreichungen und Empfehlungen, Wiesbaden 2005.

Homans 1960: Homans, G. C., Theorie der sozialen Gruppe, Köln u. a. 1960.

Hossiep/Bittner/Berndt 2008: Hossiep, R., Bittner, J. E. und Berndt, W., Mitarbeitergespräche: motivierend, wirksam, nachhaltig, Göttingen, Bern, Wien, Paris, Oxford, Prag, Toronto, Cambridge (MA), Amsterdam, Kopenhagen 2008.

House 1971: House, R. J., »A Path-Goal Theory of Leader Effectiveness«, in: Administrative Science Quarterly, Volume 16/3/1971, S. 321–338.

House 1977: House, R. J., »A 1976 Theory of Charismatic Leadership«, in: Hunt, J. G. and Larson, L. L. (Herausgeber), Leadership: The Cutting Edge, Carbondale 1977, S. 189–207.

Hugo-Becker/Becker 2000: Hugo-Becker, A. und Becker, H., Psychologisches Konfliktmanagement, 3. Auflage, München 2000.

Institut für Beschäftigung und Employability 2007: Institut für Beschäftigung und Employability (www.fh-ludwigshafen.de/ibe, Verfasser unbekannt), »Die Mischung macht's«, in: Personal, Heft 12/2007, S. 33.

Jiranek/Edmüller 2007: Jiranek, H. und Edmüller, A., Konfliktmanagement: Konflikten vorbeugen, sie erkennen und lösen, 2. Auflage, Freiburg, Berlin, München 2007.

Jung 2008: Jung, H., Personalwirtschaft, 8. Auflage, München 2008.

Kammhuber 2003: Kammhuber, S., »Rhethorik und Präsentation«, in: Auhagen, A. E. und Bierhoff, H.-W. (Herausgeber), Angewandte Sozialpsychologie: Das Praxishandbuch, Weinheim, Basel, Berlin 2003, S. 43–60.

Kanning 2004: Kanning, U. P., Standards der Personaldiagnostik, Göttingen, Bern, Toronto, Seattle, Oxford, Prag 2004.

Katz/Kahn 1966: Katz, D. and Kahn, R. L., The Social Psychology of Organizations, 1st Edition, New York 1966.

Keller/Kurth 1991: Keller, K. und Kurth, G., »Grundlagen der Entlohnung«, in: Bundesvereinigung der Deutschen Arbeitgeberverbände (Herausgeber). Leistung und Lohn, Nr. 235/236/237, Bergisch Gladbach 1991, S. 1–30.

Kiefer 2002: Kiefer, T., »Die Macht positiver und negativer Gefühle in der Arbeitswelt: Emotionen aus der Perspektive der Organisationspsychologie«, in: Personalführung, Heft 12/2002, S. 49–55.

Kiefer/Knebel 2004: Kiefer, B.-U. und Knebel, H., Taschenbuch Personalbeurteilung: Feedback in Organisationen, 11. Auflage, Heidelberg 2004.

Kießling-Sonntag 2000: Kießling-Sonntag, J., Handbuch Mitarbeitergespräche: Führen durch Gespräche, zentrale Gesprächstypen, Mitarbeiterjahresgespräch, Berlin 2000.

Kittner 2003: Kittner, C., Angst im Job, München, Mering 2003.

Klein/Kolb 2008: Klein, H.-M. und Kolb, C., Angstfrei im Job: Überwindung typischer Ängste im Berufsalltag, Berlin 2008.

Klimpel/Schütte 2006: Klimpel, M. und Schütte, T., Work-Life-Balance: Eine empirische Erhebung, München, Mering 2006.

Klöfer 2002: Klöfer, F., »Mitarbeiterkommunikation«, in: Bröckermann, R. und Pepels, W. (Herausgeber), Personalmarketing: Akquisition – Bindung – Freistellung, Stuttgart 2002, S. 180–190.

Klotz 2010: Klotz, A., »Berufsausbildung«, in: Bröckermann, R. und Müller-Vorbrüggen, M. (Herausgeber), Handbuch Personalentwicklung: Praxis der Personalbildung, Personalförderung und Arbeitsstrukturierung, 3. Auflage, Stuttgart 2010, S. 141–155.

Klutmann 2003: Klutmann, B., »Führen ohne Disziplinarfunktion«, in: zfo – Zeitschrift Führung + Organisation, Heft 02/2003, S. 94–101.

Knebel 1995: Knebel, H., Taschenbuch Personalbeurteilung: Feedback in Organisationen, 9. Auflage, Heidelberg 1995

Knoblauch 2004: Knoblauch, R., »Motivation und Honorierung der Mitarbeiter als Perso-nalbindungsinstrumente«, in: Bröckermann, R. und Pepels, W. (Herausgeber), Personal-bindung: Wettbewerbsvorteile durch strategisches Human Resource Management, Berlin 2004, S. 101–130.

Kolleker/Wolzendorff 2010: Kolleker, A. und Wolzendorff, D., »Training into the Job und Re-integration«, in: Bröckermann, R. und Müller-Vorbrüggen, M. (Herausgeber), Handbuch Personalentwicklung: Praxis der Personalbildung, Personalförderung und Arbeitsstruktu-rierung, 3. Auflage, Stuttgart 2010, S. 177–195.

Krech/Crutchfield/Ballachey 1962: Krech, D., Crutchfield, R. S. and Ballachey, E., Individual in Society, New York 1962.

Krüger 2006: Krüger, W., Führungsstile für erfolgreichen Wandel«, in: Bruch, H., Krumma-ker, S. und Vogel, B. (Herausgeber), Leadership – Best Practices und Trends, Wiesbaden 2006, S. 107–122.

Küpers/Weibler 2005: Emotionen in Organisationen, Stuttgart 2005.

Lefrancois 2006: Lefrancois, G. R., Psychologie des Lernens, 4. Auflage, Heidelberg 2006.

Lehky 2007: Lehky, M., Die 10 größten Führungsfehler – und wie Sie sie vermeiden, Frankfurt am Main, New York 2007.

Lemper-Pychlau 2001: Lemper-Pychlau, M., »Führung braucht natürliche Autorität«, in: Per-sonalführung, Heft 07/2001, S. 16–17.

Leue 2010: Leue, V., »Unverkrampfter Kontakt«, in: Westdeutsche Zeitung vom 21.08.2010, Wochenende S. 13.

Leymann 1993 a: Leymann, H., Mobbing: Psychoterror am Arbeitsplatz und wie man sich dagegen wehren kann, Hamburg 1993.

Leymann 1993 b: Leymann, H., »Ätiologie und Häufigkeit von Mobbing am Arbeitsplatz: Eine Übersicht über die bisherige Forschung«, in: Zeitschrift für Personalforschung, Heft 02/1993, S. 271–284.

Lieber 2007: Lieber, B., Personalführung ... leicht verständlich, Stuttgart 2007.

Likert 1961: Likert, R., New Patterns of Management, New York 1961.

Likert 1967: Likert, R. The Human Organization, New York 1967.

Linde/Heyde 2003: Linde, B. von der und Heyde, A. von der, Gesprächstechniken für Füh-rungskräfte: Methoden und Übungen zur erfolgreichen Gesprächsführung, Freiburg, Ber-lin, München, Zürich 2003.

List 2003: List, K.-H., »Trennungsgespräche führen: Ein Albtraum?«, in: Personal, Heft 01/2003, S. 28–30.

Lohaus 2009: Lohaus, D., Leistungsbeurteilung, Göttingen, Bern, Wien, Paris, Oxford, Prag, Toronto, Cambridge (MA), Amsterdam, Kopenhagen 2009.

Lorenz 2009: Lorenz, A., Die Führungsaufgabe: Ein Navigationskonzept für Führungskräfte, Wiesbaden 2009.

Luft 1971: Luft, J., Einführung in die Gruppendynamik (Group Processes: An Introduction to Group Dynamics), Stuttgart 1971 (Palo Alto, California 1963).

Lukasczyk 1960: Lukasczyk, K., »Zur Theorie der Führer-Rolle«, in: Psychologische Rund-schau, Heft 11/1960, S. 179–188.

Mag 2003: Mag, W., »Personalplanung und Mitbestimmung – Teil 2«, in: WiSt: Wirtschafts-wissenschaftliches Studium, Heft 03/2003, S. 148–153.

March/Simon 1958: March, J. G. and Simon, H. A., Organizations, New York 1958.

March/Simon 1976: March, J. G. und Simon, H. A., Organisation und Individuum, Wiesbaden 1976.

Maslow 1954: Maslow, A. H., Motivation and Personality, New York 1954.

Mayo 1933: Mayo, E., Human Problems of an Industrial Civilization, New York 1933.

McClelland 1975: McClelland, D. C., Power: The Inner Experience, New York 1975.

McClelland 1978: McClelland, D. C., Macht als Motiv: Entwicklungswandel und Ausdrucksformen, Stuttgart 1978.

McClelland 1987: McClelland, D. C., Human Motivation, Cambridge 1987.

McClelland/Atkinson/Clark/Lowell 1953: McClelland, D. C., Atkinson, J. W., Clark, R. A. and Lowell, E. L., The Achievement Motive, New York 1953.

McGregor 1960: Mc Gregor, D., The Human Side of Enterprise, New York 1960.

Menke/Stührenberg 2003: Menke, I. und Stührenberg, L., »Wenn die Masse zur Bedrohung wird«, in: Personalmagazin, Heft 05/2003, S. 62–65.

Mentzel 1997: Mentzel, W., Unternehmenssicherung durch Personalentwicklung, 7. Auflage, Freiburg im Breisgau 1997.

Mentzel 2005: Mentzel, W., Personalentwicklung: Erfolgreich motivieren, fördern und weiterbilden, 2. Auflage, München 2005.

Mentzel/Grotzfeld/Haub 2008: Mentzel, W., Grotzfeld, S. und Haub, C., Mitarbeitergespräche: Mitarbeiter motivieren, richtig beurteilen und effektiv einsetzen, 8. Auflage, Freiburg, Berlin, München 2008.

Mercer 2008: Mercer (Verfasser unbekannt), »Arbeitnehmer wollen vor allem Respekt«, in: Lohn + Gehalt, Heft 03/2008, S. 13.

Miller 1956: Miller, G. A., »The magical number seven, plus or minus two: Some limits on our capacity for processing information«, in: Psychological Review, Volume 03/1956, S. 81–97.

Miner 1978: Miner, J. B., »Twenty Years of Research on Role Motivation Theory of Managerial Effectiveness«, in: Personnel Psychology, Volume 31/1978, S. 739–760.

Miner 1988: Miner, J. B., Organization Behavior: Performance and Productivity, New York 1988.

Miner 1993: Miner, J. B., Role Motivation Theories, London, New York 1993.

Molcho 1998: Molcho, S., Körpersprache, München 1998.

Mudra 2004: Mudra, P., Personalentwicklung: Integrative Gestaltung betrieblicher Lern- und Veränderungsprozesse, München 2004.

Mühlisch 2000: Mühlisch, S., Mit dem Körper sprechen, Wiesbaden 2000.

Müller-Vorbrüggen 2010: Müller-Vorbrüggen, M., »Struktur und Strategie der Personalentwicklung«, in: Bröckermann, R. und Müller-Vorbrüggen, M. (Herausgeber), Handbuch Personalentwicklung: Praxis der Personalbildung, Personalförderung und Arbeitsstrukturierung, 3. Auflage, Stuttgart 2010, S. 3–20.

Neuberger 1974: Neuberger, O., Theorien der Arbeitszufriedenheit, Stuttgart, Berlin, Köln, Mainz 1974.

Neuberger 1999: Neuberger, O., Mobbing: Übel mitspielen in Organisationen, 3. Auflage, München, Mering 1999.

Neuberger 2002: Neuberger, O., Führen und führen lassen: Ansätze, Ergebnisse und Kritik der Führungsforschung, 6. Auflage, Stuttgart 2002.

Nick 1974: Nick, F. R., Management durch Motivation, Stuttgart 1974.

Nicolai 2004: Nicolai, C., »Stellenbeschreibungen als Führungsinstrument«, in: WISU: das Wirtschaftsstudium, Heft 02/2004, S. 177–180.

Nicolai 2006: Nicolai, C., Personalmanagement, Stuttgart 2006.

Niermeyer/Postall 2008: Niermeyer, R. und Postall, N., Führen: Die erfolgreichsten Instrumente und Techniken, 2. Auflage, Freiburg, Berlin, München 2008.

Odiorne 1965: Odiorne, G. S., Management by Objectives, New York 1965.

Oechsler 2006: Oechsler, W. A., Personal und Arbeit: Grundlagen des Human Resource Management und der Arbeitgeber-Arbeitnehmer-Beziehungen, 8. Auflage, München, Wien 2006.

Ohne Verfasser 2008: Ohne Verfasser, »Normale Bürger werden zu Folterknechten«, in: Westdeutsche Zeitung vom 20.12.2008, S. 8.

Olfert 2008: Olfert, K., Personalwirtschaft, 13. Auflage, Ludwigshafen 2008.

Oppermann-Weber 2001: Oppermann-Weber, U., Handbuch Führungspraxis: Führung, Führungskräfte, Führungskompetenzen – Organisation der Bereich der Mitarbeiterführung – Zielvereinbarungen, Motivation und Delegation, Berlin 2001.

Oppermann-Weber 2008: Oppermann-Weber, U., Mitarbeiterführung: Führungsansätze passend auswählen – Führungsinstrumente richtig einsetzen, 3. Auflage, Berlin 2008.

Orthmann 1999: Orthmann, G., »Kalte Füße: Neun Facetten der Entstehung und Beschwichtigung von Angst in Organisationen«, in: Freimuth, J. (Herausgeber), Die Angst der Manager, Göttingen, Bern, Toronto, Seattle 1999, S. 69–96.

Osterloh/Weibel 2006: Osterloh, M. und Weibel, A., Investition Vertrauen: Prozesse der Vertrauensentwicklung in Organisationen, Wiesbaden 2006.

Panse/Stegmann 1998: Panse, W. und Stegmann, W., Kostenfaktor Angst, 3. Auflage, Landsberg 1998.

Pease/Pease 2005: Pease, A. und Pease, B., Der tote Fisch in der Hand, 5. Auflage, Berlin 2005.

Pinnow 2008: Pinnow, D. F., Führen: Worauf es wirklich ankommt, 3. Auflage, Wiesbaden 2008.

Porter/Lawler 1968: Porter, L. W. and Lawler III, E. E., Managerial Attitudes and Performance, Homewood 1968.

Pulte 2006: Pulte, P., Das deutsche Arbeitsrecht: Kompaktwissen für die Praxis, 2. Auflage, München 2006.

Rauen 2000: Rauen, C., »Der Ablauf eines Coaching-Prozesses«, in: Rauen, C. (Herausgeber), Handbuch Coaching, Göttingen, Bern, Toronto, Seattle 2000, S. 171–187.

Rechtien 2003: Rechtien, W., »Gruppendynamik«, in: Auhagen, A. E. und Bierhoff, H.-W. (Herausgeber), Angewandte Sozialpsychologie: Das Praxishandbuch, Weinheim, Basel, Berlin 2003, S. 103–122.

Reddin 1977: Reddin, W. J., Das 3-D-Programm zur Leistungssteigerung des Managements, München 1977.

Regnet 2001: Regent, E., Konflikte in Organisationen: Formen, Funktionen und Bewältigung, 2. Auflage, Göttingen 2001.

Regnet 2003: Regnet, E., »Kommunikation als Führungsaufgabe«, in: Rosenstiel, L. von, Regnet, E. und Domsch, M. E. (Herausgeber), Führung von Mitarbeitern: Handbuch für erfolgreiches Personalmanagement, 5. Auflage, Stuttgart 2003, S. 243–252.

Regnet 2007: Regnet, E., Konflikt und Kooperation: Komflikthandhabung in Führungs- und Teamsituationen, Göttingen, Bern, Wien, Paris, Oxford, Prag, Toronto, Cambridge (MA), Amsterdam, Kopenhagen 2007.

Regnet 2010: Regnet, E., »Evaluation der Personalentwicklung«, in: Bröckermann, R. und Müller-Vorbrüggen, M. (Herausgeber), Handbuch Personalentwicklung: Praxis der Personalbildung, Personalförderung und Arbeitsstrukturierung, 3. Auflage, Stuttgart 2010, S. 729–745.

Reichelt 2010: Reichelt, B., »Mentoring und Patenschaft«, in: Bröckermann, R. und Müller-Vorbrüggen, M. (Herausgeber), Handbuch Personalentwicklung: Praxis der Personalbildung, Personalförderung und Arbeitsstrukturierung, 3. Auflage, Stuttgart 2010, S. 437–453.

Roethlisberger/Dickson 1939: Roethlisberger, F. J. and Dickson, W. J., Management and the Worker, Cambridge 1939.

Rosemann/Bielski 2001: Rosemann, B. und Bielski, S., Einführung in die Pädagogische Psychologie, Weinheim 2001.

Rosenstiel 2000: Rosenstiel, L. von, »Potentialanalyse und Potentialentwicklung«, in: Rosenstiel, L. von und Lang-von Wins, T. (Herausgeber), Perspektiven der Potentialbeurteilung, Göttingen, Bern, Toronto, Seattle 2000, S. 3–25.

Rosenstiel 2001: Rosenstiel, L. von, Motivation im Betrieb: mit Fallstudien aus der Praxis, 10. Auflage, Leonberg 2001.

Rosenstiel 2006: Rosenstiel, L. von, »Leadership und Change«, in: Bruch, H., Krummaker, s. und Vogel, B. (Herausgeber), Leadership – Best Practices und Trends, Wiesbaden 2006, S. 145–156.

Rudow 2004: Rudow, B., Das gesunde Unternehmen: Gesundheitsmanagement, Arbeitsschutz und Personalpflege in Organisationen, München, Wien 2004.

Rühl/Hoffmann 2008: Rühl, M. und Hoffmann, J., Das AGG in der Unternehmenspraxis: Wie Unternehmen und Personalführung Gesetz und Richtlinien rechtssicher und diskriminierungsfrei umsetzen, Wiesbaden 2008.

Sarges 2000: Sarges, W., »Diagnose von Managementpotential für eine sich immer schneller und unvorhersehbar ändernde Wirtschaftswelt«, in: Rosenstiel, L. von und Lang-von Wins, T. (Herausgeber), Perspektiven der Potentialbeurteilung, Göttingen, Bern, Toronto, Seattle 2000, S. 107–128.

Sauermann 2002: Sauermann, P., »Personalmotivierung«, in: Bröckermann, R. und Pepels, W. (Herausgeber), Personalmarketing: Akquisition – Bindung – Freistellung, Stuttgart 2002, S. 116–128.

Schier 2010: Schier, W., »Training on the Job und Training near the Job«, in: Bröckermann, R. und Müller-Vorbrüggen, M. (Herausgeber), Handbuch Personalentwicklung: Praxis der Personalbildung, Personalförderung und Arbeitsstrukturierung, 3. Auflage, Stuttgart 2010, S. 215–228.

Schmalen/Pechtl 2009: Schmalen, H. und Pechtl, H., Grundlagen und Probleme der Betriebswirtschaft, 14. Auflage, Stuttgart 2009.

Schmidt-Rathjens 2007: Schmidt-Rathjens, C., »Anforderungsanalyse und Kompetenzmodellierung«, in: Schuler, H. und Sonntag, K. (Herausgeber), Handbuch der Arbeits- und Organisationspsychologie, Göttingen, Bern, Wien, Paris, Oxford, Prag, Toronto, Cambridge (MA), Amsterdam, Kopenhagen 2007, S. 592–601.

Scholz 2000: Scholz, C., Personalmanagement, 5. Auflage, München 2000.

Schuler 2000: Schuler, H., Psychologische Personalauswahl: Einführung in die Berufseignungsdiagnostik, 3. Auflage, Göttingen, Bern, Toronto, Seattle 2000.

Schulz von Thun 2009: Schulz von Thun, F., »Ich lebe noch«, in: Managerseminare, Heft 01/2009, S. 62–67.

Schulz von Thun/Ruppel/Stratmann 2006: Schulz von Thun, F., Ruppel, J. und Stratmann, R., Miteinander reden: Kommunikationspsychologie für Führungskräfte, 5. Auflage, Reinbek 2006.

Schwarz 2010: Schwarz, G., Konfliktmanagement: Konflikte erkennen, analysieren, lösen, 8. Auflage, Wiesbaden 2010.

Seebass/Wallenstein 2010: Seebass, S. und Wallenstein, B., »Remote Working, Telearbeit und Home Office«, in: Bröckermann, R. und Müller-Vorbrüggen, M. (Herausgeber), Handbuch Personalentwicklung: Praxis der Personalbildung, Personalförderung und Arbeitsstrukturierung, 3. Auflage, Stuttgart 2010, S. 517–529.

Sievers 1987: Sievers, B., »Motivation als Sinnersatz«, in: Gruppendynamik, Heft 02/1987, S. 159–178, Heft 03/1987, S. 269–295.

Sievers 1994: Sievers, B., Work, Death and Life Itself, Berlin, New York 1994.

Spies 2006: Spies, S., Authentische Körpersprache: Ihr überzeugender Auftritt im Beruf – Erfolgsstrategien eines Regisseurs, 3. Auflage, Hamburg 2006.

Spieß/Rosenstiel 2010: Spieß, E. und Rosenstiel, L. von, Organisationspsychologie: Basiswissen, Konzepte und Anwendungsfelder, München 2010.

Sprenger 1995: Sprenger, R. K., Mythos Motivation: Wege aus einer Sackgasse, 8. Auflage, Frankfurt am Main, New York 1995.

Sprenger 2006: Sprenger, R. K., »Vertrauen: wichtiger als Strategie!«, in: Bruch, H., Krummaker, S. und Vogel, B. (Herausgeber), Leadership – Best Practices und Trends, Wiesbaden 2006, S. 77–86.

Stavenhagen 2008: Stavenhagen, I., »Wer geht, redet Klartext«, in: Personalmagazin, Heft 04/2008, S. 50–52.

Steinle 1978: Steinle, C., Führung: Grundlagen, Prozesse und Modelle der Führung in der Unternehmung, Stuttgart 1978.

Steinle/Ahlers/Gradtke 2000: Steinle, C., Ahlers, F. und Gradtke, B., »Vertrauensorientiertes Management: Grundlegung, Praxisschlaglicht und Folgerungen«, in: zfo – Zeitschrift Führung + Organisation, Heft 04/2000, S. 208–217.

stellenanzeigen.de 2008: stellenanzeigen.de (www.stellenanzeigen.de/umfrage, Verfasser unbekannt), »Treffen bevorzugt«, in: Personal, Heft 10/2008, S. 32.

Stelzer-Rothe 2010: Stelzer-Rothe, T., »Stellvertretung«, in: Bröckermann, R. und Müller-Vorbrüggen, M. (Herausgeber), Handbuch Personalentwicklung: Praxis der Personalbildung, Personalförderung und Arbeitsstrukturierung, 3. Auflage, Stuttgart 2010, S. 611–623.

Stenzel 2010: Stenzel, S., »Coaching und Supervision«, in: Bröckermann, R. und Müller-Vorbrüggen, M. (Herausgeber), Handbuch Personalentwicklung: Praxis der Personalbildung, Personalförderung und Arbeitsstrukturierung, 3. Auflage, Stuttgart 2010, S. 413–435.

Stock-Homburg 2008: Stock-Homburg, R., Personalmanagement: Theorien – Konzepte – Instrumente, Wiesbaden 2008.

Stogdill 1972: Stogdill, R. M., »Persönlichkeitsfaktoren und Führung: Ein Überblick über die Literatur«, in: Kunczik, M. (Herausgeber), Führung: Theorien und Ergebnisse, Düsseldorf, Wien 1972, S. 86–123.

Stogdill 1974: Stogdill, R. M., Handbook of Leadership, New York 1974.

Stöwe/Keromosemito/Fritz 2007: Stöwe, C., Keromosemito, L. und Fritz, A., Vom Kollegen zum Vorgesetzten: Wie Sie sich als Führungskraft erfolgreich positionieren, 2. Auflage, Wiesbaden 2007.

Strackbein/Strackbein 2002: Strackbein, R. und Strackbein, D., Ergebnisorientiert delegieren: Engagement fordern, Selbstverantwortung fördern, Wiesbaden 2002.

Stracke 2007: Stracke, F., Menschen verstehen – Potenziale erkennen: Die Systematik professioneller Bewerberauswahl und Mitarbeiterbeurteilung, 2. Auflage, Leonberg 2007.

Strasmann 2010: Strasmann, J., »Qualitätszirkel und Lernstatt«, in: Bröckermann, R. und Müller-Vorbrüggen, M. (Herausgeber), Handbuch Personalentwicklung: Praxis der Personalbildung, Personalförderung und Arbeitsstrukturierung, 3. Auflage, Stuttgart 2010, S. 581–595.

Stührenberg 2003: Stührenberg, L., Professionelle betriebliche Kommunikation: Erfolgsfaktoren der Personalführung, Wiesbaden 2003.

Tannenbaum/Schmidt 1958: Tannenbaum, R. and Schmidt, W. H., »How to choose a Leadership Pattern«, in Harvard Business Review, Volume 02/1958, S. 95–101.

Thiel 2003: Thiel, A., »Populäre Irrtümer‹ des Konfliktmanagements«, in: Personal, Heft 10/2003, S. 50–51.

Ulich 2005: Ulich, E., Arbeitspsychologie, 6. Auflage, Stuttgart 2005.

Ulmer 2000: Ulmer, G., »Leistungsbeurteilung – Spiel mit dem Feuer«, in: io management, Heft 03/2000, S. 57–59.

Vogelauer 2003: Vogelauer, W., »Coaching«, in: Auhagen, A. E. und Bierhoff, H.-W. (Herausgeber), Angewandte Sozialpsychologie: Das Praxishandbuch, Weinheim, Basel, Berlin 2003, S. 175–193.

Vroom 1964: Vroom, V. H., Work and Motivation, New York, London, Sydney 1964.

Vroom/Yetton 1973: Vroom, V. H. and Yetton, P. W., Leadership and Decision-Making, Pittsburgh 1973.

Watzlawick/Beavin/Jackson 2007: Watzlawick, P., Beavin, J. H. und Jackson, D. D., Menschliche Kommunikation, 11. Auflage, Bern u. a. 2007.

Weber 1972: Weber, M., Wirtschaft und Gesellschaft, 5. Auflage, Tübingen 1972.

Wegge 2004: Wegge, J., Führung von Arbeitsgruppen, Göttingen, Bern, Toronto, Seattle 2004.

Weibler 2001: Weibler, J., Personalführung, München 2001.

Weinreich/Weigl 2002: Weinreich, I. und Weigl, C., Gesundheitsmanagement erfolgreich umsetzen: Ein Leitfaden für Unternehmen und Trainer, Neuwied, Kriftel 2002.

Wenzler 2001: Wenzler, O., »Das letzte Gespräch«, in: Personalwirtschaft, Heft 04/2001, S. 42–43.

Weuster 2008: Weuster, A., Personalauswahl: Anforderungsprofil, Bewerbersuche, Vorauswahl und Vorstellungsgespräch, 2. Auflage, Wiesbaden 2008.

Wichmann 2004: Wichmann, M., Mitarbeiterbeurteilung im Krankenhaus: Evaluation des Verfahrens der Kliniken Maria Hilf GmbH, München, Mering 2004.

Wiedmann 2006: Wiedmann, S., Erfolgsfaktoren der Mitarbeiterführung: Interdisziplinäres Metamodell zur strukturierten Anwendung einsatzfähiger Führungsinstrumente, Wiesbaden 2006.

Wiendieck 1994: Wiendieck, G., Arbeits- und Organisationspsychologie, Berlin, München 1994.

Wilms 2010: Wilms, W. J., »Job Enlargement und Job Enrichment«, in: Bröckermann, R. und Müller-Vorbrüggen, M. (Herausgeber), Handbuch Personalentwicklung: Praxis der Personalbildung, Personalförderung und Arbeitsstrukturierung, 3. Auflage, Stuttgart 2010, S. 555–566.

Wilpert 2007: Wilpert, B., »Organisation und Umwelt«, in: Schuler, H. (Herausgeber), Lehrbuch Organisationspsychologie, 4. Auflage, Bern 2007, S. 641–659.

Wisskirchen 2006: Wisskirchen, G., »Der Umgang mit dem Allgemeinen Gleichbehandlungsgesetz – Ein ›Kochrezept‹ für Arbeitgeber«, in: Der Betrieb, Heft 27/2006, S. 1491–1499.

Witten/Mathes/Mencke 2007: Witten, E., Mathes, V. und Mencke, M., Betriebliches Innovationsmanagement: Wie Sie erfolgreich neue Produkte und Dienstleistungen entwickeln, Berlin 2007.

Wunderer 2009: Wunderer, R., Führung und Zusammenarbeit: Eine unternehmerische Führungslehre, 8. Auflage, München, Köln 2009.

Wunderer/Grunwald 1980: Wunderer, R. und Grunwald, W., Führungslehre, Band I: Grundlagen der Führung, Berlin, New York 1980.

Zellweger 2004: Zellweger, H., Leadership by Soft Skills: Checklisten für den Führungsalltag, Wiesbaden 2004.

Zuschlag 2001: Zuschlag, B., Mobbing: Schikane am Arbeitsplatz, 3. Auflage, Göttingen, Bern, Toronto, Seattle 2001.

Stichwortverzeichnis

Symbole
3-D-Programm   118

A
Abgangsinterview   18
Absentismus   48
Aggression   125, 140
Aha-Erlebnis   66
Akquisitionsstärke   122
analytische Fähigkeit   64
Andorra-Phänomen   159
Anerkennung   36
Anforderungsanalyse   75
Anforderungskatalog   77
Anforderungskriterien   76
Anforderungsmerkmale   77
Anforderungsprofil   78, 97, 147
Angst   19, 127, 138, 141
Angstabwehr   140
Angstaufarbeitung   141
Anlernen   101
Anpassung   41, 140
Anpassungsfähigkeit   27
Anreiz   33
Antipathie   158
Anweisung   89
Anwendungserfolg   108
Appell   25
Arbeitsbedingung   36
Arbeitsbewertung   44, 76
Arbeitsmotivation   31
Arbeitsunzufriedenheit   34
Arbeitszeitmanagement   82
Arbeitszeitmodell   83
Arbeitszeitrahmen   83
Arbeitszufriedenheit   34, 48, 118
Aufgabe   87
Aufstieg   36
Auftrag   88
Ausführungsbereitschaft   84
autoritär   3, 90, 117

B
Balance   27
Bedürfnis   38
Befehl   89
Beförderung   36, 107
Befugnis   87
Beharrlichkeit   145
Belastbarkeit   152
Belohnungsmacht   91
Beobachtungskriterien   147
Beobachtungsmerkmal   147
Beratungsfähigkeit   42
Beratungs- und Fördergespräch   98, 153
Berufsausbildung   101

Beschwerderecht   150
Besprechung   14, 141
bestätigtes Vertrauen   124
Bestrafungsmacht   91
betriebliches Vorschlagswesen   58
Beurteilertyp   158
Beurteilung   15, 46, 62, 64, 139, 143
Beurteilungsablauf   145
Beurteilungsgespräch   98, 150
Beurteilungsmaßstab   148
Beurteilungsprobleme   154
Beurteilungsvermögen   145
Bearbeitungszuständigkeit   144
Beziehungsebene   25
Beziehungshinweis   25
Beziehungsmanagement   25
Big Five   4
Bottom-up-Prinzip   60
Brainstorming   58
Brainwriting   59

C
Charisma   90, 118
Coaching   104
Controlling   107

D
Defizitbedürfnis   38
Delegation   40, 86
demografischer Wandel   55
Dialogfähigkeit   25
Diskriminierung   55, 78
Diskussion   17
Distanzzone   24
Disziplin   15
Divergenzansatz   116
Dominanz   159

E
Egoismus   158
Eigenschaftstheorie   3
Eigenverantwortung   153
Eignungsprofil   78, 98
Einarbeitung   103
Einfühlungsvermögen   37
Eingliederungsmanagement   50
Einsatzbedarf   73
Einsatzbereitschaft   61
Eisenhower-Prinzip   86
Eltern-Ich   28
Emotion   19, 26, 125, 136, 138
Empathie   37
Employee Coaching   104
Entgelt   35, 40, 43
Entgeltgerechtigkeit   43
Entgeltsystem   47